VINGT MILLE VIES
SOUS LA MER

LUCIEN LAUBIER

VINGT MILLE VIES SOUS LA MER

© Odile Jacob, avril 1992
15, rue Soufflot, 75005 Paris

www.odilejacob.fr

ISBN : 978-2-7381-0164-8

Introduction

Pour la plupart d'entre nous, l'océan évoque l'image d'une vaste étendue liquide aux couleurs bleutées, vertes, glauques ou d'un gris métallique, à la surface rarement horizontale, le plus souvent animée de mouvements divers ; avant tout, c'est une interface, une frontière entre deux univers radicalement différents, le monde aérien dans lequel nous vivons et le monde liquide, qui nous reste étranger. Depuis quelques dizaines d'années, avec le développement des sports sous-marins, le nombre de ceux qui traversent le miroir de la surface de l'océan augmente rapidement. Comme l'Orphée de Jean Cocteau, qui pénétrait dans l'autre monde à travers les miroirs des hommes, les plongeurs sous-marins apprennent à découvrir les beautés moins inquiétantes des paysages sous-marins, ce monde d'apesanteur nimbé de bleu profond qui saisit, dès l'entrée dans l'eau, le plus expérimenté...

Biologiste et écologiste marin, j'ai été très tôt fasciné, comme tant d'autres, par la découverte d'une nature méconnue et encore préservée. Mais les incursions jusqu'à une cinquantaine de mètres de profondeur, limite à peu près infranchissable pour le plongeur amateur moyen, sont bien peu de choses lorsqu'on les compare aux grands fonds. Le véritable océan, ce n'est pas cette mince couche d'une cinquantaine à une centaine de mètres d'épaisseur que les rayons du soleil parviennent encore à pénétrer, c'est toute la masse d'eau, qui s'étend jusqu'à près de onze mille mètres, onze kilomètres de profondeur, dans les plus grandes fosses. Là, en effet, il n'y a plus de lumière d'origine solaire ; là, règne une obscurité qui serait totale sans les signaux lumineux fugitifs émis par certains animaux.

L'homme a dû attendre très longtemps avant que son génie inventif et son industrie ne le rendent capable de construire des engins de pénétration sous-marine qui puissent le protéger contre l'agression des éléments extérieurs tout en maintenant autour de lui les conditions favorables à la vie : il y a à peine une soixantaine d'années que l'aventure de l'exploration de l'espace marin profond a commencé, avec les audacieuses plongées, au début des années trente, des Américains W. Beebe et O. Barton, enfermés dans leur sphère de métal suspendue au bout d'un fragile câble d'acier, au large d'une petite île des Bermudes. Auparavant, depuis moins d'un siècle seulement, l'étude systématique des grands fonds marins et des animaux qui les habitent avait débuté à partir des navires océanographiques ; simultanément, au début de la seconde moitié du XIXᵉ siècle, les premières utilisations industrielles de ce milieu extrême voyaient le jour avec la pose des premiers câbles télégraphiques sous-marins.

Lorsque j'ai commencé ma carrière d'océanographe, en 1956, dans un laboratoire de biologie marine installé sur les côtes méditerranéennes françaises à Banyuls-sur-Mer, j'avais encore présent à l'esprit le souvenir de la course vers les profondeurs et les records successifs de plongée à laquelle s'étaient livrés, quelques années auparavant, les deux premiers bathyscaphes véritablement opérationnels, le *FNRS III* franco-belge et le *Trieste* italo-suisse. Deux ans auparavant, en 1954, alors que je préparais une licence de sciences naturelles à Paris, j'avais découvert un livre passionnant de P. de Latil et J. Rivoire, *A la recherche du monde marin*. Déjà, la littérature scientifique faisait état des observations effectuées par les biologistes français Th. Monod et J.-M. Pérès, qui, les premiers, cherchèrent à utiliser cette nouvelle technologie pour mieux connaître la vie dans l'océan profond. Je découvris en même temps les possibilités extraordinaires de travail qu'offrait aux biologistes marins la plongée en scaphandre autonome.

C'est en 1960, il y a aujourd'hui une trentaine d'années, que j'ai eu la révélation de ce monde des profondeurs, en Méditerranée occidentale, au large de la côte catalane et des montagnes des Albères. C'était à bord de la célèbre soucoupe plongeante *SP 300*, réalisée par le commandant J.-Y. Cousteau et son équipe de l'Office français de recherches sous-marines. Ce petit submersible biplace ne pouvait dépasser une profondeur de trois cents mètres pour des raisons de sécurité et parce que sa coque, de forme ellipsoïdale, n'était guère adaptée, il faut bien le dire, aux pressions qui règnent en profondeur. Néanmoins, il était utilisé quelques mois par an par des équipes du Centre national de la recherche scientifique. Le Laboratoire Arago, laboratoire de biologie marine de l'Université de Paris, implanté à Banyuls-sur-Mer, avait conçu le projet d'explorer la tête d'une de ces profondes vallées sous-marines qui entaillent le bord du plateau continental, par cent quatre-vingt à deux cents mètres, et se prolongent jusqu'au début de la plaine abyssale, à deux mille mètres de profondeur. Ces rechs, comme les a appelés l'océanographe et biologiste G. Pruvot, par analogie avec les vallons des ruisseaux terrestres qui modèlent les falaises de la côte des Albères, étaient connus des pêcheurs catalans ; d'après les quelques informations dont nous disposions à l'époque, ils devaient abriter, entre deux cents et trois cents mètres, des peuplements de grands coraux blancs, témoins de périodes passées où l'eau profonde de la Méditerranée était à une température beaucoup plus basse qu'aujourd'hui. C'est à bord de la soucoupe plongeante que j'ai appris à goûter l'instant d'intense émotion chaque fois renouvelé lorsque le submersible touche le fond, soudain révélé dans le halo des projecteurs : après un long parcours vertical en pleine eau, dans un environnement qui s'assombrit insensiblement jusqu'à la nuit complète, où l'œil ne trouve plus de repères auxquels se raccrocher, ces retrouvailles avec le sol de notre planète procurent un immense soulagement, une détente immédiate du corps et de l'esprit. Au cours de ces plongées, malheureusement limitées à la profondeur de trois cents mètres, j'ai ressenti cette ivresse de la découverte des paysages sous-marins, pendant des heures que l'on vit comme des minutes, tant l'émotion est vive, tant le spectacle est extraordinaire. Dans les buissons blanc nacré formés par les grands coraux, j'ai fait, grâce à la pince télécommandée de la soucoupe plongeante, de riches récoltes d'invertébrés, dont plusieurs espèces nouvelles pour la science.

A cette époque, je croyais, naïvement, que les sensations éprouvées seraient très différentes à plus grande profondeur. Un an plus tard, j'ai eu l'occasion au cours de mon service militaire dans la Marine Nationale, à bord du groupe des bathyscaphes, de découvrir le magnifique engin qu'était le bathyscaphe *Archimède* ; il faisait alors l'objet des dernières mises au point avant son départ pour les grandes fosses qui bordent l'archipel des Kouriles, au nord du Japon, dans lesquelles il devait effectuer ses premières plongées à très grande profondeur. Rien de comparable à la soucoupe plongeante du commandant Cousteau ; un système optique compliqué, avec vision binoculaire par prisme adaptée sur de petits hublots, transmettait du monde extérieur une image à très grand champ, légèrement déformée, qui donnait l'impression d'une maquette de paysage sous-marin ; il était bien difficile de s'habituer à cette vision, même après plusieurs sorties. En revanche, en plongée, à cinq cents mètres ou à cinq mille mètres de profondeur, je me suis rapidement rendu compte que les sensations sont tout à fait comparables ; l'imagination elle-même ne parvient pas à introduire une différence entre les deux situations. En même temps, ces plongées, cette approche personnelle directe du monde des profondeurs, pour le biologiste marin que j'étais, étaient enthousiasmantes : que de choses à découvrir, à tenter d'expliquer, que d'animaux souvent étranges, aux formes inhabituelles, quel passionnant projet de recherche que ce monde des animaux de profondeur, si mal connu...

J'ai dû attendre quelques années encore avant de pouvoir donner une consistance à ce rêve. Il a fallu pour cela le renouveau qu'a connu l'océanographie française hauturière à la fin des années soixante, avec la création d'un nouvel organisme national de recherche, pour que les moyens indispensables à une telle ambition deviennent enfin accessibles. C'est grâce au Centre national pour l'exploitation des océans, à ceux qui l'ont voulu, à ceux qui ont décidé sa création, et tout particulièrement à Yves La Prairie, que cette ambition a pu se réaliser. En même temps, au-delà des aspects biologiques, les profondeurs des océans se révélaient riches d'inconnu dans de nombreux domaines scientifiques, même si elles étaient déjà utilisées de manière habituelle par l'homme, et parfois depuis bien longtemps. C'était l'époque où les grands pays industriels découvraient les richesses économiques que représentent les nodules polymétalliques parsemant le fond des océans, observés pour la première fois il y a plus d'un siècle au cours de la grande circumnavigation du *Challenger*. Se préparaient aussi dans les profondeurs de l'océan, depuis quelques décennies, les éléments stratégiques d'un conflit mondial, avec le développement des flottes de sous-marins nucléaires lanceurs de missiles intercontinentaux des Etats-Unis et de l'URSS, à côté desquelles les ambitions de la Grande-Bretagne et de la France pouvaient sembler peu convaincantes.

A la même époque, l'évolution technologique et l'apparition des matériaux composites de flottabilité ouvraient la porte à une nouvelle génération de sous-marins profonds, beaucoup plus légers et maniables que les lourds bathyscaphes encombrés par leurs énormes flotteurs emplis d'essence. Les Etats-Unis et la France, puis, beaucoup plus tard, le Canada, le Japon et d'autres, rivalisèrent d'ingéniosité pour créer de nouveaux engins et les doter des systèmes de navigation et de communication efficaces, qui, il faut bien l'avouer, faisaient cruellement défaut aux bathyscaphes. Comme c'est souvent le cas, ces mutations technologiques ont ouvert la porte à de nouvelles découvertes scientifiques ; contrairement à ce qui s'était produit avec les bathyscaphes, dont les biologistes avaient été les principaux utilisateurs, ce furent cette fois les géologues et les géophysiciens qui se passionnèrent pour l'exploration directe des régions critiques des fonds sous-marins, dont la théorie de la tectonique des plaques venait de préciser l'importance. Les expéditions se succédèrent à un rythme rapide, les découvertes aussi. De manière tout à fait inattendue, l'une d'entre elles concernait la biologie : il s'agit des peuplements animaux exubérants localisés à proximité immédiate des sources hydrothermales sous-marines profondes qui jaillissent à l'axe des dorsales océaniques actives ; ces peuplements, composés de formes animales et de types d'organisation inconnus jusqu'alors, sont accompagnés d'un cortège de micro-organismes dont certains vivent et se multiplient à des températures supérieures à la barre fatidique des cent degrés Celsius. Le plus surprenant est certainement la source d'énergie à la base de ces oasis de vie inattendues : pour la première fois sur la planète, l'homme découvrait un système vivant totalement indépendant de l'énergie solaire : sa survie dépend de manière absolue de la persistance de l'écoulement du fluide hydrothermal qui apporte les composés minéraux réduits indispensables à cette forme de vie, utilisés par des bactéries chimiosynthétiques. Une hypothèse révolutionnaire fut très vite avancée : peut-être ces systèmes hydrothermaux sous-marins, dont l'existence est liée à celle des dorsales océaniques en expansion, ont-ils été le siège de la formation des molécules organiques primordiales à partir desquelles, progressivement, la vie a pris naissance sur notre planète, il y a plus de trois milliards et demi d'années ? Les systèmes hydrothermaux ont pu en effet jouer le rôle de bioréacteurs naturels, réunissant les principales conditions requises pour la synthèse des composés organiques à partir des éléments minéraux.

Pendant quelques années, mon intérêt pour cette découverte révolutionnaire est demeuré assez théorique, exception faite de l'étude d'une famille nouvelle de vers annelés qui installent leurs tubes à proximité immédiate des évents hydrothermaux. En 1984, enfin, une campagne de plongée à bord du submersible profond d'exploration *Cyana* m'a permis d'admirer, sous deux mille six cents mètres d'eau, ces peuplements aux riches coloris, frileusement groupés sur quelques mètres de diamètre autour des cheminées d'où sort le fluide nourricier qui conditionne leur existence. Quelques années plus tard, le retour sur les mêmes sites révélait la fugacité de ces images. L'étude de ces oasis éphémères des profondeurs, malgré les difficultés technologiques à résoudre, constitue un objectif scientifique de première grandeur. L'Institut français de recherche pour l'exploitation de la mer, qui a repris en 1984 l'héritage du Centre national pour l'exploitation des océans et de l'Institut scientifique et technique des pêches maritimes, l'a bien compris et accorde à ces recherches une priorité à laquelle la création d'une équipe de microbiologistes et de biochimistes qui se consacrent à l'étude des bactéries thermophiles ajoute une dimension biotechnologique riche de promesses.

Ainsi, depuis une soixantaine d'années, l'homme a entrepris l'exploration directe de l'immense espace marin offert par l'océan. Ses incursions demeurent limitées, pour les grandes profondeurs, à des plongées de quelques heures, quelques dizaines d'heures au maximum dans les limites de sécurité. En revanche, les sous-marins militaires, qui n'investissent encore que la partie superficielle de l'océan, sont conçus pour des séjours immergés de très longue durée, en général de plusieurs semaines. D'autre part, les moyens d'observation et d'intervention inhabités se développent rapidement : des engins robots sont déjà apparus, qui peuvent explorer systématiquement de grandes superficies des fonds marins. Bien qu'elles restent l'apanage de quelques grands pays industrialisés, parmi lesquels la France occupe aujourd'hui une position de premier plan, ces prouesses technologiques ont rapidement attiré l'attention d'un certain nombre de nations.

L'appropriation de l'espace sous-marin et des ressources qu'il recèle pouvait-elle être seulement le fait, sinon du plus fort, du moins du mieux armé, dans la compétition technologique mondiale ? Une longue négociation internationale s'est engagée à partir de 1967, date de la déclaration de l'ambassadeur de Malte auprès des Nations Unies : il proposait de considérer les grands fonds sous-marins comme le patrimoine commun de l'humanité, et en conséquence, il préconisait l'utilisation pacifique des grands fonds marins et affectait les richesses éventuelles qui pourraient en être extraites au bénéfice commun de l'humanité. Aujourd'hui, autour de la principale préoccupation industrielle des océans profonds, c'est-à-dire des ressources minérales représentées par les nodules polymétalliques et, peut-être, par d'autres dépôts, encroûtements cobaltifères, sédiments métallifères ou dépôts hydrothermaux de sulfures polymétalliques massifs, s'est élaborée progressivement une réglementation internationale acceptée par la plupart des pays participant à la Conférence internationale sur le droit de la mer. Pour la première fois sans doute au cours de l'histoire de l'humanité, des territoires immenses, représentant plus de la moitié de la surface marine, ont été placés sous la responsabilité d'une autorité internationale. Les grands pays industriels cherchent à s'assurer la maîtrise d'une des sources d'approvisionnement en minerais ; mais une procédure juridique adéquate a pu être définie et adoptée par les principaux pays intéressés, bien avant que ne soit envisagée l'exploitation proprement dite. En même temps, la création des zones économiques exclusives a conduit à l'appropriation par les pays riverains de plus du tiers de la surface des océans...

Peu à peu, l'océan profond est devenu, sinon familier, du moins accessible. Son exploration, encore très imparfaite, est entreprise de manière active par plusieurs pays. Les découvertes se succèdent à un rythme accéléré : les grands fonds océaniques constituent le dernier espace à peu près vierge de notre planète, et chaque campagne de plongée ou presque soulève un nouveau pan du voile. Simultanément, la technologie sous-marine réalise des progrès rapides ; des opérations de sauvetage et d'observation d'épaves, inimaginables il y a une vingtaine d'années seulement, sont conduites avec succès. La découverte de l'épave du paquebot géant de la compagnie transatlantique White Star, le *Titanic*, coulé à la suite d'une collision avec un iceberg il y a plus de soixante-dix ans, a passionné, diversement d'ailleurs, l'opinion publique des principaux pays intéressés, sans qu'on prenne réellement conscience du véritable message contenu dans cet événement : aujourd'hui, une très grande partie des fonds sous-marins, jusqu'à six kilomètres environ, est devenue aisément accessible aux submersibles d'exploration à grande profondeur ; l'homme peut intervenir de manière courante dans cet environnement particulièrement rigoureux.

Ce livre retrace précisément l'histoire de l'exploration et de la conquête des profondeurs océaniques, des outils qui l'ont permise, des enjeux économiques que représentent leurs richesses minérales et énergétiques, des défis stratégiques auxquels se livrent les grandes puissances, dont une bonne partie de l'arsenal nucléaire est constamment dissimulée sous les eaux, enfin des découvertes scientifiques qui jalonnent et animent cette grande aventure de l'humanité.

Chapitre 1

Un autre univers

« *Jusqu'à nouvel ordre, je ne conçois qu'une seule
expérience qui puisse dépasser en intérêt un séjour
de quelques heures sous l'eau, ce serait un voyage à
la planète Mars.* »

William Beebe,
En plongée par 900 mètres de fond, 1936.

La conquête de l'univers océanique est relativement récente.
Les premiers hommes qui vivaient le long des côtes du sud du golfe
de Gascogne, 60 000 ans avant J.-C., se contentaient de récolter
diverses espèces de coquillages, qu'ils consommaient et utilisaient
comme éléments de parure. Il faut attendre plusieurs dizaines de
millénaires pour que l'Homo sapiens découvre que les poissons qui
peuplent l'océan peuvent lui fournir une nourriture autrement plus
abondante. Les préhistoriens nous apprennent que l'homme primitif
a d'abord transposé au milieu marin les techniques qu'il avait créées
et longuement perfectionnées pour la chasse des animaux terrestres ;
la pêche n'a été à l'origine qu'une chasse à vue à partir de la
surface, dans moins d'un mètre de profondeur d'eau, d'abord à pied,
puis à partir d'embarcations rudimentaires.

Le harpon uni ou bibarbelé taillé dans l'os est largement
répandu dans le sud-ouest de la France à l'époque magdalénienne,
qui débute environ 17 000 ans avant notre ère. Ces harpons conve-

nablement emmanchés pouvaient indifféremment servir à la chasse des animaux terrestres ou à la pêche des poissons marins ou d'eau douce, dans de petites profondeurs d'eau, le pêcheur lançant son harpon à vue sur sa proie comme le pratiquent encore aujourd'hui certaines populations polynésiennes. L'homme du Magdalénien fabriquait également des fouënes primitives bidentées.

Les premiers hameçons apparaissent plus tardivement, au cours du mésolithique, entre 9 000 et 7 000 avant J.-C. Avec les hameçons, il est possible de pêcher des poissons peu ou pas visibles depuis la surface ; cette innovation traduit la prise de conscience de la notion de profondeur, et par conséquent de volume, du milieu aquatique.

Toutefois, les hommes du Magdalénien exerçaient leur art dans les eaux douces et ne se risquaient pas encore sur l'océan. Une gravure rupestre d'époque magdalénienne, trouvée dans une grotte des Asturies, représente une silhouette de poisson marin qui rappelle celle d'un thon, mais le cas reste presque unique. Il ne s'agissait sans doute pas d'une espèce habituellement pêchée, mais d'un individu isolé, dont la forme peu commune a pu inspirer l'imagination de l'artiste. Un peu plus tard, dans les régions méridionales encore très humides du Sahara, des groupes de pêcheurs néolithiques ont gravé dans les parois rocheuses de leurs abris de nombreux dessins de poissons d'eau douce ; eux aussi utilisaient des hameçons taillés dans l'os et des sennes de plage lancées depuis le rivage.

L'exploitation du milieu marin par l'homme a vraisemblablement débuté assez tardivement, deux à trois mille ans avant notre ère. Les premières preuves incontestables de la maîtrise des techniques de plongée sous-marine en apnée sont fournies par des incrustations de nacre provenant de divers mollusques bivalves marins qui interviennent dans la décoration des objets fabriqués au cours de la VIe dynastie de Thèbes, sous l'ancien Empire égyptien, 2 500 ans avant notre ère ; si l'on tient compte des quantités de coquillages nécessaires pour réaliser ces décorations, il faut admettre qu'ils devaient être recueillis en plongée. Les perles produites par des méléagrines marines apparaissent dans la Chine ancienne parmi les offrandes que reçoit le légendaire empereur Yu le Grand, fondateur de la dynastie semi-mythique des Xia, 2 200 ans avant notre ère. Plus près de notre temps, les motifs marins, pieuvres, dorades coryphènes aux brillantes couleurs, crustacés, dauphins agiles bondissant hors des flots ornent les poteries et les mosaïques de la Grèce antique ; la mythologie grecque est riche de récits tous plus merveilleux les uns que les autres. Parmi les premiers plongeurs, le célèbre Glaucus ou Glaucos, qui construisit, dit-on, le navire Argo à bord duquel Jason s'illustra avec les Argonautes dans la recherche de la Toison d'or, aurait découvert par hasard les vertus extraordinaires d'une herbe qui permettait de demeurer sous l'eau sans avoir besoin de revenir respirer à la surface ! Glaucos habitait la ville d'Anthedon, où, nous rapportent les historiens grecs, toute la population s'adonnait à la plongée, et vivait de la pêche ; au soir d'une de ses parties de pêche, Glaucos vit avec surprise les poissons pêchés au cours de la journée, qu'il avait posés sur l'herbe, reprendre soudainement vie et sauter dans la mer toute proche ; sans doute était-ce un effet des herbes sur lesquelles ils reposaient. Glaucos en goûta et se sentit irrésistiblement attiré par l'eau où il n'hésita pas à plonger. Les dieux de la mer récompensèrent Glaucos de son acte de foi : il devint immortel et fut élevé à la dignité de dieu.

On doit à Oppien, Cilicien de la décadence, dans son traité des *Halieutiques*, des descriptions relativement précises de la pratique de la plongée sous-marine sur les côtes du sud de l'Asie Mineure. Le plongeur, lesté par une pierre, est relié au navire par une corde fixée à la surface ; avant de plonger, il prend de l'huile dans sa bouche, en met dans ses conduits auditifs et en imbibe deux petites éponges qu'il fixe contre ses oreilles. Arrivé au fond, il crache un peu de cette huile qui monte à la surface de l'eau et calme l'agitation superficielle, ce qui, précise Oppien, « illumine les eaux comme une torche éclaire les ténèbres, permettant d'y voir au milieu de la nuit ». Il est certain que les Grecs et les peuples antiques qui vivaient au bord de la Méditerranée, de la mer Rouge et du golfe Persique avaient appris à plonger. Avec l'aide d'un lest, ils pouvaient descendre rapidement et sans effort musculaire à une profondeur d'une dizaine à une vingtaine de mètres et y demeurer quelques dizaines de secondes. Ces incursions restaient cependant très limitées, un plongeur entraîné ne pouvant demeurer sous l'eau que deux à trois minutes. La technique de la plongée en apnée a survécu jusqu'à nos jours chez les plongeurs de perles polynésiens ou les plongeuses japonaises spécialisées dans la pêche des ormeaux, les célèbres *hamas*.

Nous savons aujourd'hui qu'il est physiologiquement possible de descendre plus profondément : quelques sportifs remarquables, spécialement entraînés et suivis médicalement, utilisant des techniques modernes de descente assistée en pleine eau et de protection thermique dont ne disposaient évidemment pas les plongeurs d'autrefois, sont parvenus à dépasser une centaine de mètres. Mais que seraient-ils allés faire à de telles profondeurs, où règne, en Méditerranée tout au moins, une obscurité crépusculaire à laquelle la rétine, lors d'un séjour si bref, ne peut s'accoutumer ?

Si les plongeurs de l'Antiquité étaient d'abord des pêcheurs, l'apparition des flottes militaires et l'importance croissante des combats navals vont donner à la technique de la plongée en apnée un autre domaine d'application, la guerre sous-marine. Exploiter les ressources naturelles de la mer, combattre : ces deux puissants moteurs de la conquête de l'univers sous-marin se développent de manière parallèle. Hérodote et Pline ont rapporté l'exploit de la jeune Grecque Cyana qui réussit, avec l'aide de son père Scyllias, à trancher en plongée les câbles des mouillages des navires de Xerxès en l'an 480 avant notre ère. Elle contribua ainsi à la défaite du Roi des Rois dans la baie de Salamine. Une des premières relations indiscutables de l'utilisation de plongeurs à des fins militaires se trouve dans le récit que fait Thucydide du siège de Syracuse par les Athéniens, en 413 avant J.-C. Les défenseurs de Syracuse, alliés à Sparte, avaient construit, pour protéger l'accès de leur port, des palissades plantées dans le fond de la mer ; elles étaient doublées par des rangées de pieux invisibles, plantés obliquement sous l'eau, qui constituaient pour les coques des navires athéniens un redoutable danger. Des plongeurs engagés par les Athéniens, et dûment récompensés, précise Thucydide, parvinrent à scier une partie de ces pieux immergés. Cet exploit ne suffit pas pour changer le cours des événements, car les Syracusains en plantèrent de nouveaux et le siège se termina par un véritable désastre : la plupart des Athéniens furent massacrés en tentant de s'enfuir et perdirent la plus grande partie de leur flotte de guerre ; l'expédition de Sicile se soldait par un grave échec. On peut d'ailleurs se demander comment les plongeurs athéniens arrivaient à scier des pieux de défense sous l'eau en apnée : cet exercice musculaire intense augmente fortement la consommation d'oxygène de sorte que le temps utile entre chaque respiration ne pouvait pas dépasser une minute. Pour cette raison, de nombreux commentateurs estiment que ces plongeurs disposaient d'une réserve d'air, constituée par une peau d'animal cousue et lestée, dont ils pouvaient périodiquement respirer l'air frais. En tout cas, avec cet épisode du siège de Syracuse, la lutte sous-marine entrait dans l'histoire officielle.

L'Antiquité est riche de récits de batailles navales et de sièges de ports. Ainsi, lors du siège de Tyr par Alexandre le Grand, les Macédoniens avaient décidé de construire une digue immense reliant la côte asiatique à une île voisine ; mais d'habiles plongeurs phéniciens, armés de longs crochets, parvinrent à s'opposer au projet, en dispersant les arbres et les pierres amoncelés par les assaillants. Plus tard, au cours du siège de Byzance par l'empereur Septime Sévère, les plongeurs byzantins imaginèrent une manœuvre hardie pour jeter le trouble parmi les troupes romaines : après avoir tranché en profondeur les câbles des mouillages des galères romaines, ils relièrent ces câbles à de longues cordes soigneusement mouillées depuis la côte assiégée, et la population de Byzance n'eut qu'à haler ces cordes, pour amener les galères ennemies jusqu'au rivage et les y échouer, à la grande surprise des Romains.

Il restait à l'homme de l'Antiquité à s'intéresser à un troisième objectif, celui de la connaissance et de l'exploration de l'univers sous-marin, des objets et des êtres vivants qui s'y trouvent. Les plongeurs de l'époque antique n'ont pas apporté, sur ce point précis, beaucoup de résultats ; ce furent plutôt les pêcheurs et les navigateurs qui accumulèrent les observations faites à partir de la surface. Les brèves incursions qu'autorise la plongée en apnée ne laissent pas le temps d'effectuer une véritable exploration sous-marine, et la curiosité scientifique n'était sans doute pas la préoccupation principale des premiers plongeurs de l'Antiquité.

En revanche, les philosophes et les savants grecs se sont intéressés à la mer, à ses profondeurs, et surtout aux êtres qui la peuplent. Des raisons évidentes de sécurité ont conduit les navigateurs qui se risquaient dans des eaux troubles à apprendre à déterminer la profondeur à partir du navire en marche. On ne connaît pas leur technique de sondage, mais les navigateurs antiques avaient appris à rapporter des échantillons du sédiment. Hérodote écrit par exemple dans le Livre II de ses *Histoires* : « Lorsque tu vogues vers l'Egypte, et que tu es encore à une journée de distance du rivage, jette la sonde : tu ramèneras de la vase par une profondeur de onze orgyes ; cela prouve manifestement que le Nil apporte ses alluvions jusque-là [1]. » Ces sondages primitifs, utilisés comme une aide à la navigation et non comme une méthode propre à connaître la topographie du fond des océans, ne devaient pas dépasser quelques centaines de mètres. Saint Paul, dans les *Actes des Apôtres* (XXVII) raconte comment, prisonnier à bord d'un navire qui portait 276 personnes à son bord, il eut à subir une violente tempête

---

1. Hérodote, *Histoires*, II, 5. L'orgye, ou brasse grecque, valait six pieds, soit environ 1,80 mètre.

en mer Ionienne. Pendant quatorze jours, le navire désemparé dériva au gré des courants ; une nuit, pensant que la terre était proche, les marins jetèrent la sonde et trouvèrent 20, puis 15 brasses de profondeur. Ils mouillèrent alors quatre ancres et attendirent le jour avec confiance. Ainsi, le sondage était utilisé comme un moyen de naviguer en toute sécurité. Deux siècles plus tard, Oppien de Cilicie affirme que des profondeurs supérieures à 300 orgyes n'ont jamais pu être atteintes, ce qui prouve au moins que des sondages avaient été pratiqués jusqu'à cette limite. Pour d'autres auteurs, il existerait en mer des fonds véritablement inaccessibles à la sonde, et certains parlent de 500 à 1 000 orgyes, s'approchant ainsi beaucoup plus de la réalité.

La figure d'Alexandre de Macédoine est apparue de tout temps comme l'une des plus hautes personnifications de la gloire et de la puissance humaine, autour de laquelle se sont multipliés récits épiques et légendaires. Longtemps, on lui a attribué le mérite de la première plongée instrumentée à but scientifique, au cours de l'une de ses campagnes vers les pays où se lève le soleil. Alexandre aurait consacré cette première et unique plongée à l'observation des créatures marines, à la découverte d'un monde que les Dieux ne lui avaient pas donné, contrairement aux terres émergées. Entre le conquérant macédonien et les premiers naturalistes qui pénétrèrent les océans deux mille deux cents ans plus tard, dans des nacelles d'acier, la similitude est remarquable.

L'histoire de la plongée d'Alexandre apparut plusieurs siècles après la mort du héros. A en croire de Latil et Rivoire, la première mention connue de cette fameuse plongée figure dans un texte d'un philosophe du IVe siècle après J.-C., Ethicus d'Istrie, qui évoque la visite d'Alexandre « au plus profond de la mer, pour percer le mystère des abysses » et se réfère à l'historiographe d'Alexandre, Callisthène. Mais son contemporain et traducteur en latin, le « prêtre Jérôme », met déjà en doute cette histoire. Ce texte grec fut ensuite traduit en hébreu, en syrien, en éthiopien, en égyptien, en arabe, en persan, tant était grande la renommée d'Alexandre parmi les peuples de l'Antiquité. De nombreuses relations écrites de cette plongée sont parvenues jusqu'à nous. Bien entendu, chaque traducteur adaptant le texte initial selon sa propre nationalité et sa religion, l'aventure d'Alexandre subit de profondes transformations, dans ses objectifs comme dans son déroulement.

En France, l'une des premières sources qui évoque avec quelques détails la plongée d'Alexandre est l'*Alessandréide* du Français Albéric de Pisançon, écrite vers la fin du XI⁰ siècle, d'après les ouvrages de Julius Valerius et de Léon le Diacre. Puis vint la célèbre épopée romane du XII⁰ siècle, l'*Alexandréide*, de Gauthier de Châtillon. Alors que les textes anciens étaient dépourvus d'illustrations, il n'en est plus de même au Moyen-Age, et il est intéressant de comparer les différentes miniatures qui relatent l'aventure telle qu'elle est décrite dans l'*Alexandréide*. Sur l'une d'elles, extraite d'un manuscrit français du XIII⁰ siècle, on voit Alexandre le Grand, le chef couronné, assis sur une sorte de coussin, enfermé dans une nacelle de verre en forme de vaste tonneau, suspendue par deux cordes au navire de surface, possédant une ouverture circulaire à la partie supérieure et deux lampes à huile à l'intérieur ; l'histoire précise que ces lampes jetaient dans l'eau un tel éclat que les poissons les plus agressifs s'enfuyaient épouvantés ! Sur la miniature, la nacelle comporte à la partie inférieure une petite trappe qui doit permettre de recueillir les richesses naturelles de la mer, huîtres perlières, corail, etc. Autour de la nacelle, la masse de l'eau est peuplée de nombreux poissons et un énorme monstre marin, véritable Léviathan, occupe près de la moitié de la surface. A droite de l'engin, deux personnages nus se nourrissent de poissons, allusion transparente aux peuples ichtyophages qu'Alexandre a rencontrés au cours de ses campagnes orientales. Alexandre semble surtout frappé par la lutte acharnée que se livrent entre eux les habitants des profondeurs marines : les plus grands dévorent les plus petits.

L'inspiration des auteurs orientaux se démarque sensiblement des interprétations occidentales : sur une peinture d'origine persane représentant la même plongée, Alexandre, la tête coiffée d'un turban surmonté d'une élégante aigrette, est enfermé dans une grande urne cylindrique transparente ; il ne faut pas moins de trois cordes pour soutenir la nacelle. Seule, la surface de la mer est représentée ; point de monstre marin, ni de poissons variés en train de s'entre-dévorer. Sur la côte toute proche, on distingue des constructions étagées sur les pentes de collines. La plongée devient une occasion de se recueillir et d'admirer la puissance du Créateur révélée dans ses créations démesurées.

L'une des plus anciennes et des plus intéressantes relations orientales de la plongée d'Alexandre, directement inspirée du texte de Callisthène, a été découverte au milieu du siècle dernier dans la bibliothèque de l'empereur d'Ethiopie Théodore, au cours d'une expédition répressive menée par les troupes anglaises. Le manuscrit trouvé en Ethiopie [2] s'éloigne sensiblement des textes d'Europe occidentale et le caractère religieux est beaucoup plus accentué : « Quand Alexandre parvint aux régions où le soleil se levait et se couchait », il adressa cette prière à Dieu : « Mon Seigneur et Dieu, il me tarde de savoir où est la mer qui entoure le monde et quelles merveilles elle renferme afin que je puisse les décrire à vos créatures. » Dieu lui promit alors d'exaucer son vœu et de faire pénétrer la connaissance dans son cœur. Alors Alexandre se plaça dans une cage de verre recouverte de peaux d'ânes et munie d'une porte qui pouvait être fermée et verrouillée avec des anneaux et des chaînes ; il prit avec lui la nourriture qui lui était nécessaire et la plaça dans la cage. Dieu donna ses instructions à l'ange qui était chargé des mers : « Ecoute et exécute tous les commandements qu'Alexandre te donnera, lui dit-il. Préserve-le de tout mal, écarte de lui tout danger et tout ce qui pourrait le terrifier dans les profondeurs de la mer. » Et l'ange, joyeux, s'en fut en paix vers Alexandre et lui dit : « Je suis celui qui a la garde de la mer et des bêtes qu'elle renferme, depuis le Commencement jusqu'à la Fin. Désires-tu que je te fasse voir quelques-unes des merveilles qui se trouvent dans la mer ? – Oui, Seigneur et messager de Dieu. » Alors l'ange appela un monstre de la mer qui vint aussitôt et se plaça devant la cage. Et l'ange dit à Alexandre : « Regarde cette merveille. » Et le monstre, se rapprochant, mordit la cage. Pendant deux jours, Alexandre chercha à apercevoir l'extrémité postérieure et la queue du monstre mais au bout de ce temps celui-ci s'éloigna et disparut. L'ange appela un autre monstre et lui ordonna de passer tout près d'Alexandre ; ce monstre était noir comme un nuage et Alexandre ne vit sa queue que lorsque deux jours et deux nuits se furent écoulés. L'ange lui demanda : « As-tu jamais vu un tel monstre, ou aucun autre qui soit plus grand que lui ? – Non, répondit Alexandre. » L'ange lui dit : « Ce qui se trouve dans la mer ne t'a pas été donné. » Et le troisième jour, appelant un monstre, il lui dit : « Passe comme un éclair devant Alexandre », et le monstre se précipita et passa devant lui avec la plus grande célérité ; mais ce ne fut qu'au bout de trois jours et trois nuits que l'extrémité postérieure et la queue passèrent devant Alexandre. Ensuite, l'ange dit à Alexandre : « Combien de jours se sont écoulés depuis que tu as quitté tes troupes sur le navire ? – Quatre jours, répondit Alexandre, et avant que je ne retourne il doit s'en écouler cent. » Et se jetant à genoux,

---

2. Citation d'après W. Beebe, *En plongée par 900 mètres de fond.*

Alexandre rendit grâce à Dieu au centre de la mer et le supplia de bien vouloir prolonger ses jours jusqu'à ce qu'il parvienne à l'endroit qu'il désirait atteindre. Alors l'ange lui dit : « Lève ta tête et tu verras une chose étonnante. » Et Alexandre obéit et vit qu'il se trouvait tout près de ses hommes qui étaient dans le navire et ceux-ci l'apercevant l'accueillirent avec joie. Ainsi, Alexandre put découvrir, à travers les monstres géants qui défilèrent devant sa fragile coque de verre, la puissance du Créateur.

Il n'existe malheureusement aucune preuve historique de la réalité de la plongée d'Alexandre. Elle aurait eu lieu à l'époque de son retour des Indes, au moment où il fut contraint par ses soldats de rebrousser chemin et de renoncer à de nouvelles conquêtes à l'Est. En novembre 326 en effet, l'armée descend l'Indus à bord d'une flotte immense qui ne compte pas moins de huit cents embarcations. En juillet de l'année suivante, le delta est atteint et Alexandre sépare ses troupes en deux groupes. Néarque, l'amiral fidèle, dirige la flotte qui rentre par mer en longeant la côte d'Asie jusqu'au fond du golfe Arabe. Au cours de cette traversée, Néarque note dans son journal de bord, fidèlement repris par Arrien, nombre d'aventures passionnantes : rencontre de baleines, relations avec les peuples ichtyophages qui peuplent ces régions, avec des pêcheurs de perles, et observations de nombreux animaux marins inconnus. Mais ni lui ni aucun écrivain de cette époque ne fait la moindre allusion à l'aventure sous-marine d'Alexandre, qui n'apparaîtra dans les légendes que près de huit siècles plus tard.

Certains historiographes ont avancé que les Grecs connaissaient la cloche à plongeur et invoquent des passages d'un texte d'Aristote, dans un livre des *Problèmes*. Le philosophe indique que « l'on procure aux plongeurs la faculté de respirer, en faisant descendre dans l'eau une cuve d'airain. La cuve ne se remplit pas d'eau et conserve l'air, si on la force à s'enfoncer perpendiculairement ; mais si on l'incline, l'eau y pénètre ». Ce passage prouve-t-il que la cloche à plongeur était déjà employée par les Grecs ? Ce n'est pas certain. En effet, Aristote ne fait nullement mention du fait que l'eau comprime l'air au fur et à mesure que la cloche s'enfonce ; il n'est donc pas exact de dire que la cuve ne se remplit pas d'eau. Un second argument, historique, consiste à remarquer qu'aucun récit antique ne fait état de relevage d'épaves ou de travaux effectués à partir de cloches à plongeur, qui auraient pu expliquer l'existence de la trappe placée au fond de la nacelle d'Alexandre.

L'un des mythes marins les plus célèbres que nous ait légués l'Antiquité est sans doute celui des sirènes. Petites filles de l'Océan et de Téthys, les sirènes attirèrent sur elles la fureur de Cérès en assistant, indifférentes, à l'enlèvement de Proserpine ; la déesse, pour se venger, les métamorphosa en monstres, moitié femmes, moitié oiseaux. Les malheureuses sirènes se réfugièrent dans des îlots situés entre la Sicile et l'Italie, condamnées à mourir lorsqu'un homme passerait devant elles sans s'arrêter ; aussi devinrent-elles expertes dans l'art du chant, attirant les navigateurs qui passaient par leurs mélodies harmonieuses, s'accompagnant de la lyre et de la flûte double. Les Argonautes, à la recherche de la Toison d'Or, passèrent près des îlots maudits ; naturellement, les sirènes s'avancèrent pour séduire les hardis navigateurs et les dévorer ; mais Orphée le musicien éleva la voix, et elles-mêmes furent contraintes de se taire pour écouter avec ravissement ses chants admirables. Un peu plus tard, le rusé Ulysse, revenant vers Ithaque, eut l'idée d'annuler l'effet de l'enchantement en bouchant les oreilles de ses compagnons et en se faisant lui-même attacher au grand mât du navire. Désespérées, les sirènes obéirent à l'oracle et se jetèrent à l'eau où elles furent métamorphosées en rochers.

Les Tritons, fils de Neptune et d'Amphitrite, subirent les mêmes métamorphoses que les sirènes. D'abord considérés comme des hommes marins par les Grecs, ils furent ensuite décrits comme des monstres à queue de poisson, à cheveux et barbe longs, le corps couvert d'écailles petites et dures, des ouïes derrière les oreilles.

Malgré les nombreux récits des auteurs grecs et les représentations des sirènes, les naturalistes du début de l'ère chrétienne tels que Pline éprouvèrent quelque difficulté à admettre la réalité du mythe, et recherchèrent quels animaux pouvaient être à l'origine de ces illusions. Pline précise qu'il ne croit pas aux sirènes, sirènes oiseaux ou sirènes poissons ; ces dernières, pense-t-il, sont de vrais poissons.

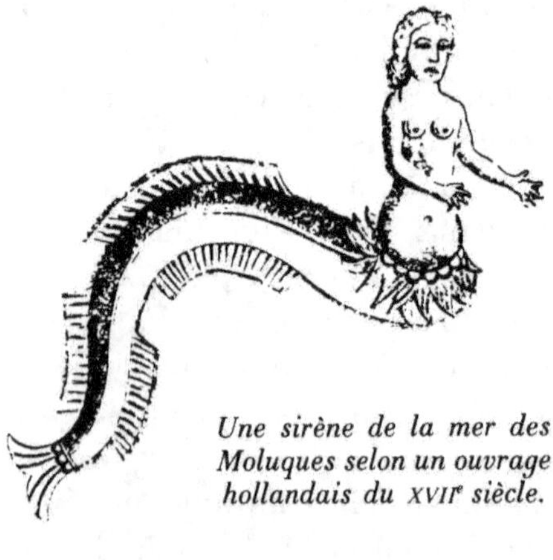

Une sirène de la mer des Moluques selon un ouvrage hollandais du XVIIe siècle.

Au Moyen-Age, les deux mythes des sirènes et des tritons reviennent dans les récits, aussi bien dans le monde occidental qu'en Orient. Les descriptions demeurent imprécises jusqu'à un texte écrit en 1215 par le Norvégien Storlaformus, la *Chronique islandaise*, qui parle de deux monstres anthropoïdes. Le premier, Haffstramb, est semblable à un homme, si ce n'est que la tête est extraordinairement élevée et pointue en haut. Personne n'a jamais vu comment il est formé en dessous de la ceinture. Le second est appelé Masguguer ; son corps évoque celui de la femme, avec de gros seins, une longue chevelure, de grandes mains terminées par des doigts réunis par une membrane palmaire, comme les pieds de l'oie. Ces descriptions seront reprises et amplifiées dans les textes d'un certain nombre d'auteurs occidentaux publiés au cours du XVIe siècle et consacrés aux poissons et autres animaux marins : Pierre Belon, Guillaume Rondelet, Conrad Gesner, Olaüs Magnus, Ulysse Aldrovandi, etc. A côté de figures parfois relativement précises et reconnaissables, certaines créatures marines semblent sortir tout droit de l'inconscient collectif du Moyen-Age. Ainsi, Guillaume Rondelet, « Maistre Rondibilis » d'après Rabelais, n'hésite pas à décrire dans son livre sur les poissons [3], où sont représentées les véritables images de ces animaux, un « monstre léonin », un « monstre marin en habit de moine », et même un « monstre en habit d'évêque », dont les portraits ne manquent pas de saveur. Le « monstre marin en habit de moine » avait été décou-

Le « monstre marin en habit d'évêque ».

3. *Libri de Piscibus marinis in quibus verae Piscium effigies expressae sunt*, Lyon, 1554.

vert sur les côtes de Norvège, rejeté sur une grève à la suite d'une forte tempête. Ceux qui le découvrirent, nous dit Rondelet, lui donnèrent immédiatement ce nom, car il avait une face d'homme, rustique et disgracieuse, la tête rasée et lisse, et une sorte de capuchon de moine sur les épaules ; à la place des bras, deux nageoires et une queue large et fourchue ; la partie moyenne du corps, beaucoup plus large, avait la forme d'une casaque militaire. Une autre curiosité des profondeurs marines est le « monstre en habit d'évêque ». Il est représenté portant une sorte de mitre et reposant sur deux pattes qui rappellent étrangement des cuisses de dinde désarticulées. Trouvé en Pologne en 1531 et porté au roi de ce pays, il avait fait certains signes montrant clairement qu'il souhaitait regagner la mer ; on accéda à son désir, et le monstre disparut

*Le « monstre marin
en habit de moine ».*

rapidement dans les eaux... Il n'est pas difficile de retrouver dans ces descriptions, amplifiées et déformées, les espèces de phoques qui les inspirèrent. Le monstre en habit d'évêque est sans doute le phoque capucin du Groenland, déjà observé par Storlaformus, qui a sur la tête, lorsqu'il est adulte, une sorte de sac mobile, caréné au-dessus, dont il peut recouvrir ses yeux et son museau. Le monstre « en habit de moine » est peut-être un lion de mer au pelage beaucoup plus épais sur les épaules que sur le reste du corps ; ce n'est pas, en tout cas, notre phoque moine actuel, espèce menacée de disparition qui habite des eaux plus clémentes, en Méditerranée, sur les côtes atlantiques du Maroc et sur les îles voisines.

Cette impressionnante théorie de monstres marins anthropoïdes qui peuplent les textes des naturalistes de la Renaissance n'est pas le fruit du hasard. Bien au contraire, à en croire la littérature de l'époque, l'existence de ces monstres marins était parfaitement admise durant les XVIe et XVIIe siècles, et on acceptait comme vérités indiscutables les éléments factuels qui, de proche en proche, venaient apporter des preuves nouvelles de leur existence. En 1657, le jésuite Gaspar Schott publie une planche entière de monstres marins, dans laquelle on retrouve, précisément reproduits, les monstres en habit de moine et en habit d'évêque décrits par Rondelet, à côté de représentations tout aussi surprenantes de tritons et de satyres marins. A dire vrai, Schott reconnaît qu'il n'a pas eu l'occasion de voir de ses propres yeux ces animaux étranges, et s'en remet à Rondelet ; en revanche, il ne doute pas de l'existence de tritons, dont il donne une savoureuse « pourtraicture » : tête humaine encadrée de deux oreilles poilues, corps au tronc humanoïde terminé par une queue à l'extrémité bifide, bras terminés par des mains pentadactyles, membres postérieurs courts, terminés par de courtes pattes à quatre doigts réunis par une membrane palmaire.

Au début du Siècle des lumières, en 1718, Ruysch publie une *Histoire naturelle des poissons anthropomorphes* dans laquelle on retrouve un certain nombre de ces monstres étranges où se mélangent l'homme et le poisson. L'ouvrage de Ruysch est publié quarante ans exactement avant la douzième édition du *Systema Naturae* de Linné, dont la précision et la modernité sont telles que la date de 1758 a été choisie comme origine de la nomenclature moderne du monde vivant. A peu près à la même époque, Van der Stell, gouverneur hollandais de l'île d'Amboine, publie un recueil consacré aux *Poissons extraordinaires des Moluques*. On peut y admirer une très belle sirène des Moluques peinte par S. Fallours. La description est précise : « Le monstre, semblable à une sirenne, a été pris à la côte de l'île de Borné, à Amboine. Long de 59 pouces, gros à proportion comme une anguille, il a vécu à terre dans une cuve pleine d'eau quatre jours et sept heures. Il poussait de temps en temps de petits cris, comme ceux d'une souris. Il ne voulut point manger, quoiqu'on lui offrît des petits poissons, des coquillages, des crabes, etc. On trouva dans sa cuve, après sa mort, quelques excréments semblables à des crottes de chat. »

Plus près de notre époque, le mythe de la sirène mi-femme, mi-poisson, était encore suffisamment vivace pour que la présentation au public d'une sirène factice dans le bizarre musée d'histoire naturelle ouvert à New York par l'Américain Barnum, au milieu du XIXe siècle, suscite de réelles interrogations ; il s'agissait du haut du corps d'une guenon sur lequel était habilement cousue la partie postérieure d'un gros poisson... La pharmacopée chinoise traditionnelle utilise de tels monstres artificiellement fabriqués ; les collections du laboratoire des amphibiens et reptiles du Muséum national d'histoire naturelle de Paris conservent encore l'une de ces chimères : l'animal mesure une cinquantaine de centimètres de longueur, la tête est celle d'un singe, et les deux pattes antérieures et les « épaules » du petit monstre sont empruntées au corps d'un varan, sorte de gros lézard. Le thorax, sur lequel saillent une série de côtes, a été pétri dans une argile colorée ; enfin, l'extrémité postérieure du corps de la chimère est formée par la queue encore revêtue des écailles d'un poisson du groupe des pagres. L'ensemble est soigneusement assemblé, et l'aspect général inquiétant. On est bien loin des grâces de la célèbre sculpture de la petite sirène d'Andersen sur les quais de Copenhague.

Et si, derrière ce fatras d'observations et de récits plus ou moins déformés, il y avait un lien réel entre les hommes et ces anthropoïdes marins ? Et si ces êtres étranges n'étaient en réalité que nos lointains ancêtres, encore liés à la mer dans laquelle ils ont pris naissance ? Cette thèse a été soutenue avec un certain mérite au début du XVIIIe siècle, dans un livre très curieux publié sous la signature de Benoît de Maillet. Benoît de Maillet, né à Saint-Mihiel en 1656, mourut à Marseille en 1738. Diplomate français, consul général en Egypte, puis en Abyssinie et à Livourne, il consacra les dernières années de sa vie à écrire cet ouvrage sur les monstres marins anthropoïdes et en dégagea une théorie selon laquelle la vie telle que nous la connaissons aurait pris naissance dans la mer. L'existence dans la mer d'animaux semblables à ceux qui peuplent la terre jouissait au début du XVIIIe siècle d'une certaine popularité ; de là à avancer que tous les êtres vivants sont apparus au sein des eaux, il n'y avait qu'un pas, que ce diplomate franchit, avec, il est vrai, une certaine prudence. L'ouvrage fut publié en 1748 à Paris, dans les presses clandestines de Bonnin et La Marche. C'est à la demande de Fontenelle, alors secrétaire perpétuel de l'Académie, que Maillet écrivit les pages du *Telliamed* consacrées à l'origine de la vie dans la mer : dans une lettre qu'il adresse en 1726 à Fontenelle, Maillet lui annonce l'envoi prochain du traité qu'il rédige et rappelle qu'il a travaillé « sur la demonstration de la possibilité de la sortie de tous les animaux de la mer, sans exception de l'homme, qui en fait la partie la plus curieuse comme la plus délicatte et celle de l'état de leur existance et communication d'un globe à l'autre sans le secours de la generation par la propre espece, que sur ce que vous m'excitatés à approfondir cette matiere et dans l'espoir de meriter votre estime ». Maillet avait pris quelques précautions en intitulant son ouvrage *Telliamed, ou entretiens d'un philosophe indien avec un missionnaire français, mis en ordre sur les mémoires de feu Monsieur de M.* Il s'abrite ainsi derrière le récit d'un Indien rencontré au Caire en 1715, qui ne rapporterait lui-même que les pensées de l'un de ses aïeuls ; le récit aurait été confié à un « missionnaire français », et celui qui transcrit enfin les notes laissées par le missionnaire et les publie à Amsterdam garde l'ano-nymat. L'anagramme demeure cependant facile à décrypter : de Maillet = Telliamed.

L'aïeul de l'Indien avait inventé un moyen propre à percer les mystères de l'océan : « une espèce de lanterne en bois très fort et assez épais » dans laquelle huit ouvertures étaient ménagées, dont quatre disposées à hauteur des yeux des plongeurs étaient fermées par des châssis garnis de cristaux, les quatre autres étant revêtues d'un cuir « lent et peu épais » à travers lequel l'air dissous dans l'eau extérieure transpirait par les pores, rendant la respiration plus agréable. En somme, résistance à la pression mise à part, ce cuir si particulier se comporte comme une véritable membrane semi-perméable, capable de séparer l'air de l'eau, ce qui constitue aujourd'hui encore une véritable gageure. La lanterne de Telliamed, plus légère que l'eau, était lestée de poids pendus à sa partie inférieure. L'un de ces poids pouvait être largué de l'intérieur de la lanterne lorsque le passager désirait remonter à la surface. Cependant, Tel-liamed n'a pas eu l'occasion d'utiliser lui-même cette lanterne et la théorie qu'il avance sur l'origine de la vie dans la mer réside sur un raisonnement rigoureux et quelques observations rapportées à partir de sources qu'il n'a pu contrôler directement.

Maillet a construit ses théories sur l'origine de la vie et sur le passage des animaux de la mer sur la terre sur un terrain scientifique encore bien mal assuré. Toutes ses idées sur la biologie postulent que la vie a pris naissance dans les eaux qui ont couvert à un moment donné la surface entière de notre planète. Maillet admet la présence, dans cet océan primordial, d'une infinité de semences, répandues partout dans l'univers, invisibles même avec les plus puissants microscopes. Ces semences, par elles-mêmes, ne sont pas animées, mais tout ce qui vit naît d'une semence. La vie n'est pas une propriété originelle de la matière ; seules, certaines parties ont une prédisposition à la vie, et développent cette aptitude lorsqu'elles se trouvent dans un milieu favorable. Ces semences primordiales, d'abord inertes, ont pris vie dans l'eau qui représente la première matrice ; enfouies dans les vases que renferment les eaux marines, elles ont trouvé là leur seconde matrice et ont donné naissance aux diverses espèces végétales et animales. Maillet défend ainsi la thèse de l'apparition de la vie à partir de semences inanimées, alors même que la doctrine aristotélicienne de la génération spontanée semblait définitivement ruinée par les célèbres expériences pratiquées par Redi en 1668 sur les asticots qui apparaissent sur la viande en cours de putréfaction, et par la découverte de l'existence des spermatozoïdes par Hamm et Leeuwenhoek.

La grande originalité du *Telliamed*, par rapport aux œuvres antérieures en faveur de la génération spontanée, est de localiser dans les eaux de l'océan la source de toute semence originelle. Pour la première fois est émise l'idée selon laquelle toute forme de vie sur la terre a son origine dans la mer. La démonstration débute par une série de remarques sur la ressemblance entre les êtres marins et ceux qui peuplent les terres émergées : « Il n'y a aucun animal sur notre terre marchant, vollant ou rampant, dont la mer ne renferme des espèces semblables ou approchantes et desquels la transmutation ou le passage d'un de ces elemens à l'autre ne soit possible, probable et même soutenüe d'un grand nombre d'exemples. » Maillet ne parle pas seulement des animaux amphibies, des crocodiles, des serpents, des loutres, des phoques, mais également des animaux qui ne peuvent vivre que dans l'air. Cette ressemblance ne peut être tout à fait fortuite. Nous savons que les animaux que produit la mer appartiennent à deux grandes catégories (que Maillet appelle des genres) : les uns, volatiles, s'élèvent du fond jusqu'à la surface de la mer ; les autres rampent sur le fond et n'ont pas de disposition pour nager. Pour Maillet, qui peut douter que les oiseaux terrestres dérivent des poissons qui nagent, et que les animaux terrestres proviennent, eux, des poissons qui rampent ? D'ailleurs, l'eau et l'air ne sont pas des éléments différents. L'eau n'est pas autre chose qu'un air chargé de parties d'eau beaucoup plus grossières, plus humides et plus pesantes que le fluide supérieur que nous appelons l'air, mais l'un et l'autre ne sont réellement qu'une seule et même chose. Une autre preuve de cette quasi-identité des deux milieux est fournie par une observation déjà banale à cette époque : dans le ventre de la mère, le foetus vit sans respirer, et ses poumons ne sont pas fonctionnels. Maillet souligne l'importance de cette observation qui indique que l'homme, et les mammifères, à un moment donné de leur vie, sont capables de vivre normalement dans un milieu liquide. En outre, à cette époque, l'identification de l'air et de l'eau était répandue chez des chimistes de renom, et il faudra attendre la seconde moitié du siècle avec les travaux de Lavoisier et de Priestley pour apprendre que ni l'air, ni l'eau, ne sont le ou les éléments simples que l'on croyait, mais des composés chimiques bien différents. Cependant, Maillet connaît bien les découvertes scientifiques les plus récentes et en tient compte ; ainsi, il observe que le spermatozoïde humain rappelle étrangement un poisson, au moment où Huygens croyait y reconnaître un têtard et où Leeuwenhoek, qui observait des spermatozoïdes de chien, pensait discerner des mâles et des femelles... Ce qui prouve qu'il est parfois difficile, même pour de grands micrographes, de distinguer entre ce que l'on désire voir et ce que l'on voit réellement.

Pour parfaire sa démonstration, Maillet, bien qu'il se défende de vouloir utiliser les attestations chimériques des auteurs anciens, utilise certains faits qui lui paraissent incontestables. Il défend par exemple l'autorité de Pline et essaye de trouver une explication raisonnable de l'histoire du triton jouant de la flûte que raconte le naturaliste romain. En effet, souligne Maillet, « la vérité a sa trace dans la fable même » et, dûment soumis à la critique historique, certains faits peuvent être retenus comme prouvés. Maillet énumère une série d'observations plus récentes, dont les rapporteurs sont, dit-il, gens de qualité ; pourtant, les observations manquent souvent de précision sur le point crucial que défend Maillet. Ainsi, l'homme et la femme vus dans le delta du Nil furent aperçus par une foule de gens, mais « ils parurent une bonne heure avant le coucher du soleil et il n'y eut que les tenebres de la nuit qui les deroberent à leurs yeux » ; un homme marin vu à la pointe du Diamant était si près des témoins qu'il faillit être attrapé, mais cela se passait « vers le coucher du soleil », à un moment où la lumière crépusculaire peut faire commettre bien des erreurs. D'autres récits sont plus convaincants. Un homme marin a ainsi été observé nageant autour d'un navire français de dix heures du matin jusqu'à midi, de telle sorte qu'une trentaine de témoins ont pu l'observer et en donner une relation précise. Mais il existe heureusement un élément encore plus décisif : c'est l'homme marin du Groenland, dont on a conservé l'embarcation et dont la dépouille mortelle, desséchée, se voit aujourd'hui à Hall en Angleterre (sans doute s'agit-il d'un malheureux pêcheur eskimo). Et Maillet de triompher : « Les consequences d'un fait si singulier mais si authentiquement [prouvé] sont telles pour la preuve de la sortie des races humaines des eaux de la mer qu'elles suffiroient seules pour en etablir la verite à des gens moins prevenues d'une autre origine que ne le sont la plupart des hommes terrestres. »

La démonstration de Maillet est intéressante à plus d'un titre. Il fait d'abord remarquer que les différences existant entre les poissons et les oiseaux sont, à tout prendre, moins importantes que celles qui séparent le papillon de la chenille dont nous savons bien, pour l'avoir observé, qu'il est issu. La description des transformations que subissent les poissons ailés ou volants, lorsqu'ils tombent par malheur sur le rivage, vaut d'être contée : « Alors les nageoires n'étant plus baignées des eaux de la mer, se fendirent et se déjetèrent par la sécheresse. Tandis qu'ils (les poissons volants) trouvèrent dans les roseaux et les herbages dans lesquels ils étaient tombés, quelques aliments pour se soutenir, les tuyaux de leurs nageoires, séparés les uns des autres se prolongèrent et se revêtirent de barbes ; ou pour parler plus juste, les membranes qui auparavant les avaient tenus collés les uns aux autres, se métamorphosèrent. La barbe formée de ces pellicules déjetées s'allongea elle-même ; la peau de ces animaux se revêtit insensiblement d'un duvet de la même couleur dont elle était peinte, et ce duvet grandit. Les petits ailerons qu'ils avaient sous le ventre, et qui, comme leurs nageoires, leur avaient aidé à se promener dans la mer, devinrent des pieds, et leur servirent à marcher sur la terre. Il se fit encore d'autres petits changements dans leur figure. Le bec et le col des uns s'allongèrent ; ceux des autres se raccourcirent ; il en fut de même du reste du corps. Cependant, la conformité de la première figure subsiste dans le total ; et elle est et sera toujours aisée à reconnaître. » Comme on peut en juger par cette citation, l'opération est des plus aisées...

Il n'en reste pas moins que la migration de la mer vers la terre n'est pas chose courante, et qu'en tout cas les « hommes marins » qui ont été capturés n'ont jamais pu survivre plus de quelques jours hors de l'eau ; il est également vrai qu'ils n'ont pas immédiatement péri ; et Maillet de conclure : « Pouvant vivre quelques jours hors de l'eau, ils peuvent s'accoutumer par l'impossibilité d'y retourner à vivre absolument hors d'elle ; et c'est de cette sorte sans doute que tous les animaux terrestres ont passé en certain cas du sejour des eaux à la seule respiration de l'air ». Certes, l'acclimatation des « hommes marins » à l'air n'est pas chose facile, mais elle reste possible, en particulier sous des climats froids, où la température de l'air et celle de l'eau sont voisines. En revanche, l'opération est plus risquée en région tropicale, lorsque la température de l'air est très éloignée de celle de l'eau de mer.

L'explication est ingénieuse qui conduit à localiser aux pays les plus froids, situés près des pôles, les régions dans lesquelles la migration marine se poursuit de nos jours : nous ne la soupçonnons pas, car elle se produit dans des contrées inhospitalières et généralement inhabitées. A supposer même que nous puissions assister au phénomène, Maillet estime que nous ne le verrions pas se produire, car, dit-il, il n'est pas douteux que « les animaux sortans de la mer sont d'abord si sauvages que tout ce qu'ils voyent ou entendent d'extraordinaire les effraie et les fait fuir et retourner dans leurs abimes ». D'ailleurs, ajoute-t-il sans hésiter pour renforcer sa thèse, si les peuplades nordiques ont souvent des côtés féroces et sauvages, c'est tout simplement parce qu'elles ont quitté récemment le monde marin et n'ont pas encore subi les changements de comportements qui caractérisent les races civilisées de régions plus clémentes. Paradoxalement, Maillet évoque, pour plaider sa théorie, l'exemple d'anthropoïdes primitifs, les orangs-outangs, qui ne sont pas réputés habiter près des pôles... Mais il est vrai que Maillet n'exclut pas la possibilité de migrations en régions tropicales ; il estime simplement que les conditions boréales sont les plus favorables à la migration des espèces marines sur terre.

La conclusion de l'ouvrage est déroutante. En effet Maillet s'interroge sur le fait a priori étonnant que des observations semblables n'aient pas été rapportées dans les pays européens. Cela le conduit dans un premier temps à supposer que bien des animaux légendaires, dragons, serpents ailés, sont tout simplement des animaux échappés de la mer, et dont nous ne connaissons pas encore la morphologie. L'homme détruit lorsqu'il les rencontre ces formes inconnues, alors qu'elles pourraient au contraire se révéler utiles et enrichir notre race. L'argumentation n'est guère convaincante. Maillet en est conscient, qui écrit dans les dernières lignes de son ouvrage « Il n'est pas etonnant que nous ne soyons pas les temoins à cause de la sçituation de nos pays des premieres sorties des animaux marins des lieux sous aquatiques, qu'ils habitent, et qu'à cause de notre ignorance nous (nous) abusions même de leur apparition quand il en survient quelqu'une parmy nous. Qu'il nous (suffise) donc d'estre les temoins de la rusticite et de la stupidite de ceux qui en sont visiblement sortis depuis peu de tems et qui sont à portee de nos yeux ». Et la conclusion de l'ouvrage vient encore renforcer le propos : « L'humeur encore féroce et sauvage de tant de nations de ces pays froids et des animaux qu'on y rencontre, doit être pour vous une image de la transmigration encore récente de ces races du séjour des eaux dans celui des airs : c'est une preuve assez sensible du changement qui s'est fait depuis peu dans leur état. Vous pouvez remarquer ces traces encore récentes de la naissance sur la terre de diverses races d'hommes et d'animaux dans presque toutes les parties du monde. Ces créatures prises par les Hollandais sur les côtes de la Terre de Feu en 1708, qui ne différaient des hommes que par la parole ; celles de forme humaine qu'on trouve, comme je l'ai dit, dans l'île de Madagascar, qui marchent comme nous sur les pieds de derrière, et qui sont privées de même de l'usage de la voix, quoique les unes et les autres puissent comprendre ce que nous disons ; ces hommes qui à peine paraissent humains, sont peut-être des races d'hommes nouvellement sortis des flots, à qui la voix manque, comme elle manque encore à présent à certains chiens du Canada. Mais les uns et les autres en acquéreront l'usage à la suite de plusieurs générations. » Après cette longue et brillante démonstration, l'auteur demeure décidé à défendre son hypothèse, qui aurait pu être appliquée de manière plus précise à d'autres animaux qu'aux anthropoïdes marins.

En effet, si l'on veut bien négliger le temps nécessaire aux êtres vivants pour évoluer et s'adapter à de nouvelles conditions de vie, nous sommes aujourd'hui à peu près certains que la vie a pris naissance dans les océans. Les preuves paléontologiques ne manquent pas, et la très grande diversité des types zoologiques présents dans les océans confirme une hypothèse qui n'est plus guère discutée, à l'exception toutefois des rares tenants de la thèse de la panspermie, qui postule que les premières formes de vie apparues sur notre planète viennent d'autres planètes, voire d'autres mondes...

La « lanterne » de Maillet, quant à elle, est à ranger parmi toute une série d'inventions qui n'ont jamais dépassé le stade du croquis ou de la maquette. L'exploration des profondeurs de l'océan à l'aide de technologies nouvelles a pourtant débuté à la Renaissance. Avec l'invention de l'imprimerie, l'histoire nous a légué les descriptions, les dessins et les plans d'un très grand nombre d'appareils permettant à l'homme de quitter la surface pour découvrir ce qui se passe sous l'eau. L'une des erreurs les plus fréquentes tient à l'utilisation d'une tuyauterie supposée permettre au plongeur de respirer à partir de l'air de la surface. Nous savons aujourd'hui que ces appareils n'auraient pu fonctionner au-delà de quelques dizaines de centimètres. En effet, la puissance musculaire que la cage thoracique doit opposer à la pression de l'eau pour pouvoir inspirer ne permet pas de dépasser un mètre de profondeur pour les plongeurs les plus doués. Ce sont donc les appareils conçus pour résister à la pression de l'eau, qu'ils soient ou non ouverts à leur base, qui retiendront principalement notre intérêt.

En 1472, un ingénieur militaire de la République de Venise, Végèce, publie un important ouvrage, *De re militari*, dans lequel il décrit et figure les plans d'un petit sous-marin démontable en trois morceaux, afin de pouvoir être rapidement transporté par les troupes du génie et facile à remonter pour permettre le passage des rivières ; on peut douter que ce sous-marin, mû par des roues à aubes, ait jamais vu le jour ; toujours est-il qu'il n'a laissé aucune trace dans l'histoire militaire. Le principe de la cloche à plongeur, ouverte vers le bas, est très tôt mis en application, puisqu'on cite le cas de plongeurs d'éponges grecs qui vinrent en Espagne, à Tolède, faire une démonstration de cette technique devant Charles Quint en 1538. Une fois parvenue au fond, la cloche pouvait recevoir un apport d'air frais transporté depuis la surface dans des tonneaux lestés que l'on ouvrait sous son ouverture. Les plongeurs pouvaient accomplir leur travail et revenir se reposer entre deux plongées dans la cloche. En 1653, l'Anglais William Phipps imagina un appareil pour aller rechercher au fond de la mer les débris d'un navire espagnol perdu sur la côte d'Hispaniola (Saint-Domingue). Le roi Charles II s'intéressa à l'entreprise, qui se termina par un échec. Loin de se décourager, Phipps ouvrit une souscription publique, à laquelle le duc d'Albemarle contribua largement, pour effectuer une nouvelle expédition. Il quitta l'Angleterre en 1667, et réussit à retirer des profondeurs marines le trésor, constitué de lingots d'argent, en utilisant une cloche à plongeur rudimentaire. L'histoire nous apprend qu'il dut en abandonner l'essentiel au duc d'Albemarle, mais fut fait chevalier par le roi d'Angleterre et fut l'ancêtre de la famille de Mulgrave.

Au cours de la seconde moitié du XVIIe siècle, à la suite des célèbres expériences de Torricelli et de l'interprétation correcte qu'en donna Pascal, la première théorie cohérente de la cloche à plongeur fut proposée en 1669 par un universitaire écossais, Georges Sinclair ; il avait longuement observé le travail des cloches à plongeur remontant des pièces de marine perdues dans le désastre de l'Invincible Armada, quatre-vingts ans auparavant. Il décrit très clairement l'équilibre entre pression de l'eau et pression de l'air et souligne qu'il est possible, en cas de manque d'air, d'introduire sous la cloche des récipients étanches et suffisamment solides contenant de l'air à la pression atmosphérique, puis de les ouvrir. Les cloches à plongeur trouvèrent, avec la récupération des épaves coulées à proximité des côtes et dans les ports, un remarquable champ d'action. Le physicien français Denis Papin, en 1691, songea lui aussi à renouveler l'air des cloches pendant la plongée, en y envoyant de l'air comprimé ; mais il faudra attendre encore quelques dizaines d'années avant de disposer des techniques et des matériaux nécessaires.

A la même époque, en 1682, un Italien du nom de Borelli propose un ancêtre du scaphandre, c'est-à-dire une enveloppe étanche enfermant le corps du plongeur et dans laquelle il est possible de faire parvenir de l'air frais et d'éliminer l'air vicié. Cet appareil n'a sans doute jamais dépassé le stade du cabinet de travail... Dix ans plus tard, l'Anglais John Williams se fait descendre sous la mer dans une caisse de bois renforcée de ferrures. En 1715, un autre Anglais, John Lethbridge, eut l'idée de se faire enfermer dans un tonneau de bois cerclé de fer, muni de manchons de cuir permettant au plongeur de passer les bras à l'extérieur et d'un hublot d'observation. Lethbridge réussit des plongées jusqu'à plus de vingt mètres, demeurant une bonne demi-heure sous l'eau sans avoir besoin de remonter pour respirer. Le tonneau de Lethbridge fut utilisé pour récupérer des objets perdus à petite profondeur.

On doit à l'astronome anglais Halley la première cloche à plongeur équipée d'un dispositif efficace de renouvellement de l'air au cours de la plongée. La cloche elle-même a la forme d'un cône tronqué, construit en bois et recouvert d'un manteau de plomb assez lourd. Des poids fixés à sa base permettent à la cloche de descendre jusqu'au fond. Un baril, lourdement lesté de plomb et empli d'air comprimé, est percé de deux ouvertures, l'une à la base, la seconde au sommet ; sur celle-ci est adapté un tuyau de cuir flexible terminé par un robinet. Ce baril est descendu depuis la surface à proximité de la cloche ; les plongeurs se saisissent de l'embout, et ouvrent le robinet ; l'eau fait alors irruption dans le baril par l'ouverture basse, pendant que l'air contenu se déverse dans la cloche. Halley expérimenta lui-même son invention en 1721 ; il descendit sous l'eau avec quatre personnes et demeura à une dizaine de mètres pendant une heure et demie. Halley inventa également un dispositif qui devait permettre au plongeur de quitter momentanément la cloche pour son travail : il s'agit d'une mini-cloche individuelle reliée à la cloche principale par un tuyau. Un tel dispositif ne peut fonctionner que si l'air atteint le même niveau dans chaque cloche; impossible pour le plongeur qui utilise la cloche individuelle de descendre en dessous du niveau du bord libre de la cloche principale.

Encore très lourde, et par conséquent difficile à poser et à relever, la cloche de Halley fut modifiée par un Ecossais, Spalding, qui inventa le premier compartiment ballast et imagina en outre de munir la cloche d'un poids mobile grâce à un palan tout à fait analogue aux suspensions traditionnelles de cuisine. De nouveaux perfectionnements furent apportés à la cloche à plongeur par l'ingénieur Smeaton, qui remplaça les barils pleins d'air comprimé par une pompe foulante qui envoyait l'air sous pression avec régularité, libérant les plongeurs de cette contrainte.

C'est également au cours de cette période que la plongée humaine allait connaître des progrès décisifs. Contrairement à ce qui se passe dans les sous-marins, où les hommes sont maintenus à la pression atmosphérique, le plongeur est soumis à la pression de l'eau, qui, par définition, croît d'une atmosphère tous les dix mètres en eau douce, un tout petit peu plus en eau de mer, compte tenu de la densité un peu plus élevée de l'eau salée. Le scaphandre à casque tel que nous le connaissons a pris naissance à partir de la cloche à plongeur individuelle. Le mot scaphandre a été imaginé par l'abbé de La Chapelle, dans un ouvrage publié en 1775 et dédié au ministre de la Marine de l'époque. Mais le scaphandre de l'abbé, ce « bateau de l'homme », selon l'étymologie qu'il en donne, n'est autre qu'un habit muni de flotteurs de liège qui joue le rôle d'une ceinture de sauvetage et permet à celui qui en est équipé de marcher dans l'eau en s'y tenant debout. Pour les chasseurs d'oiseaux d'eau, l'abbé propose un couvre-chef simulant un cygne, qui doit permettre aux hardis Nemrods de s'approcher au plus près de leurs victimes. « On n'enfonce dans l'eau, avec le scaphandre, que jusqu'aux mamelles », précise l'abbé, dont le mot a fait fortune, une fois détourné de son sens étymologique pour désigner les appareils qui permettent à l'homme de pénétrer sous la surface de l'océan et d'y demeurer un certain temps.

Dès la fin du XVIIIᵉ siècle, quelques équipements individuels de plongée virent le jour. Le Français Fréminet expérimenta dans la Seine, entre 1771 et 1776, un simple casque à hublot qu'alimente en air un soufflet mû par un ressort, que le plongeur comprimait régulièrement pour faire circuler l'air sous pression dans le casque. La « machine hydrostatique » de Fréminet lui permit d'effectuer des travaux dans le port de Brest, comme de clouer des feuilles de plomb pour doubler la carène d'un navire. Un homme équipé de cette machine peut rester une heure en plongée à une quinzaine de mètres de profondeur.

Vingt ans plus tard, un Allemand, Klingert, réalisa une machine analogue à celle de Fréminet et l'expérimenta avec succès dans l'Oder. Un casque et une jupe métallique sont reliés entre eux par une tunique de cuir ; les manches et les caleçons de cuir doivent être serrés fortement au moyen de ligatures sur les membres du plongeur. Il n'est pas question de descendre profondément avec ces vêtements étanches que maintiennent les armatures métalliques ; le principe même de ce scaphandre, inspirés du tonneau de Lethbridge, l'interdit. Néanmoins, ces équipements permettaient d'effectuer bon nombre de travaux légers par une dizaine de mètres de profondeur.

Dès le début du XIXe siècle, les inventeurs redoublent d'imagination : cloche individuelle de l'Anglais Fullarton en 1805, scaphandre de Brizé-Fradin en 1808, triton de Drieberg en 1809. Dans ce dernier appareil, le plongeur est alimenté en air à partir de la surface, un ingénieux dispositif fixé sur son dos et mû par une sorte de couronne métallique fixée sur sa tête comprimant l'air à la pression locale ; il facilite la respiration qui s'effectue par un système double de tuyaux reliés à la partie inférieure du réservoir. Dix ans plus tard, en 1819, le Saxon Augustus Siebe invente un scaphandre (*diving-suit*) comportant un casque métallique muni de hublots, ouvert à sa partie inférieure, dans lequel l'air est envoyé sous pression depuis la surface. Un lest, constitué par des semelles de plomb, est fixé aux pieds du plongeur. Ce premier scaphandre ne possède pas encore l'habit relié au casque de manière étanche du scaphandrier moderne : l'air en excès s'échappe à la base du casque. En France, le colonel de pompiers Paulin réalisa un scaphandre assez semblable au premier scaphandre de Siebe, qui fut en particulier utilisé par le biologiste marin Henri Milne Edwards en 1844, sur les côtes de Sicile ; Armand de Quatrefages, qui l'accompagnait, décrit, dans ses *Souvenirs d'un naturaliste*, la transparence merveilleuse des eaux de la Méditerranée.

Très rapidement, Siebe eut l'idée de l'habit étanche d'épaisse toile imperméable fixé au bord inférieur du casque. L'eau ne pénètre plus dans le casque et le scaphandrier peut prendre toutes les positions ; le matelas d'air existant entre le corps et l'habit assure un isolement relatif contre le froid ; l'air, refoulé dans le casque par une pompe en surface, est évacué par une seconde soupape située sur le côté du casque, soupape que le plongeur peut faire fonctionner de la tête pour équilibrer exactement son poids. En France, un inventeur narbonnais, Joseph-Martin Cabirol, mit au point au milieu du XIXe siècle un scaphandre tout à fait comparable à celui de Siebe. La pompe à air inventée par Cabirol comporte trois cylindres verticaux dont les pistons, en cuivre garni de cuir, sont entraînés par un vilebrequin mû par deux aides. Un quatrième cylindre, plus petit, assure la circulation de l'eau dans une chemise de refroidissement qui entoure les trois cylindres principaux. L'inventeur imagina également quelques années plus tard une lampe sous-marine à huile, protégée dans un globe en cristal résistant à la pression, et reliée par une tuyauterie double à une petite pompe foulante : l'air frais parvenait à la lampe par l'un des tuyaux, l'autre servant au rejet de l'air vicié. L'appareil de Cabirol fut retenu par la Marine Nationale en 1857, et les premiers scaphandriers de bord apparurent dès 1860 sur les navires de guerre.

Les scaphandres lourds de Siebe et de Cabirol restent reliés à la surface par le tuyau qui amène l'air comprimé jusqu'au casque : leur autonomie est donc limitée, en particulier dans les endroits difficiles d'accès. L'aérophore des Français Benoît Rouquayrol, ingénieur des Mines, et Auguste Denayrouze, officier de marine, supprime de manière élégante cette difficulté : l'air comprimé nécessaire au plongeur lui est fourni par un réservoir d'acier de quelques litres contenant de l'air sous pression, 25 à 40 atmosphères, qu'il porte sur le dos. Pour des plongées de longue durée, le réservoir reste relié à une pompe en surface, qui maintient la pression de l'air contenue dans le réservoir ; pour des plongées d'une dizaine de minutes, la réserve d'air contenue dans le réservoir dorsal suffit au plongeur. Point capital, entre le réservoir d'air sous pression et les voies respiratoires du plongeur, un régulateur à membrane fournit à tout instant et automatiquement l'air à la pression locale. Dès que le plongeur inspire, c'est-à-dire dès que la pression de l'air dans les poumons diminue légèrement, la soupape du régulateur s'ouvre pour laisser passer l'air du réservoir sous pression. Inversement, dès que le plongeur expire, c'est-à-dire dès que la pression dans les poumons augmente légèrement, le régulateur interdit toute arrivée d'air sous pression et une seconde soupape à lèvres parallèles (dite soupape en « bec de canard » à cause de sa forme) permet au plongeur de rejeter l'air vicié dans l'eau de mer. Créé en 1865, cet appareil contient tous les principes du scaphandre autonome moderne.

Cette invention connut un développement rapide, aussi bien pour l'inspection et l'intervention sur les coques à flot que pour la pêche des éponges. Jules Verne a équipé l'équipage du *Nautilus* de ce scaphandre, que le capitaine Nemo a « perfectionné » de bien curieuse manière, en enfermant la tête du plongeur dans une sphère de cuivre pour lui permettre de mieux résister aux pressions considérables des grandes profondeurs, tout en laissant le reste du corps simplement protégé du froid par un habit souple. L'erreur est de taille, et il est étonnant que Jules Verne n'ait pas eu connaissance de l'accident classique dit du « coup de ventouse », redouté des scaphandriers, qui se produit lorsque l'intérieur du casque est en dépression par rapport à la profondeur à laquelle se trouve le scaphandrier ; l'appel de sang brutal vers la tête du scaphandrier a généralement des conséquences dramatiques.

Un peu plus tard, en 1882, Fleuss, Siebe et Gorman ont l'idée de remplacer l'air comprimé par de l'oxygène pur, le plongeur respirant en circuit fermé ; une cartouche contenant de la soude caustique absorbe le gaz carbonique rejeté par la respiration. Cet appareil, qui ne produit pas de bulles visibles en surface, s'avère parfaitement adapté aux tâches militaires et équipe encore aujourd'hui les nageurs de combat des marines militaires.

Dès la moitié du XIXᵉ siècle, les scaphandriers atteignaient une trentaine de mètres, voire davantage, et demeuraient plusieurs heures en plongée, alors que l'on ne savait encore rien à cette époque des effets physiologiques de l'exposition aux hautes pressions. Les conséquences ne se firent pas attendre : des accidents incompréhensibles se manifestèrent chez les scaphandriers qui pratiquaient la plongée profonde, tout à fait comparables à ceux des ouvriers travaillant pendant de longues durées dans des caissons sous pression (construction de jetées portuaires, de piles de pont, de galeries souterraines) ou des mineurs opérant dans des mines où une forte contre-pression d'air est utilisée pour lutter contre les arrivées d'eau. Les accidents se déroulaient tous de la même manière : après un séjour en pression prolongé, parfois de plusieurs heures, les hommes remontaient apparemment sains et saufs ; une demi-heure après la sortie du caisson, ils étaient pris de malaises et quelques heures plus tard, certains mouraient ; d'autres restaient atteints de paralysies partielles. Les médecins notaient sans comprendre : « Asphyxie au sortir du caisson ». Que se passait-il ? L'inventeur des caissons pour travaux sous-marins, l'ingénieur Triger, recommandait aux responsables des chantiers sous-marins de faire durer le déclusement sept minutes au moins ; sans en connaître la raison, cet ingénieur s'était rendu compte de la nécessité d'une décompression lente.

On doit à Paul Bert, alors professeur de physiologie à la Sorbonne, une série d'expériences dont les résultats lui ont permis d'élaborer son ouvrage, *La Pression barométrique* publiée en 1878 ; il y propose la théorie moderne de la physiologie de la respiration sous pression. Paul Bert commença ses recherches avec l'intuition que tous les troubles ressentis par les aéronautes et les plongeurs en scaphandre sont dûs à la composition différente des gaz contenus dans le sang suivant les différentes pressions et il entreprit une étude systématique des effets de la pression sur l'animal, d'abord sur des moineaux, puis sur des chiens, avec le souci constant de rechercher une interprétation générale des faits observés. Il étudia l'effet de diverses compositions d'air ; il observa surtout comment réagissent les animaux en situation de dépression par rapport à la pression atmosphérique, puis comment ils réagissent dans une atmosphère comprimée ; pour cela, il fit construire deux caissons appropriés aux essais en dépression et en surpression, ainsi qu'une machine permettant d'extraire pour les analyser les gaz dissous dans le sang des animaux en expérience. Pour le séjour en plongée simulée dans le caisson pressurisé, les principaux résultats obtenus par Paul Bert concernent l'oxygène et l'azote. Au bout d'un temps suffisant à une pression déterminée, les concentrations des gaz de l'air et celles des gaz dissous dans le sang parviennent à un état d'équilibre. L'oxygène pur est toxique au-dessus d'une certaine concentration dans le sang, concentration atteinte si on respire pendant un temps suffisant de l'oxygène à une pression de 1,7 atmosphère absolue (soit une profondeur de 7 m). Lorsqu'il est mêlé à de l'azote, dans les proportions normales de l'air, la limite dangereuse est atteinte à 80 m environ (9 atmosphères absolues). Pour des expositions prolongées en pression, un nouveau risque apparaît pour une pression partielle d'oxygène bien inférieure : c'est le risque d'hyperoxie chronique, ou effet Lorain-Smith ; de nombreuses expériences ont permis de fixer la limite de tolérance à une pression partielle de 0,60 atmosphères. L'azote, très peu soluble dans le sang à la pression atmosphérique, devient soluble sous hautes pressions ; à la remontée, il peut se dégager du sang sous forme de bulles qui apparaissent dans les vaisseaux sanguins, et risquent d'interrompre localement la circulation dans les capillaires. Le dégagement de bulles se traduit tout d'abord par des douleurs articulaires ; lorsqu'elles sont suffisamment nombreuses pour interrompre la circulation sanguine, c'est l'embolie gazeuse, qui peut entraîner la paralysie et la mort. L'azote a également un effet narcotique à partir d'une pression partielle de quelques atmosphères ; le plongeur utilisant de l'air comprimé commence à ressentir ces troubles à partir de 40 à 50 m ; à 70-80 m, ces troubles deviennent importants : c'est l'« ivresse des profondeurs », phénomène heureusement réversible. L'une des conclusions pratiques de Paul Bert fut de recommander le retour lent à la pression atmosphérique, après une plongée profonde ou longue, afin de permettre à l'azote dissous en excès dans le sang de s'échanger avec l'air des alvéoles pulmonaires. Ses travaux permirent également la mise au point, en 1882, du premier scaphandre en circuit fermé fonctionnant à l'oxygène pur avec absorption du gaz carbonique rejeté par le plongeur sur de la chaux sodée : ces scaphandres ne produisant pas de bulles ont été largement utilisés dans les marines militaires ; ils imposent de respecter scrupuleusement la profondeur maximale de 7 m pour éviter les effets toxiques de l'oxygène en concentration élevée.

Les résultats établis par Paul Bert ont permis au physiologiste anglais Haldane de formuler les règles pratiques que doivent respecter les plongeurs, selon la profondeur maximale atteinte et le temps passé en plongée : les tables de Haldane étaient en usage pratique dans la Marine britannique dès 1907. Si un scaphandrier, pour une raison quelconque, a été obligé de remonter rapidement à la surface sans respecter les temps intermédiaires de paliers, il doit passer dans un caisson qui le recomprimera rapidement jusqu'à la pression correspondant à la profondeur maximale atteinte au cours de la plongée, puis le décomprimera lentement en respectant les temps de décompression indiqués par la table. Il existe aujourd'hui des tables de plongée établies en tenant compte des caractéristiques individuelles extrêmes. Les pratiques de la plongée en scaphandre à casque comme en scaphandre autonome, issues des recherches de Paul Bert, sont encore utilisées de nos jours. Les techniques modernes de plongée (plongée à saturation, imaginée au début des années 1960 pour répondre aux besoins des industries off-shore, et emploi de mélanges gazeux spéciaux) ont été conçues en fonction des connaissances de base apportées par Paul Bert sur les mécanismes physico-chimiques et biologiques de la respiration sous pression.

Quant au célèbre scaphandre autonome, qui fait depuis la

Seconde Guerre mondiale la joie des sportifs, des biologistes et géologues marins et des aventuriers sous-marins, il est issu en droite ligne de l'invention de Rouquayrol et Denayrouze, enrichie des apports successifs de quelques hommes passionnés de plongée. Le commandant Yves Le Prieur, le premier, eut l'idée d'associer au scaphandre sans casque, inventé par Fernez après la Première Guerre mondiale, le réservoir d'air comprimé permettant de se libérer de la surface de Rouquayrol et Denayrouze : le scaphandre autonome Le Prieur-Fernez, mis au point en 1925, comportait des lunettes protégeant les yeux, un pince-nez, un embout respiratoire, une soupape en bec-de-canard pour l'expiration, et, sur le dos, un réservoir d'air comprimé à la pression de 150 à 200 atmosphères envoyant continûment un souffle dans la bouche du plongeur. En 1933, le commandant Le Prieur remplaça les lunettes et le pince-nez, douloureux à porter, par un hublot de verre à joues de caoutchouc souple couvrant le visage du plongeur ; l'air en légère surpression parvenait dans le masque et s'échappait en soulevant les joues de l'appareil ; ainsi, la respiration pouvait se faire par la bouche et par le nez, sans effort particulier. En revanche, ce débit permanent entraînait un gaspillage de la réserve d'air, et il était nécessaire de régler au cours de la plongée le débit du réservoir.

On doit au commandant Jacques-Yves Cousteau et à l'ingénieur Emile Gagnan la réalisation du scaphandre autonome tel que nous le connaissons aujourd'hui. Le détendeur, pièce essentielle du dispositif, n'est autre que le régulateur de Rouquayrol et Denayrouze. En effet, Gagnan, ingénieur à l'Air Liquide, était spécialiste des détendeurs, qu'il utilisait pour alimenter les moteurs d'automobile de gaz d'éclairage comprimé dans des bouteilles. Cousteau avait fait l'expérience de la plongée à l'oxygène pur et avait appris, à ses dépens, les graves dangers de l'oxygène pur respiré sous pression. Les premiers essais de l'appareil de Cousteau-Gagnan furent décevants : l'air s'échappait sans qu'on le veuille lorsque le plongeur était debout ; au contraire, lorsqu'il avait la tête en bas, il devait faire un effort excessif pour respirer. Gagnan trouve la parade : il suffit de placer la valve du tuyau d'expiration, le bec-de-canard, à l'intérieur du capot qui protège la membrane du détendeur. De cette manière, l'admission et l'expiration se font à la même pression, et l'équilibre sera toujours maintenu entre la pression de l'air dans les poumons et la pression de l'eau sur le corps. Reste la légère différence de pression entre la bouche et le détendeur, placé à l'origine au-dessus des bouteilles, dans le dos du plongeur ; chez un plongeur se déplaçant à l'horizontale elle est faible, mais non négligeable : c'est pourquoi, dans le scaphandre autonome moderne, le second étage du détendeur est placé immédiatement sous la bouche, à l'extrémité d'un tuyau souple haute pression relié aux bouteilles d'air comprimé. Dans ces conditions, le confort respiratoire du plongeur est maximal.

La plongée humaine a fait des progrès considérables au cours des quarante dernières années, en ce qui concerne tant les techniques proprement dites (invention de la plongée en saturation) que les matériels et les mélanges gazeux utilisés. L'emploi de l'hélium, gaz beaucoup plus léger que l'azote et dépourvu d'effets narcotiques, en mélange binaire (hélium et oxygène) ou ternaire (hélium, azote et oxygène) a permis le développement de la plongée à saturation jusqu'à 250 à 300 m. On a également utilisé l'hydrogène, gaz plus léger que l'hélium, en mélange avec l'oxygène. Ces mélanges plus légers que l'air restent compatibles avec le travail de mécanique ventilatoire que doit accomplir le plongeur pour respirer. Dans ces conditions de pression élevée, le plongeur se refroidit rapidement (l'hélium sous pression est bon conducteur de la chaleur) ; des vêtements chauffants ont été inventés, et les gaz inspirés par le plongeur sont également réchauffés. Ces progrès ont permis à l'homme d'atteindre, en mer, une profondeur d'un peu plus de 500 m et, dans des caissons humides de grande dimension, plus de 650 m de profondeur. Dans la pratique, les interventions de plongeurs à saturation dépassent rarement 200 à 250 m, et le développement des robots sous-marins dans l'industrie pétrolière off-shore réduit inéluctablement le champ d'action des plongeurs professionnels. Quoi qu'il en soit, on sait aujourd'hui que l'océan profond, au-delà de 800 m, demeurera inaccessible à cette technique : l'homme ne peut guère supporter des pressions supérieures à 60 à 70 atmosphères. Pour aller plus profondément, tout comme le spationaute, il doit être protégé des conditions extérieures hostiles.

A la fin du XVIIIe siècle, alors que les premières cloches à plongeurs fonctionnelles venaient d'être mises au point, les travaux sous-marins pouvaient avoir lieu dans des conditions de confort acceptables pour les plongeurs. Toutefois, les profondeurs atteintes ne dépassaient guère une dizaine de mètres de profondeur : la conquête des grands fonds océaniques restait encore inimaginable. On en connaissait pourtant l'existence : depuis trois siècles déjà, les hommes avaient entrepris d'explorer l'océan et de le sonder. Dès la fin du XVe siècle, à la suite de l'exploration des côtes d'Afrique-Occidentale et des îles de l'Atlantique oriental entreprise à l'initiative de l'infant portugais Henri le Navigateur, débute la grande épopée maritime qui devait permettre aux Européens de découvrir successivement le Nouveau Monde, puis l'océan Pacifique et ses innombrables îles. Au cours de ces campagnes, les navigateurs dressaient des cartes encore peu précises des terres qu'ils découvraient, et certains d'entre eux se livraient aux premiers sondages loin de toute terre. On attribue au navigateur portugais Fernand de Magellan un des premiers sondages en grande profondeur effectué en 1521 au cours de la célèbre circumnavigation durant laquelle il trouva la mort aux Moluques : après avoir franchi le fameux détroit qui porte son nom, alors que l'expédition se trouvait en plein océan Pacifique, dans l'archipel des Touamotou, par 10° environ de latitude Sud, le navigateur décida de sonder. Tous les cordages disponibles à bord du navire furent mis bout à bout, atteignant la longueur respectable à l'époque de 700 m. Bien entendu, Magellan ne trouva pas le fond, qui atteint dans cet endroit plus de 3 000 m, et il en conclut qu'il se trouvait au-dessus du point le plus profond de l'océan... Cette conclusion montre à quel point étaient rares, en cette fin de la Renaissance, les sondages océaniques supérieurs à une centaine de mètres.

La précision de la navigation était au moins aussi médiocre. La boussole aimantée, permettant de connaître la direction du Nord magnétique, était connue depuis le XIIIe siècle, et son utilisation à bord des navires était courante. L'astrolabe nautique utilisé dès le XVe siècle, l'arbalète qui lui succéda un siècle plus tard, enfin l'octant d'où est issu le sextant moderne permettaient de relever la hauteur des astres, en particulier de l'étoile polaire, et d'en déduire la latitude du lieu. Un peu plus tard, on apprit à utiliser la hauteur du soleil pour atteindre le même résultat. L'observation du soleil ouvrait aux navigateurs les routes maritimes de l'hémisphère austral, où l'étoile polaire est invisible. Les mesures de la distance parcourue se faisaient en déterminant de temps à autre la vitesse du navire, par simple observation de la vitesse de défilement d'objets jetés à l'avant du navire. Mais on ne disposait encore d'aucune référence en longitude. Les grandes écoles de navigation, portugaise, hollandaise, anglaise, avaient établi les premières cartes sur lesquelles on trouve déjà le quadrillage de parallèles et de méridiens. Mais aucune projection ne permettait encore de représenter une route par une droite.

Il faudra attendre la seconde moitié du XVIIIe siècle pour qu'apparaissent les premiers chronomètres de marine, capables de conserver à bord, avec une précision suffisante, l'heure du méridien d'origine. Avec cette information, il est possible de déterminer la longitude du lieu, c'est-à-dire l'angle formé par le méridien local avec le méridien pris pour origine, angle égal à la différence d'heure entre les deux lieux. Sous l'impulsion des Académies des Sciences, l'exploration des océans prit un caractère systématique. Après la première grande expédition conduite par Bougainville autour du monde par le détroit de Magellan et le cap de Bonne-Espérance, Cook reconnaissait au cours de ses trois voyages la totalité du Pacifique et les mers antarctiques. Sur leurs traces, de nombreux marins, comme Lapérouse et d'Entrecasteaux à la fin du XVIII siècle et Dumont d'Urville au début du XIX siècle, complétèrent l'œuvre entreprise. Fort curieusement, au cours de ces grands périples, les sondages à grande profondeur restèrent extrêmement rares.

Pourtant, l'étude des océans commençait d'attirer certains esprits curieux. Le comte de Marsigli, un précurseur des océanographes modernes, s'est livré à d'intéressantes études en Méditerranée au début du XVIII siècle. Il a été le premier à constater qu'au-delà de 200 à 300 m, la température de la Méditerranée est de 13° C, et conserve cette valeur en toutes saisons. Il a également effectué des sondages systématiques jusqu'à des profondeurs de 200 à 300 m sur les côtes de Provence. Dans son livre, *Histoire physique de la mer*, il dénonce vigoureusement l'opinion qui prévalait à cette époque chez les pêcheurs, à savoir que le golfe du Lion était sans fond : « Cette opinion extravagante est fondée sur ce qu'aucun n'a voulu se donner la peine et faire la dépense de ce qu'il faut pour cette sonde. » Cook lui-même, au cours de ses nombreuses campagnes, a effectué des sondages par moins de 500 m de profondeur : pour lui, comme pour ses prédécesseurs, le sondage était essentiellement utilisé comme une aide à la navigation, permettant de connaître l'approche d'une terre avant qu'elle ne soit visible et, plus près de terre, de naviguer en toute sécurité, en particulier dans les eaux souvent chargées de limon en suspension des estuaires. On ne se préoccupait guère de connaître la profondeur de l'océan, dès lors que la sécurité de la navigation était assurée. Un peu plus tard, un navigateur anglais effectue en 1773 un sondage sur les côtes de Norvège, avec un poids de 70 kg, qui touche le fond à 1 250 m et remonte couvert d'une vase de couleur bleuâtre. Au début du XIX siècle, quelques rares sondages par plus de 1 000 m de profondeur ont été effectués ; il faut attendre les premières expéditions océanographiques de la seconde moitié du XIXe siècle pour que se multiplient les opérations de sondage en profondeur, notamment dans l'Atlantique Nord, en vue de la pose du premier câble transatlantique.

Dès le XVIIe siècle, les inventeurs se sont préoccupés de construire de véritables bateaux sous-marins, capables d'emmener des hommes sous l'océan pour des séjours prolongés. Le premier sous-marin digne de ce nom dont l'histoire nous ait laissé le témoignage fut construit en 1624 à Londres par un médecin hollandais, Cornelius Drebbel, précepteur des enfants du roi Jacques Ier, et fut expérimenté dans la Tamise devant le roi d'Angleterre. Drebbel aurait fait faire « deux engins de différentes grandeurs qui étaient bien fermés avec du cuir gras, et le roi lui-même (Jacques Ier) navigua à bord de l'un d'eux dans la Tamise ». Ces engins, dont on connaît les caractéristiques générales par la relation qu'en fit le chimiste Robert Boyle, transportaient, en plus des douze rameurs qui les propulsaient sous l'eau, plus probablement à fleur d'eau, quelques passagers. Ils devaient donc être assez importants. L'un d'eux, écrit Boyle, aurait atteint la profondeur d'une douzaine de pieds, au cours d'un voyage de plusieurs heures. Drebbel a peut-être été le premier à réaliser la régénération de l'air contenu dans le sous-marin. « Il avait découvert, écrit son gendre, médecin lui aussi, que l'air contient un fluide qui sert particulièrement à la respiration, et il avait composé une sorte de liqueur qu'il appelait " quintessence d'air ". Il suffisait de répandre quelques gouttes de cette liqueur pour donner aux personnes renfermées dans une atmosphère corrompue la faculté de respirer aussi agréablement que si elles se fussent transportées sur la plus belle colline ». Plus probablement, il devait utiliser comme ses successeurs un soufflet, deux soupapes et deux tuyaux aboutissant à la surface pour renouveler l'air contenu dans l'engin, l'essence volatile étant un moyen de déguiser cette invention.

Au cours de cette période, ce n'est pas le souci de connaissance qui est le moteur des progrès techniques réalisés. Deux grandes applications dominent l'imagination des inventeurs : la récupération des trésors contenus dans les épaves de navires et la bataille navale. La réussite de la seconde expédition du plongeur anglais Phipps à la recherche des barres d'argent transportées par un navire espagnol coulé au large d'Hispaniola a largement contribué à encourager les inventeurs... Il faut attendre beaucoup plus longtemps pour que la guerre sous-marine devienne réalité, au cours de la guerre d'Indépendance menée par la jeune nation américaine contre les colonisateurs anglais : l'Américain David Bushnell construisit en 1776 un engin de bois cerclé de fer, contenant des ballasts où l'eau peut être introduite ou rejetée au gré du plongeur ; il était mû par deux hélices spiralées entraînées par le plongeur et disposées perpendiculairement, l'une pour la propulsion, l'autre pour régler l'immersion ; un lest de sécurité pouvait être largué si le sous-marin, déséquilibré, descendait trop bas. Cet engin, baptisé à cause de sa forme générale la *Tortue*, portait une mine fixée au bout d'une pique perforante, permettant au plongeur de la planter dans la coque de bois du navire ennemi avant de se retirer. La *Tortue* effectua une unique attaque, contre un grand navire anglais de soixante-quatre canons, l'*Eagle* ; en pleine nuit, elle fut remorquée aussi près qu'il était possible de la flotte ennemie ; une fois la remorque larguée, le sergent d'infanterie Ezra Lee, qui manœuvrait la *Tortue*, navigua en plongée pendant plus de deux heures avant d'atteindre sa cible sans être aperçu des veilleurs anglais. Malheureusement, la coque de l'*Eagle* était doublée de plaques de cuivre et malgré toute son énergie, le sergent ne parvint pas à fixer la pointe de la mine dans le blindage du navire. Le jour se levant, il dut abandonner son entreprise. Au cours de sa retraite, il fut aperçu, plongea pour échapper à l'ennemi et largua sa mine qui explosa, détournant l'attention. Malgré la réussite technique incontestable de Bushnell, la *Tortue* ne fut plus utilisée et n'eut pas de descendants.

Un peu plus tard, l'Américain Robert Fulton, venu en France sous le Directoire, proposa de construire un sous-marin d'attaque pour desserrer le blocus continental exercé par la flotte anglaise. Le Directoire refusa de le faire lui-même, mais accepta de payer à Fulton une prime importante pour chaque navire anglais qu'il parviendrait à couler. Fulton fit construire un sous-marin long de 6 m 50, large de deux, baptisé le *Nautilus*, qui, lancé en 1798, fit des essais réussis dans la Seine. Comme la *Tortue* de Bushnell, il était mû par une hélice spiralée entraînée par l'équipage, et possédait une tarière verticale destinée à fixer le baril de poudre utilisé comme mine sous la carène du vaisseau ennemi ; une pompe permettait à volonté d'introduire de l'eau dans des ballasts ou de la rejeter. Le Directoire se désintéressa de la machine avant les premiers essais en mer ; mais Fulton, obstiné, ne désarma pas : il sollicita et obtint l'aide de deux grands savants français, que l'expérience intéressait, pour revenir à la charge auprès du Premier Consul Napoléon Bonaparte. Ce dernier autorisa et finança la construction du *Nautilus II*, qui, monté par quatre hommes, coula en rade de Brest un vieux navire utilisé comme cible. Malgré ces essais concluants et une tentative de torpillage qui faillit bien réussir contre une frégate anglaise à l'entrée du goulet de Brest en 1801, Napoléon, sur la foi de certains scientifiques français, ne crut pas au mérite militaire de ce sous-marin et Fulton se consacra à la navigation à vapeur : en 1803, il fit naviguer sur la Seine un navire de plus de 30 m de long, mû par des roues à aubes, qui atteignait 3 nœuds.

Quelques années après Fulton, les frères Coëssin convainquirent à nouveau l'empereur Napoléon de s'intéresser aux sous-marins. En 1809, ils construisirent un bateau sous-marin de plus de 8 m de long, transportant une dizaine d'hommes et dirigé par des avirons ; deux tuyaux en cuir flottant en surface permettaient le renouvellement de l'air contenu dans la coque. Mais l'embarcation, baptisée le *Nautile*, ne pouvait dépasser 0,5 nœud, vitesse jugée insuffisante par les responsables militaires. Une commission académique conclut néanmoins que, sur ces bases, il serait possible de parvenir rapidement à une véritable navigation sous-marine.

A partir du milieu du XIXe siècle, la navigation sous-marine fait des progrès rapides. L'Allemand W. Bauer construisit le *Plongeur-marin*, qu'il expérimenta avec succès en baie de Kiel jusqu'à une profondeur de 18 m avec trois hommes à bord ; l'engin était destiné à éloigner la flotte danoise qui bloquait la rade. Quelques années plus tard, en 1855, Bauer mit son expérience au service de la Marine impériale russe et réalisa le *Diable-marin* qui effectua plus d'une centaine de plongées ; au cours de sa première plongée en présence de l'empereur Alexandre II, Bauer fit exécuter l'hymne impérial russe par quatre musiciens embarqués dans le sous-marin. Les inventeurs se passionnent pour les sous-marins : le *Plongeur*, du contre-amiral Bourgois et de l'ingénieur Brun, long de 44 m, le *Nautile* troisième du nom de l'Américain Samuel Hallet, le *Taureau-submersible* de Legrand, l'*Ictineo* de l'Espagnol Montoriol, le *bateau-cigare* de l'ingénieur français Villeroi, essayé avec succès à Philadelphie en 1862, la *Baleine-intelligente* de Halstead, etc., autant d'inventions qui permettent au sous-marin de progresser. Au plan militaire, entre 1863 et 1864, c'est encore aux Etats-Unis que la guerre de Sécession donne au sous-marin d'attaque l'occasion de se faire connaître : les *David*, construits par les Sudistes pour desserrer le blocus des Confédérés devant les ports du Sud. Il y eut une demi-douzaine de ces sous-marins métalliques, dont l'équipage comprenait neuf hommes, pilote et commandant de bord inclus ; une coupole très basse permettait au pilote de repérer sa cible avant de plonger ; l'hélice unique était entraînée par les huit hommes d'équipage, qui tournaient les manivelles d'un arbre disposé longitudinalement dans le sous-marin. Les *David* connurent bien des malheurs ; le premier disparut corps et biens en cours d'essais ; le second coula également, mais sans faire de victimes ; un troisième réussit à endommager légèrement le cuirassé nordiste *Ironside* devant Charleston, mais coula ensuite corps et biens ; un quatrième, le plus célèbre, réussit à couler la corvette *Housatonic*, mais fut entraîné avec elle au cours du naufrage. Les marins nordistes apprirent rapidement à reconnaître le léger sillage de ces engins qui, en réalité, ne plongeaient à quelques mètres de profondeur qu'à proximité de leur cible. En effet, le périscope n'existait pas, et le pilote ne pouvait plus guider son engin dès que la coupole d'observation était immergée ; la technique, dangereuse, consistait donc à s'approcher, nuitamment le plus souvent, de la cible, puis à plonger au tout dernier moment pour parvenir à fixer sur la coque ennemie l'engin explosif.

Lorsque Jules Verne, en 1868, après une longue traversée sur le *Great-Eastern*, le fameux navire à vapeur qui venait de mouiller le premier câble transatlantique, entreprit d'écrire *Vingt mille lieues sous les mers*, il disposait déjà d'un certain nombre d'informations précieuses sur les sous-marins. Il emprunta à Robert Fulton le nom du sous-marin, remarquablement performant puisque sa double coque lui permettait de descendre « à deux ou trois lieues » et que ses machines alimentées en énergie électrique le propulsaient à la vitesse incroyable de 92 km/heure en plongée ! Comme l'écrivait le romancier, « tout ce qu'un homme est capable d'imaginer, d'autres hommes sont capables de le réaliser ». Peut-on rêver plus bel acte de foi dans l'ingéniosité humaine ? Pour autant, il faudra attendre trois quarts de siècle avant de voir une petite partie seulement de cette affirmation se réaliser avec les plongées de la bathysphère de W. Beebe et O. Barton, une dizaine d'années avant la Seconde Guerre mondiale.

En cette fin du XIXe siècle, où prennent racine la plupart des développements technologiques qui vont marquer la première moitié du XXe siècle, le sous-marin intéresse principalement les marines militaires. Les progrès de l'arme sous-marine sont rapides, comme on peut s'en rendre compte par les premières batailles sous-marines de la Grande Guerre. Au cours de la Seconde Guerre mondiale, la bataille de l'Atlantique constitue pour les belligérants un tournant décisif, aussi important sinon plus en termes d'économie de guerre que l'offensive allemande à l'Est. Viennent ensuite les redoutables sous-marins nucléaires, lanceurs d'engins ou d'attaque, dont l'autonomie en plongée peut atteindre plusieurs mois...

Mais il est temps de retrouver le cours de l'histoire des grandes découvertes sous-marines, en cette première moitié du XIXe siècle, à un moment où les motivations scientifiques, industrielles et militaires vont se conjuguer pour entraîner les grandes nations occidentales dans une véritable course à la conquête des océans.

Chapitre 2

L'essor de l'océanographie

Au début du XIXᵉ siècle, les grandes nations occidentales ont largement entamé l'exploration de la surface des océans. Certes, les régions polaires, l'océan Arctique et le continent antarctique restent encore inaccessibles et des milliers d'îles, en particulier dans l'immensité de l'océan Pacifique, n'ont pas encore été cartographiées. Mais l'essentiel est acquis. En revanche, les profondeurs de l'océan, à l'exception des premières dizaines de mètres d'eau à proximité des côtes fréquentées et des routes de navigation, sont encore parfaitement inconnues du monde scientifique. Des notions devenues aussi familières que celles des plateaux continentaux sont encore ignorées. Un immense travail d'exploration et de reconnaissance systématique reste à accomplir.

Les techniques elles-mêmes sont à mettre au point. L'élan est donné au début du siècle : le navigateur russe A.J. Krouzenchtern effectue entre 1803 et 1805, en pleine période de guerres napoléoniennes, l'un des premiers voyages océanographiques autour du monde, avec ses deux navires *Neva* et *Nadeshda*. Au cours de son périple, il utilise pour la première fois et de manière régulière un thermomètre enregistreur immergé qui lui permet de déterminer les valeurs minimale et maximale rencontrées au cours d'un sondage vertical. Cet instrument, conçu par James Six, restera l'instrument principal de mesure directe de l'océanographie jusqu'à l'invention, à la fin du XIXᵉ siècle, du thermomètre à renversement.

Au début du XIXᵉ siècle, au cours des grandes expéditions organisées à la découverte des régions polaires, William Scoresby, qui s'intéressait aux conditions de vie des populations de baleines franches exploitées dans les mers du nord de l'Europe, effectua des mesures de la température de l'eau de mer par 76°N à l'est du Spitzberg. Ses résultats ont longtemps intrigué les océanographes : il trouvait en effet une température de −1,5°C en surface et de +1°C à 420 m de profondeur ! Ce paradoxe apparent s'explique par de faibles différences de salinité, les eaux de surface étant moins salées, et en définitive plus légères, que les eaux profondes moins froides.

Quelques années plus tard, en 1818, le capitaine anglais John Ross est chargé de diriger un voyage d'exploration à la recherche du passage du Nord-Ouest, qui doit permettre de passer de l'Atlantique dans le Pacifique par le nord du continent américain. Ross atteint la baie de Baffin avec ses deux navires, *Isabelle* et *Alexander*. De là, il s'engage dans le canal de Lancastre, mais la saison déjà avancée le contraint à rebrousser chemin. Au cours de son exploration de la baie de Baffin, il effectue un sondage à la profondeur record de 800 brasses (la brasse anglaise vaut six pieds, soit environ 1,829 m) et remonte sur le plomb de sonde un curieux échinoderme aux bras terminés par plusieurs ramifications dichotomiques. Cette espèce, décrite sous le nom d'*Asterophyton linckii*, constitue sans doute la première forme vivant par plus de mille mètres de profondeur reconnue par les scientifiques.

James Clark Ross, son neveu, est à son tour séduit par les beautés des régions polaires et entreprend en 1831 une première expédition au cours de laquelle il atteint le pôle magnétique Nord, par 69°34'N et 94°54'O ; l'aiguille d'inclinaison du compas forme un angle de 89°59' par rapport à l'horizontale ! Plus tard, au cours de son premier voyage en Antarctique, parti de Hobart, il explore le golfe profond qui entaille le continent antarctique par 160° ; puis, en s'approchant du continent, il atteint la haute barrière de glace qui porte son nom et reconnaît les sommets des deux volcans, le premier actif et visible de loin, le second inactif, auxquels il donnera le nom de ses deux navires, *Erebus* et *Terror*. De nombreuses opérations de sondage et même de dragage furent effectuées durant cette expédition. Malheureusement, les échantillons biologiques recueillis au cours de la campagne ne furent pas étudiés et ont été perdus. Au cours d'un second voyage, en 1840, Sir James Clark Ross effectue des sondages à l'ouest du cap de Bonne-Espérance : il atteint les profondeurs de 4 435 et 4 895 m, mais reconnaît lui-même l'incertitude des résultats d'un autre sondage effectué jusqu'à 7 300 m sans toucher le fond !

James Clark Ross opérait avec une corde de chanvre, dont le frottement dans l'eau est considérable et devient rapidement supérieur à la force exercée par le plomb de sonde. Dans ces conditions, à partir d'une certaine profondeur, il était impossible de déterminer avec certitude l'instant où le plomb de sonde touche le fond, et les navires continuaient à filer la ligne de sonde sans résultat. Ainsi, l'Anglais Denham, en 1852, relève une profondeur de plus de 14 km dans l'Atlantique Sud. Dans les mêmes parages, la frégate américaine *Congress* file plus de 15 240 m de ligne sans parvenir au fond. En plus des difficultés qui viennent d'être évoquées, ces pionniers de l'océanographie faisaient l'expérience des systèmes complexes de courants et de contre-courants dirigés en sens contraire, qui existent à différentes profondeurs dans la zone équatoriale des grands océans. Les épais cordages de chanvre utilisés pour sonder étaient entraînés obliquement dans le sens des courants marins, d'abord vers l'ouest, puis vers l'est, sans pouvoir atteindre le fond. Les capitaines apprirent peu à peu à tenir compte du frottement dans l'eau de la ligne de sonde : au cours du sondage, la vitesse de la ligne décroît au fur et à mesure de la quantité filée, tant qu'elle est entraînée par le plomb de sonde. Lorsque ce dernier touche le fond, et que la ligne est uniquement soumise aux effets des courants (ou de la dérive du navire), sa vitesse ne varie plus. C'est le seul indice certain que le fond est atteint.

Les techniques utilisées pour le sondage se perfectionnèrent rapidement au cours de la seconde moitié du XIXe siècle. Un des problèmes rencontrés à bord des navires était le poids élevé de la ligne de sonde de plusieurs kilomètres qu'il fallait remonter avec des treuils à main. Ce travail demandait une dizaine d'heures, ce qui suffit à expliquer la lenteur des progrès réalisés dans la connaissance des profondeurs des océans. La difficulté, pour réduire le temps nécessaire à un sondage, était de parvenir à la fois à utiliser un lest lourd pour atteindre rapidement et en toute sécurité le fond, puis à s'en débarrasser au moment de remonter la ligne de sonde. Un océanographe français, Aimé, professeur à Alger, décrit dès 1845 un procédé de sondage à plomb perdu, le déclenchement du lest étant assuré après son arrivée au fond par un messager de métal envoyé le long de la ligne de sondage. En dépit de ses qualités, l'appareil ne s'est pas imposé. Sur le même principe, l'aspirant américain Brooke inventa en 1854 un système dans lequel le déclenchement du lest était provoqué par le contact avec le fond et la chute de tension de la ligne qui se produit à ce moment précis.

A cette époque, Américains et Anglais se préparaient au mouillage du premier câble transatlantique et des campagnes systématiques de repérage des accidents du sous-sol marin avaient été demandées aux marines militaires des deux nations. Il fallait donc disposer d'un instrument permettant d'effectuer dans des délais acceptables les sondages nécessaires. L'appareil de Brooke comporte une tige métallique pesante dont l'extrémité creuse est enduite de suif fixée à l'extrémité de la ligne de sondage. Cette tige traverse un boulet de canon percé (Brooke était lieutenant dans la Marine américaine !), maintenu à sa partie supérieure par un fil fixé à un crochet métallique mobile. Lorsque la tige touche le fond, le poids du boulet enfonce la tige dans le sédiment, puis la ligne se détend, le crochet s'ouvre, et le boulet, libéré, glisse le long de la tige qui peut être alors relevée facilement. Le lourd cordage de chanvre utilisé par les premiers océanographes fut remplacé par une fine cordelette tressée.

L'appareil à sonder de Brooke a été largement utilisé pour la reconnaissance des profondeurs de l'Atlantique Nord, sur le tracé du futur câble télégraphique transatlantique. Les résultats obtenus ont permis au directeur de l'Observatoire de Washington, le capitaine Maury, de dresser la première carte topographique de l'Atlantique Nord, de l'Equateur à plus de 50°N. Cette carte n'a plus aujourd'hui qu'un intérêt historique, les erreurs importantes qu'elle comporte s'expliquant davantage par le trop petit nombre de sondages que par leur imprécision. Dans le nord de l'Atlantique, Maury avait notamment dessiné un plateau remarquable, s'étendant de l'Irlande à Terre-Neuve, sur une distance de 3 000 km et une largeur de 700 km. La profondeur de ce plateau varie entre 3 000 et 4 000 m. C'est cette zone qui fut choisie pour y mouiller les premiers câbles transatlantiques, d'où le nom que lui attribua Maury : le « plateau télégraphique ». Maury s'était également efforcé de réunir toutes les observations météorologiques figurant sur les journaux de bord des navires traversant l'Atlantique. Il avait groupé toutes les observations faites à une même période de l'année sur des carrés de cinq degrés de côté, ce qui lui avait permis de dessiner des cartes de navigation indiquant la direction et la vitesse des vents les plus fréquents à chaque saison. Pour les capitaines de voiliers, il s'agissait là d'un précieux ensemble d'informations pour tracer les routes les plus favorables en fonction de la période de l'année et des ports à relier. Maury s'est également intéressé au Gulf Stream, dont il donne dans un ouvrage paru en 1855 une description saisissante : « C'est un fleuve dans l'océan. Ses rives et son lit sont des couches d'eau froide entre lesquelles coulent à flots pressés ses eaux tièdes et bleues. Nulle part dans le monde il n'existe de courant aussi majestueux. Il est plus rapide que l'Amazone, plus impétueux que le Mississipi. »

Les campagnes systématiques de sondage effectuées dans l'Atlantique Nord en vue de la pose du câble télégraphique transatlantique fournirent également des informations sur les conditions physiques régnant à grandes profondeurs. Ainsi, à partir des échantillons de sédiment retenus sur le suif de la tige de sondage, Wallich put étudier des coquilles microscopiques de foraminifères et, en plus petit nombre, des frustules siliceuses de diatomées : l'état de conservation parfaite de ces échantillons conduisit à accréditer l'idée selon laquelle l'eau de mer à ces profondeurs de 3 à 4 000 m est remarquablement tranquille, circonstance favorable à la pose du câble.

Une exploration précise des reliefs du plateau télégraphique fut entreprise entre 1853 et 1857, Anglais et Américains combinant leurs efforts. Pour donner un exemple de la densité extraordinairement faible des sondages réalisés, le trajet reconnu en 1857 par le navire américain *Cyclope* comporte en tout et pour tout 34 sondages par plus de 1 000 m de profondeur, soit un sondage tous les 90 km environ. Avec beaucoup de bonne volonté, on peut reconnaître sur cette section de l'Atlantique Nord l'emplacement de la dorsale médio-atlantique, avec une sonde de 2 700 m seulement au milieu du trajet. Aujourd'hui, où les sondages de reconnaissance des trajets des câbles sous-marins doivent être faits avec les sondeurs multifaisceaux modernes, on a beaucoup de mal à imaginer en quoi ces quelques relevés pouvaient aider les ingénieurs responsables de la pose du câble transatlantique ; les détails de cette véritable épopée seront exposés dans un autre chapitre.

Un peu plus tard, en 1870, l'Anglais Wyville Thompson (qui fut élevé à la dignité de lord sous le nom de lord Kelvin) eut l'idée de substituer à la cordelette de Maury un fil de bronze phosphoreux, puis, quelques années plus tard, un fil d'acier, semblable à une corde à piano : le frottement du câble de sonde dans l'eau est très réduit, ce qui permet d'employer des plombs de sonde plus légers, facilite l'enroulement du câble sur la bobine du treuil et accélère les opérations de sondage. Le premier navire à bénéficier de cette innovation importante fut le HMS *Challenger* ; de 1872 à 1876, il effectua une célèbre circumnavigation dont les résultats sont généralement considérés comme le point de départ de l'océanographie moderne. Le navire américain *Tuscarora* utilisa la même technique avec succès en réalisant un sondage à 8 514 m en 1874.

Au fur et à mesure que se poursuivaient ces découvertes et que s'accumulaient les mesures de température, les océanographes s'avisèrent qu'il y avait là la matière d'un grand défi scientifique : quelles sont les conditions physiques qui règnent dans ces abîmes ? La vie y est-elle possible et jusqu'où peut-elle exister ? Comment supposer que dans ces régions inaccessibles, où jamais ne pénètre la lumière solaire, où les températures sont proches de zéro, où s'exercent d'énormes pressions, la vie puisse s'établir ? Les savants du début du XIXe siècle n'attachèrent guère de valeur à l'unique observation de John Ross, ou l'ignorèrent purement et simplement. Ils n'avaient pas davantage prêté attention aux écrits pourtant abondants d'un naturaliste de la région de Nice, le pharmacien Antoine Risso, qui se passionnait en ce début du XIXe siècle pour la flore et la faune du Comté de Nice et des Alpes-Maritimes. Pour obtenir les spécimens de poissons et de crustacés de la région dont il avait besoin pour ses travaux, Risso avait l'habitude de fréquenter la poissonnerie, ou bien se rendait au port de pêche de Villefranche pour fouiller lui-même dans les paniers des pêcheurs. Son *Ichtyologie ou Histoire naturelle des poissons des Alpes-Maritimes*, publiée à Paris en 1810, fit l'objet d'un rapport élogieux de la part de l'Académie des Sciences devant laquelle il déposa le manuscrit de l'ouvrage. Cuvier, visitant Risso lors d'un passage à Nice, estima qu'il deviendrait « le plus grand des naturalistes s'il vivait à Paris ». Trois ans plus tard, Risso publie une *Histoire naturelle des crustacés des environs de Nice*. L'Académie des Sciences, de nouveau, reçut le manuscrit de l'ouvrage, dans lequel Risso décrivait une centaine d'espèces, dont une cinquantaine, d'après lui, nouvelles pour la science, et l'approuva dans ces termes : « La manière d'opérer adoptée par M. Risso est très régulière et surtout très comparative. Nous ne pouvons que l'approuver dans son ensemble et dans ses détails. L'ouvrage est rédigé avec précision et clarté. Enfin notre commission est d'avis que l'ouvrage de M. Risso ne peut que concourir à l'avancement de la science, et ajouter à la réputation que lui ont acquise ceux qu'il a déjà publiés. » Un lecteur moderne de ces ouvrages découvre avec surprise, parmi ces poissons et ces crustacés, de nombreuses espèces de grande profondeur. Cela n'est pas étonnant : les pêcheurs de Villefranche et de Nice auprès desquels Risso obtenait les animaux qu'il étudiait, mouillaient fréquemment leurs palangres et leurs lignes par plus de 1 000 m de profondeur !

Les deux ouvrages de Risso fourmillent d'indications sur les profondeurs auxquelles vivent certaines espèces. Ainsi, chez les crustacés, le grand crabe *Paromola cuvieri* (que Risso nomme *Dorippe cuvieri*) « habite les rochers de nos mers de 1 200 mètres de profondeur, et parvient à 160 millimètres de longueur sur 140 millimètres de largeur ». C'est, dit Risso dans une lettre adressée à un naturaliste marseillais, « le plus gros décapode de nos rivages puisqu'il y en a qui pèsent plus de deux kilogrammes, sa chair est tendre, on en prend en toute saison pourvu qu'on jette les hameçons dans les grandes profondeurs où ils font leur résidence ordinaire ». Dans un texte postérieur daté de 1827, il ajoute à propos de cette espèce qu'elle vit « à la profondeur de mille mètres, où on la pêche au palangre ». A propos d'une autre espèce, qui vit entre 800 et 1 500 m, *Geryon longipes* (que Risso baptise *Cancer wagneri* et dont il publie la description en 1844), il est indiqué brièvement : « Séj. Abymes marins. Appar. août & septembre. Ce crustacé se laisse quelquefois (difficilement) prendre à l'hameçon, qu'on jette pour pêcher les merluches ». Bien entendu, ce crabe, dont des espèces voisines, en Atlantique, font actuellement l'objet d'une pêche commerciale au casier par près de 1 000 m de profondeur, n'apparaît pas miraculeusement en août et en septembre : simplement, durant cette période de l'année particulièrement favorable, les pêcheurs niçois n'hésitaient pas à se risquer très au large, et à mouiller leurs engins très profondément. On pourrait trouver bien d'autres exemples chez les poissons d'espèces de grande taille vivant à plus de 1 000 m de profondeur décrites ou signalées par Risso. Pourtant, les océanographes biologistes ignorèrent complètement ces observations remarquables, jusqu'à une date récente. Il est vrai que les travaux de Risso n'avaient pas que des admirateurs. L'un de ses détracteurs, le malacologiste Bourguignat, n'hésite pas à écrire en 1861 : « Parmi ces faux naturalistes, parmi ces ouvrages de basse érudition scientifique, il faut y placer Risso et y ranger ses travaux. Ecrivain fécond, mais sans jugement, annotateur infatigable, mais absurde, Risso a embrassé dans ses écrits presque toutes les branches de l'histoire naturelle, sans en avoir bien traité une seule. » Pour ce qui est de la faune des profondeurs, la critique n'est pas fondée : parmi les nombreuses espèces de crustacés et de poissons qu'a découvertes Risso au cours de ses recherches, plusieurs vivent effectivement à des profondeurs supérieures à 1 000 m.

Il est remarquable que ces nombreuses publications, étayées par les collections d'animaux conservés que Risso envoyait volontiers à ses correspondants, aient pu être totalement méconnues dix à vingt ans plus tard, au moment où se développe la controverse sur l'existence de la vie dans les grandes profondeurs marines. A cette époque, les océanographes biologistes admettaient difficilement que la vie pût exister en profondeur, dans les conditions physiques rigoureuses de température et de pression que l'on commençait à préciser. Au milieu du XIXe siècle, l'Anglais Edward Forbes tenta de répondre à cette question et entreprit une série de dragages en mer Égée entre la Turquie et la Grèce à bord du *Beacon*, entre 200 et 500 m de profondeur. Forbes était estimé dans les milieux scientifiques : naturaliste complet, il s'était fait connaître par ses travaux sur la flore européenne, sur les mollusques gastéropodes et bivalves, actuels ou fossiles, sur divers autres groupes d'invertébrés marins dont les cœlentérés (cténaires et hydraires) et les échinodermes. Il avait déjà effectué de nombreux dragages sur les côtes anglaises, jusqu'à une centaine de mètres de profondeur, et il avait été immédiatement frappé par la grande pauvreté qui caractérise le bassin méditerranéen oriental. Constatant la diminution rapide du nombre d'organismes animaux recueillis en fonction de la profondeur (diminution du nombre total d'individus et du nombre d'espèces), il n'hésita pas à conclure, en extrapolant les résultats de ses dragages entre 190 et 420 m, dans la zone qu'il appelait la « huitième région », que la vie doit disparaître totalement vers 650 m de profondeur : « A mesure que nous descendons plus profondément dans cette région, ces habitants sont de plus en plus modifiés et de plus en plus rares, ce qui annonce que nous nous approchons d'un abîme où la vie est éteinte ou borne sa manifestation à quelques signes vagues pour montrer qu'elle est encore là. » Forbes ajoutait d'ailleurs qu'il fallait poursuivre l'exploration de « cette vaste région des profondeurs marines » afin d'établir de façon définitive si elle contenait ou non des êtres vivants. A l'évidence, il ignorait tout des observations faites par Risso une trentaine d'années auparavant. Pour Forbes, partisan de la fixité des formes vivantes, chacune des régions qu'il avait identifiées était caractérisée par la présence d'un groupe d'espèces particulières, adaptées aux conditions du milieu dans lequel elles devaient avoir pris naissance, et dont les possibilités d'extension à partir du centre de dispersion étaient assez faibles.

Cependant, comme il arrive fréquemment, le monde scientifique négligea ces remarques prudentes, et retint surtout des écrits de Forbes l'hypothèse de l'existence d'une zone véritablement privée de toute vie, une zone « azoïque », débutant à partir de 600 mètres et s'étendant jusqu'aux plus grandes profondeurs marines. Cette hypothèse, qui va bien au-delà des idées de Forbes, sera à la base d'un grand nombre d'expéditions océanographiques ultérieures, jusqu'à la campagne du navire danois *Galathea*, qui établit, entre 1950 et 1952, que la vie est présente jusqu'aux plus grandes profondeurs de l'océan.

Pourtant, dès cette époque, outre celles de Risso, d'importantes découvertes étaient en contradiction avec l'hypothèse d'une zone « azoïque » en mer profonde. Ainsi, en 1850, le pasteur norvégien Michael Sars, après une exploration des parages des îles Lofoten, publia une liste d'une vingtaine d'espèces d'invertébrés trouvées par lui à plus de 500 mètres de profondeur. Cette publication, parue dans une revue locale à périodicité annuelle, passa inaperçue et il fallut que le fils de M. Sars, le célèbre carcinologiste Georg Ossian Sars, publiât en 1864 une nouvelle liste d'une centaine d'espèces vivant entre 350 et 550 mètres, dans les parages des îles Lofoten, pour réhabiliter les premières observations. A la même époque, au cours d'opérations de sondage à plus de 2 000 m, Brookes rapporta de nombreuses coquilles calcaires de foraminifères comme les globigérines ou les orbulines, et des tests siliceux de radiolaires. Mais on préféra admettre que ces petits êtres avaient vécu au milieu des eaux, et que seuls leurs squelettes, vides, venaient s'accumuler sur les grands fonds marins, ce qui était d'ailleurs partiellement exact. Quelques scientifiques pensaient cependant que certains de ces organismes vivaient réellement au fond de l'Atlantique et Wallich, en 1860, n'hésita pas à publier cette conclusion dans son livre *Le Fond de l'Atlantique*.

Ces opérations de sondage et de reconnaissance de la nature du fond n'avaient pas pour objectif initial la recherche océanographique. Il s'agissait d'effectuer un relevé topographique des fonds de l'Atlantique Nord pour déterminer le meilleur trajet possible pour un câble télégraphique dont la pose était envisagée. L'industrie des télécommunications sous-marines, qui a apporté d'intéressants renseignements aux géologues marins, a également contribué aux progrès des connaissances sur l'existence de la vie dans l'océan profond. Ainsi, en 1860, un navire hydrographique anglais, le *Bulldog*, examinait les possibilités d'établir une liaison par câble sous-marin entre les îles Feroe et le Labrador. La sonde du *Bulldog*, traînée quelque temps à 2 195 m de profondeur, fut remontée avec treize étoiles de mers, ou astéries, qui s'y étaient fixées. Le naturaliste embarqué à bord du *Bulldog* n'hésita pas à écrire que « l'abîme avait envoyé le message qu'on attendait de lui depuis longtemps ». Les tenants de l'existence de la zone azoïque, contre toute évidence, affirmèrent que ces animaux s'étaient accrochés au câble de sondage au cours de sa remontée. La controverse restait entière.

Au cours de cette même année 1860, on dut relever, à la suite d'une rupture des communications, un câble télégraphique mouillé en Méditerranée, entre la Sardaigne (Cagliari) et l'Algérie. Ce câble avait été posé en 1857, trois ans auparavant, par la Compagnie méditerranéenne du Télégraphe, et avait déjà fait l'objet d'une première réparation en 1858. Or, l'ingénieur anglais Fleeming Jenkin, qui dirigeait les opérations de relevage, avait recueilli sur divers fragments du câble plusieurs espèces de mollusques bivalves et des coraux solitaires, ou scléractiniaires, dont l'étude fut confiée à Alphonse Milne Edwards. L'examen de ces spécimens conduisit le zoologiste à publier la description de deux formes nouvelles pour la science, *Caryophyllia electrica* et *Thalassiotrochus telegraphicus*, à côté d'une espèce déjà connue à l'état fossile, *Caryophyllia arcuata*, que Milne Edwards lui-même avait décrite une douzaine d'années auparavant avec Jules Haime ! Cette fois, le doute n'était plus possible, on avait la preuve que des animaux marins pouvaient se développer entre 2 000 et 2 800 m de profondeur. Impossible d'imaginer qu'ils aient pu se fixer sur le câble au cours des opérations de relevage, en particulier pour ces coraux solitaires qui s'étaient nécessairement fixés à l'état de larves minuscules sur la paroi du câble, puis avaient prospéré à grande profondeur. Le monde scientifique admit sans la contester cette importante découverte, qui donnait une nouvelle impulsion aux recherches sur les animaux de profondeur et confirmait de manière apparemment indiscutable les observations éparses faites antérieurement.

Plus d'un siècle plus tard, un spécialiste des scléractiniaires de Méditerranée, Helmut Zibrowius, dans le cadre d'une étude d'ensemble de ce groupe, a soumis à une critique plus rigoureuse les résultats de Milne Edwards. Première observation : il est difficile de trouver sur les cartes marines modernes, le long du trajet supposé du câble, une profondeur supérieure à 1 400 m. Seconde remarque, les spécimens examinés et décrits par A. Milne Edwards ont disparu des collections du Muséum national d'histoire naturelle où ils avaient été déposés à l'époque de leur description. En 1934, un spécialiste anglais de coraux, Wells, avait séjourné quelque temps au Muséum pour étudier les collections de coraux solitaires : il avait appris que les spécimens en question avaient été transférés longtemps auparavant à l'Ecole nationale des Ponts et Chaussées. Des recherches récentes effectuées par H. Zibrowius demeurèrent vaines, dans l'un et l'autre de ces établissements. Il eut alors la curiosité de rechercher, dans les textes de l'époque, les références à cette découverte. D'autres savants avaient également reçu des animaux provenant de ce fameux câble. Ainsi, l'Anglais Sir Charles Wyville Thompson, plus connu pour l'organisation de la circumnavigation du navire anglais *Challenger* (1872-76), présente dans son célèbre ouvrage *The Depths of the Sea*, publié en 1874, un dessin d'un madrépore solitaire, identifié comme *Caryophyllia borealis*, qui aurait été recueilli sur un fragment du même câble, à 40 milles de la Sardaigne, par 1 200 brasses de fond. Il est à noter que le polypier figuré par Thompson a une base étroite et corrodée, ce qui ne serait certainement pas le cas s'il avait vécu sur un câble sous-marin : il aurait alors développé une base large et étalée sur le support. La figure de Thompson a été souvent reprise dans des textes modernes : ainsi, les auteurs d'un traité sur l'écologie abyssale publié en 1973 aux Etats-Unis, Robert Menzies, Robert George et Gilbert Rowe, utilisent cette illustration classique, ce qui leur permet, d'ailleurs, d'omettre de citer la publication antérieure du Français Milne Edwards... D'après eux, c'est l'ingénieur Jenkin qui serait seul à l'origine de cette découverte. En réalité, ce dernier n'a produit aucune publication consacrée à ces animaux, qu'il s'est borné à recueillir lors des opérations de relevage et à transmettre aux spécialistes capables d'en tirer parti. En revanche, il a fourni de nombreuses explications sur les causes possibles des avaries subies par le câble. Dans le compte rendu d'une réunion de l'Institut des ingénieurs civils anglais, session de 1860-61, H. Zibrowius a relevé que les seules indications de présence de spécimens d'organismes fixés sur le câble concernent des portions de câble qui auraient été abîmées par les engins des pêcheurs de corail. Or le corail rouge, le corail de bijouterie, que les pêcheurs recueillaient à l'aide d'une lourde croix de bois ferrée munie de nombreuses pièces de filets ou fauberts, la croix des corailleurs, ne dépasse guère 150 à 200 m de profondeur ! On est loin des 2 000 à 2 800 m de profondeur annoncés par Milne Edwards sur la foi des données des ingénieurs. Quant au *Thalassiotrochus telegraphicus*, l'étude des illustrations de Milne Edwards permet de penser qu'il s'agit probablement d'un jeune spécimen d'une forme connue, *Desmophyllum cristagalli*, n'ayant pas encore les cinq cycles de cloisons qui caractérisent l'adulte et dont la columelle centrale est formée d'une seule lamelle.

Pour Zibrowius, il ne fait donc pas de doute que les scléractiniaires étudiés par Milne Edwards ont vécu à une profondeur de quelques centaines de mètres tout au plus. Il observe en outre que ces animaux, qui ont au maximum trois ans d'âge, atteignent une hauteur d'un centimètre. Ceci représente une vitesse de croissance relativement rapide, et par conséquent des apports nutritionnels importants, dont nous savons aujourd'hui qu'il est exclu de les rencontrer en Méditerranée à des profondeurs de 2 000 m et plus.

Quoi qu'il en soit, la découverte de Milne Edwards fut prise tout à fait au sérieux par le monde scientifique. Elle venait à point nommé pour confirmer les quelques observations antérieures et encouragea les naturalistes à organiser de nouvelles campagnes pour aller plus profondément encore rechercher les témoignages de l'existence de la vie.

A la même époque, G.O. Sars publiait une liste d'une centaine d'espèces recueillies entre 350 et 550 mètres de profondeur, près des îles Lofoten. Parmi elles, figurait une encrine, ou lis de mer, curieux échinoderme pédonculé baptisé *Rhizocrinus lofotensis*. Les géologues connaissaient bien à cette époque les entroches, petits ossicules calcaires trouvés en abondance dans certains dépôts tertiaires, mais personne n'avait imaginé que ces petites pièces calcaires pouvaient former le squelette de la gracieuse encrine, qui constitue sans doute le premier exemple de « fossile vivant » découvert dans l'océan profond. Cette découverte et son interprétation confirmaient une observation de Milne Edwards ; ce dernier avait constaté que certaines des formes recueillies sur le fragment de câble télégraphique, fort éloignées des espèces connues dans la faune littorale, présentaient de nombreux points communs avec certaines espèces fossiles de madréporaires décrites auparavant dans des couches d'âge miocène. Ces faits conduisirent certains zoologistes à supposer que l'on pouvait retrouver en mer profonde de nombreuses espèces réputées disparues au cours des temps géologiques, et qui se seraient conservées à travers les âges dans ces profondeurs inexplorées, à la faveur de la permanence des conditions physico-chimiques. Ainsi, le biologiste Louis Agassiz admettait que l'océan abyssal, demeuré immuable à l'échelle des temps géologiques, pouvait encore recéler de nos jours des représentants vivants de types d'organismes fossiles appartenant à tous les groupes d'invertébrés et de poissons. Cette prédiction hardie ne s'est pas réalisée, bien qu'un certain nombre de formes proches de fossiles parfois très anciens aient été trouvées par la suite.

Les diverses découvertes qui venaient d'être faites encouragèrent les océanographes à poursuivre leurs prospections plus profondément. Les premiers, les Anglais entreprirent des campagnes océanographiques spécialement destinées à la collecte d'animaux de profondeur. L'expédition du *Lightning* en 1868, qui se fit dans de mauvaises conditions de mer et avec un navire mal entretenu, rapporta néanmoins des éponges siliceuses draguées par 1 500 m de profondeur ; les campagnes du *Porcupine*, au cours de l'été 1869, permirent de recueillir, par plus de 4 400 m de profondeur, au large de la Bretagne, de très nombreux animaux appartenant à tous les groupes d'invertébrés. La théorie de la zone « azoïque » était donc remise en cause, ou tout au moins sa limite inférieure sensiblement déplacée. Parmi ces échantillons, les zoologistes découvraient une nouvelle forme de « fossile vivant » : il s'agissait d'un grand oursin au test mou (les pièces squelettiques qui le constituent sont disjointes, et des ligaments souples permettent à l'animal, lorsqu'il est sorti de l'eau, de s'affaisser sur le support ; cette particularité lui valut le surnom imagé de « béret basque ») dont on connaissait des pièces fossiles d'âge tertiaire, appartenant au groupe des échinothurides.

Enfin, dans presque tous les dragages du *Porcupine*, l'Anglais Thomas H. Huxley crut pouvoir reconnaître une forme extrêmement primitive d'organisme vivant, qu'il avait décrite quelques années auparavant, dans des sédiments profonds récoltés par le *Cyclope* et conservés avec de l'alcool : cet organisme, baptisé *Bathybius haeckeli* en hommage au célèbre biologiste et philosophe allemand Ernst H. Haeckel, avait déjà suscité bien des polémiques entre les spécialistes. Haeckel avait longuement étudié plusieurs groupes de protozoaires et d'invertébrés marins (radiolaires, spongiaires), et avait formulé l'hypothèse de l'existence d'un chaînon intermédiaire entre les êtres unicellulaires et les métazoaires ; il restait à apporter la preuve de cette théorie de la gastraea ou des monères par la découverte de représentants vivants de ce chaînon manquant. Avec la description de *Bathybius haeckeli*, les biologistes crurent pendant quelques années avoir trouvé le premier exemple vivant de monère dans les eaux profondes de l'Atlantique Nord. Cette monère était d'ailleurs très abondante, puisqu'on pouvait la recueillir dans presque tous les échantillons de sédiment profond conservés à l'alcool... La morphologie de l'organisme avait de quoi surprendre : une sorte de réseau fragile enfermant des débris divers, des coquilles de foraminifères, des valves de diatomées, dans lequel il n'était pas possible de reconnaître de noyaux cellulaires ni même de membrane. Malheureusement, la carrière de *Bathybius haeckeli* fut de courte durée : le chimiste anglais Buchanan démontra par la suite que ce soi-disant coacervat, cette monère primitive, n'était autre qu'un précipité de sulfate en présence d'alcool et d'eau de mer et ne contenait au demeurant aucune trace de matière organique...

Encouragés néanmoins par l'ensemble des résultats obtenus, les Anglais décidèrent d'entreprendre l'étude systématique des océans du monde. Les objectifs stratégiques, nous dirions aujourd'hui géopolitiques, n'étaient pas étrangers à ce regain d'intérêt pour les abysses : c'est la raison pour laquelle l'Amirauté britannique apporta à la préparation matérielle de l'expédition une contribution importante. Le HMS *Challenger*, une frégate de 2 300 tonnes, fut équipée avec le matériel le plus récent. L'expédition devait durer plus de trois ans ; parti de Portsmouth le 21 décembre 1872, le navire revint en Angleterre le 24 mai 1876 ; sous la direction de Sir Wyville Thompson, il couvrit la distance de 70 000 milles et effectua des opérations en 362 stations : sondages bathymétriques, prélèvements d'eau à différentes profondeurs et mesure associée de la température, prélèvements d'échantillons de sédiment, dragages et chalutages biologiques. Les sondages les plus profonds, réalisés dans le Pacifique à proximité de la fosse des Mariannes, en mer des Philippines, dépassèrent légèrement 8 000 m. Jusque-là, on ne connaissait la faune abyssale qu'à partir des échantillons recueillis dans l'Atlantique Nord ; avec les riches récoltes du *Challenger*, on disposait pour la première fois d'échantillons biologiques et géologiques provenant de l'ensemble de l'océan mondial. Ces échantillons furent soigneusement étudiés et fournirent la matière d'une collection impressionnante d'une trentaine de volumes, publiés après la disparition de Sir Wyville Thompson par Sir John Murray, qui avait participé à la grande circumnavigation.

L'expédition du *Challenger* a fait considérablement progresser les connaissances sur l'existence de la vie à grande profondeur ; de nombreux groupes d'invertébrés ont des représentants par plus de 6 000 m de fond. En revanche, contrairement aux attentes (lors de la préparation de l'expédition, des biologistes avaient avancé l'hypothèse de l'existence de belemnites et d'ammonites vivantes dans l'océan profond, mollusques céphalopodes éteints depuis 150 à 180 millions d'années), l'expédition du *Challenger* n'a pratiquement pas rapporté de formes de fossiles vivants. Les captures les plus profondes de poissons ont été effectuées par 5 000 m de profondeur environ. C'est surtout par la quantité et la diversité des formes nouvelles récoltées au cours de ce long périple, principalement dans l'océan Pacifique, l'océan Indien et l'Atlantique Sud, que se caractérisent les résultats zoologiques du *Challenger*, qui constituent une référence encore utilisée de nos jours.

Par la suite, de nombreuses nations industrialisées suivirent l'exemple de l'Angleterre : Etats-Unis, Allemagne, Norvège, Suède, etc. En France, à l'initiative d'un précurseur, le marquis de Folin, le ministre de l'Instruction publique avait constitué en 1880 une Commission spéciale, présidée par Alphonse Milne Edwards, et s'était adressé à son collègue le ministre de la Marine pour l'organisation matérielle des campagnes océanographiques. Jauréguiberry accéda volontiers à la demande qui lui était faite, et une première campagne de l'aviso à aubes le *Travailleur* fut organisée en 1880 dans le sud du golfe de Gascogne ; en 1881, une nouvelle campagne d'un mois permit au navire une incursion en Méditerranée occidentale ; en 1882, une troisième campagne conduisit le *Travailleur* jusqu'aux îles Canaries. Mais les scientifiques ne se satisfaisaient pas de ce navire de trop petite taille pour l'océanographie hauturière. La Marine proposa d'utiliser l'éclaireur d'escadre le *Talisman*, pour une nouvelle et dernière campagne dans l'Atlantique, au cours de l'été 1884. Les résultats obtenus en Atlantique confirmèrent les travaux des Anglais effectués à plus haute latitude ; en Méditerranée occidentale, ce fut en revanche une déception presque complète : au cours des nombreuses opérations exécutées par plus de 1 000 m en Méditerranée, presque aucun animal vivant n'a pu être récolté ; la vie, conclut le marquis de Folin, paraît donc impossible dans les profondeurs qui dépassent ce chiffre. L'explication qu'il fournit est ingénieuse : « Nous pensons que cette cause pourrait bien tenir à ce que la Méditerranée, en grande partie au moins, repose sur un sol volcanique, que sans doute la couche qui la sépare des feux souterrains est non seulement poreuse, mais peut-être criblée de fissures et surtout fort peu épaisse [...] Il est donc fort présumable que cette couche relativement faible se pénètre par les fissures d'infiltrations de gaz meurtriers, qui incessamment amenés et poussés se trouvent ainsi chassés jusque dans les eaux des cuvettes où leur accumulation rend celles-ci impropres à la vie ; que les couches sont d'autant plus facilement imprégnées que la profondeur est plus grande, puisqu'alors elles pourraient bien être d'autant moins épaisses ; que ces gaz ne peuvent s'échapper des fonds qu'à mesure que leur condensation est assez considérable pour qu'elle ait acquis une force élastique suffisante, capable de vaincre l'énorme pression sous laquelle ils se réunissent, et alors seulement qu'un courant ascendant ait pu ainsi se produire. L'épanchement dans la masse générale des eaux s'opère d'abord, puis ensuite a lieu la diffusion dans l'air. » Malheureusement pour la théorie qu'il défendait, le marquis de Folin n'avait pas la possibilité de pratiquer l'analyse chimique des vases rapportées des grandes profondeurs méditerranéennes, pour identifier ces gaz toxiques. A l'occasion, on redécouvre les caractéristiques particulières de la température des eaux profondes méditerranéennes, qui est de 13°C environ : le marquis voit là un fait qui pourrait être invoqué comme un nouvel argument en faveur de sa thèse. Nous savons aujourd'hui que les rejets de gaz comme l'hydrogène sulfuré contenus dans les fluides hydrothermaux peuvent être très efficacement utilisés par les organismes vivants. En revanche, il est vrai que l'on a découvert récemment, en Méditerranée orientale, des bassins profonds à saumure comme on en connaissait de longue date en mer Rouge ; dans ces bassins, la vie paraît impossible.

Les campagnes du *Travailleur* et du *Talisman* resteront malheureusement sans lendemain ; les savants français purent néanmoins poursuivre leurs recherches à bord des quatre navires que le prince Albert Ier de Monaco mit successivement à la disposition de la science française. Le gouvernement français, en particulier la Marine, se désintéressa pour longtemps de l'océanographie hauturière. Des explorateurs audacieux comme le commandant Jean Charcot contribuèrent à maintenir une certaine activité, mais les pouvoirs publics n'étaient pas directement engagés dans ces projets.

Au-delà de 6 000 m de profondeur, les connaissances progressèrent beaucoup plus lentement : il suffit, pour le comprendre, de regarder un instant une carte bathymétrique de l'océan mondial. Les zones où la profondeur dépasse sensiblement 6 000 m représentent à peine un pour cent de la superficie des océans. Avec des opérations de sondage ponctuelles, il était très peu probable pour un navire de travailler à la verticale de ces fosses. Néanmoins, on s'aperçut rapidement que, de manière statistique, les sondages les plus profonds se trouvaient localisés dans l'océan Pacifique, en particulier dans le Pacifique occidental. C'est là que le navire allemand *Planet* réalisa en 1906 un sondage par 9 140 m au sud de l'archipel Bismarck, au nord de la Nouvelle-Guinée. Il faudra attendre vingt-cinq ans pour que le navire hollandais *Snellius* réussisse un sondage dépassant légèrement la profondeur de 10 km, 10 068 m, dans la fosse de Mindanao, toujours dans le Pacifique occidental.

Malgré les efforts déployés pour réussir de telles performances, les connaissances progressaient très lentement par rapport à la surface à étudier. En 1914, au début de la Première Guerre mondiale, on possédait environ 15 000 sondes par plus de 1 000 m de profondeur : 6 500 en Atlantique, à peu près autant dans le Pacifique et seulement 2 500 dans l'océan Indien, qui restera longtemps l'océan le moins bien connu de la planète. 15 000 sondages, localisés de manière non aléatoire, pour représenter une surface de quelque trois cent millions de kilomètres carrés : en moyenne, un sondage tous les 20 000 kilomètres carrés, à peu près la surface de la Bretagne ! On conçoit les difficultés qu'éprouvaient les océanographes pour dessiner, à partir de si maigres informations, la carte bathymétrique du fond des océans, tâche à laquelle la communauté scientifique internationale avait décidé de s'attaquer, à la suite d'une proposition faite par le prince Albert Ier de Monaco en 1899, au cours du septième Congrès géographique international. En 1903, le prince réunit un groupe d'océanographes et d'hydrographes, qui réalisèrent en moins d'un an la première édition de la carte bathymétrique générale du fond des océans. Elle comportait seize feuilles à l'échelle du 1/10 000 000e, allant de 72°N à 72°S, et huit feuilles en projection gnomonique couvrant les régions polaires. Cette carte s'appuyait sur un total de 18 400 sondages à toutes profondeurs, ce qui ne représentait, à dire vrai, qu'une très faible densité.

Ainsi, au début du XXe siècle, on savait que la vie persiste jusqu'à 6 000 m de fond, représentée par de nombreuses espèces d'invertébrés. En ce qui concerne les poissons, le prince Albert Ier de Monaco détint pendant longtemps le record de profondeur avec un poisson pris dans une nasse à plus de 6 000 m dans l'Atlantique, baptisé *Grimaldichtys profundissimus*. Mais que se passait-il plus profondément encore ? La question restait posée. Pour y répondre, des progrès techniques importants étaient nécessaires. Il fallait disposer de câbles ayant une plus grande résistance pour descendre les chaluts et les dragues dans les grandes profondeurs, de treuils plus puissants pour les remonter, et surtout de connaissances plus précises sur la localisation exacte, la profondeur et la topographie des zones dans lesquelles on allait travailler. Certains biologistes, comme Alexander Agassiz, pensaient que la faune peuplant les abysses était formée d'animaux apparus en zone littorale, qui avaient progressivement gagné les profondeurs de l'océan ; trouvant là des conditions physiques presque constantes, ces organismes avaient pu peupler de très vastes surfaces du fond des océans. Frappé par l'abondance des animaux abyssaux colorés et la variété des coloris, Agassiz en déduisit que la migration en profondeur était un phénomène relativement récent ; autrement, selon lui, les animaux auraient perdu toute pigmentation inutile dans le milieu abyssal totalement obscur. Ce débat sur l'ancienneté ou au contraire le modernisme des faunes abyssales, longtemps d'actualité, est aujourd'hui enrichi par les données de la paléoocéanographie.

Concernant l'exploration de l'océan, il faudra attendre la fin de la Seconde Guerre mondiale pour reprendre l'étude des faunes profondes, au-delà de 6 à 7 000 m. L'océanographie moderne put alors bénéficier de l'apport de nouvelles techniques physiques, et en premier lieu du sondage acoustique, dont l'introduction constitua une véritable révolution.

L'idée d'utiliser les ondes acoustiques pour mesurer des distances dans l'eau est ancienne : le physicien français Arago y fit allusion dès 1807 et Maury effectua sans succès quelques expériences en utilisant, comme source sonore, une cloche immergée. L'ingénieur hydrographe français Marti eut l'idée, dès 1916, d'utiliser comme source sonore des coups de marteau frappés sur la coque du navire, puis, quelques années plus tard, des coups de fusil tirés dans l'eau ou de petites charges explosives. A l'aide de microphones immergés, on peut écouter le retour de l'onde acoustique après sa réflexion sur le fond ; connaissant la vitesse du son dans l'eau (1 500 m par seconde environ, en fonction de la température et de la salinité), la mesure du temps écoulé entre le départ de l'onde sonore et son arrivée permet de déterminer le temps nécessaire pour accomplir un double trajet entre la surface et le fond. On en déduit facilement la profondeur, après des corrections en fonction des caractéristiques hydrologiques de l'eau, qui font varier légèrement la vitesse de propagation des ondes acoustiques. Le procédé de Marti n'a pas connu un grand développement, mais quelques relevés précis de canyons sous-marins méditerranéens ont démontré tout l'intérêt de ce principe. Il restait à trouver une source sonore dont la propagation soit plus grande et d'emploi plus facile que le fusil Lebel utilisé par Marti !

La découverte de la piézo-électricité, faite à la fin du XIXe siècle, allait fournir une source sonore répondant à ces conditions. A la suite du naufrage dramatique du *Titanic*, on s'était demandé s'il était possible de repérer les icebergs par sondage acoustique dans le plan horizontal. Le physicien Paul Langevin pensa à utiliser l'effet piézo-électrique pour émettre et recevoir des ultrasons. Travaillant à une fréquence de 40 000 Hz, il constata que la glace ne refléchit pratiquement pas les ondes, mais que le fond de la mer, en revanche, constitue un bon réflecteur. Il était désormais possible, en utilisant ce procédé, de réaliser un sondeur ultrasonore fonctionnant de manière continue (une émission toutes les quelques secondes par exemple) et fournissant, non plus une série de points de sondage, mais un tracé continu de la profondeur à la verticale de la route du navire. Un tel instrument fut installé pour la première fois sur le *Meteor*, navire océanographique allemand, et utilisé avec succès entre 1925 et 1927 dans l'Atlantique Sud. Les résultats restèrent longtemps confidentiels, le navire ayant eu une mission militaire.

Les sondeurs ultrasonores apparurent sur les navires océanographiques au début des années 1930, renouvelant totalement la physionomie de la carte bathymétrique des océans. Les principales institutions océanographiques accumulèrent des milliers de kilomètres de profils bathymétriques. Mais l'Organisation hydrographique internationale, qui s'appuyait pour l'essentiel sur les travaux des instituts hydrographiques des marines militaires, ne prit guère en considération les nouvelles données provenant des organismes de recherche civils. Une seconde édition de la carte bathymétrique, dressée selon les méthodes classiques, parut entre 1912 et 1927 ; elle restait compatible avec les connaissances existant à l'époque. La troisième édition de la carte, commandée en 1930, prit beaucoup de retard et ne fut publiée qu'en 1955. Réalisée avec les mêmes techniques que les éditions précédentes, ne tenant pas compte des travaux des instituts de recherche océanographique, elle fut immédiatement l'objet de vives critiques. Après l'adoption de modifications substantielles dans les techniques de cartographie, une nouvelle édition de la carte fut publiée en 1970, fruit de la collaboration entre l'Organisation hydrographique internationale et la Commission océanographique intergouvernementale.

C'est à peu près à la même époque que l'océanographe américain Bruce Heezen, aidé de la cartographe dessinatrice Mary Tharp, publia une carte en relief du fond de l'océan mondial, où, pour la première fois, les principaux reliefs caractéristiques, dorsales, failles transformantes, fosses de subduction, sont clairement mis en relief. Sans avoir la précision d'une carte bathymétrique, cette carte en relief, largement diffusée dans le public, a fait davantage pour la connaissance du fond des océans que tous les documents antérieurs. De plus, sa publication a coïncidé avec la véritable révolution des sciences de la terre apparue à la fin des années 1960 avec l'émergence de la théorie de la tectonique des plaques : l'hypothèse du renouvellement continu des fonds océaniques à partir de l'axe des dorsales océaniques d'accrétion, fondée notamment sur l'observation de la remarquable symétrie des inversions du champ magnétique terrestre conservées dans les laves basaltiques solidifiées, a donné une nouvelle impulsion à la théorie de la dérive des continents due au météorologiste allemand Alfred Wegener. La carte de Heezen et Tharp a fait l'objet d'une nouvelle édition, préparée en France sous la direction de Xavier Le Pichon. Publiée par un grand hebdomadaire, cette carte est aujourd'hui bien connue du grand public.

Ainsi, dès la fin de la Seconde Guerre mondiale, il est désormais possible de reprendre, sur la base de connaissances bathymétriques plus précises, l'exploration des grandes profondeurs des océans. Les pays scandinaves (Suède et Danemark) seront les premiers à se lancer dans la course. Les Suédois organisent en 1947-1948, à bord de l'*Albatross*, une expédition destinée à mettre au point les techniques capables de chaluter avec succès par 10 km de profondeur. De nouvelles méthodes sont développées, en particulier pour le chalutage à grande profondeur. L'étude systématique de l'angle formé par un câble en fonction de la vitesse du navire, et de l'ensemble des forces auxquelles il est soumis, montre que l'on peut remorquer un chalut à 10 km de profondeur avec un câble de 13 à 14 km seulement de longueur. Des poids placés en avant du chalut équilibrent la force exercée par le chalut ; l'angle du câble par rapport à la verticale doit demeurer constant au cours de l'opération. Dans ces conditions, il devrait être possible de travailler sur des fonds de plus de 10 km de profondeur avec une longueur de câble d'une quinzaine de kilomètres, résultat qui répond à l'un des grands objectifs de la campagne. L'expédition rapporte en même temps des preuves incontestables de l'existence de la vie à 8 000 m de profondeur, ce qui, pour l'un des responsables de l'expédition, le Suédois Nybelin, était loin d'être acquis au moment du départ du navire.

Le relais est pris, trois ans plus tard, par un navire danois spécialement équipé pour le travail en très grande profondeur, la *Galathea*, qui effectue un tour du monde entre 1950 et 1952. La *Galathea* apporte en 1952 la réponse finale à la question des limites de la vie en profondeur, avec un chalutage réussi dans la fosse des Mariannes, à plus de 10 000 m de profondeur. Plusieurs formes nouvelles d'animaux invertébrés sont précieusement recueillies dans le chalut, remorqué pendant plus de douze heures par un câble spécial long de 14 km, dont le diamètre décroît régulièrement depuis le navire jusqu'à l'extrémité : ainsi, on ne court pas le risque de voir le câble se rompre sous son propre poids. En même temps, on découvre dans les sédiments des bactéries qui, remises en laboratoire à la pression de 1 000 kg/cm², sont à nouveau actives. L'expédition de la *Galathea* fournit également les premiers résultats semi-quantitatifs sur la densité des peuplements animaux qui vivent sur les grands fonds. Comme le laissaient présager les résultats des expéditions antérieures, les peuplements animaux sont très réduits, et leur biomasse (quantité de matière vivante présente par unité de surface) ne dépasse pas, à 4 000 m de fond, 0,1 à 1 g/m². Enfin, la *Galathea* a rapporté plusieurs représentants d'un groupe de mollusques, les monoplacophores, connus à l'état fossile, mais considérés comme éteints depuis trois cent cinquante millions d'années. Coïncidence remarquable, un paléontologiste venait d'émettre, à partir de l'étude des coquilles fossiles, dont la forme extérieure rappelle les coquilles de patelles, une hypothèse surprenante : d'après ses observations de la surface interne des coquilles fossiles, les monoplacophores possédaient une série de paires de branchies régulièrement réparties le long du corps ; cette structure de type métamérique témoigne du lien phylogénétique qui existe entre les mollusques et les vers annelés. Ce qui n'était encore qu'une hypothèse s'est avéré rigoureusement exact : les *Neopilina galatheae* découvertes par la *Galathea* quelques mois à peine après la publication de cette hypothèse possédaient, comme le prévoyait le paléontologiste, cinq paires de branchies ; l'étude anatomique de ces animaux montra en outre que la disposition des muscles, du système circulatoire et des organes excréteurs obéissait à une organisation typiquement métamérisée...

Ainsi, il aura fallu un siècle pour connaître la réponse ultime à l'irritante question de la vie dans les abysses : quelle que soit la profondeur, l'océan est peuplé d'animaux très variés, appartenant à divers groupes d'invertébrés et de poissons ; les sédiments marins les plus profonds possèdent, tout comme les vases littorales, une microflore active et parfaitement adaptée, que l'on appelle les bactéries barophiles ; dans les plus grandes fosses, comprises entre 6 000 et 10 000 m, des ensembles faunistiques particuliers ont une origine sans doute plus récente que celle de la faune des profondeurs abyssales proprement dites ; il n'existe nulle part dans l'océan profond de zone azoïque. Le bilan de près d'un siècle de campagnes a été tiré au cours d'un Congrès international de zoologie, organisé en 1956 à New York. Certes, on était encore très loin de pouvoir établir l'inventaire des animaux de profondeur de l'océan mondial. Les techniques utilisées à cette époque négligeaient les plus petites formes. Surtout, le nombre de prélèvements réussis restait tout à fait négligeable au regard des dimensions et de la diversité du milieu à explorer. On pouvait tout au plus, dans certaines zones relativement bien connues, tenter de définir les principales espèces constitutives d'une communauté. La répartition des faunes dans les différents bassins océaniques, et leur distribution en fonction de la profondeur, pouvaient également faire l'objet de premières synthèses, fondées il est vrai sur un nombre d'espèces extrêmement réduit par rapport à la réalité. Des questions telles que l'origine, ancienne ou récente, des faunes abyssales, demeuraient sans réponse satisfaisante : selon les groupes zoologiques considérés, la qualité des données disponibles, des résultats contradictoires pouvaient être démontrés. En outre, les connaissances sur les conditions physico-chimiques qui ont régné en profondeur au cours des périodes géologiques étaient encore à peu près inexistantes, ce qui ne simplifiait pas la réflexion des biogéographes.

Les progrès technologiques réalisés depuis la Seconde Guerre mondiale, dont la *Galathea* venait, parmi d'autres navires océanographiques, d'apporter la démonstration éclatante, permettaient désormais d'aborder l'étude de la faune abyssale sous un angle écologique. A partir de 1960 environ, les campagnes océanographiques évoluent de manière radicale : aux lointaines campagnes d'exploration dans des régions fort peu ou pas étudiées antérieurement, se substituent des campagnes systématiques d'étude de séries de stations sur lesquelles on multiplie les prélèvements et les observations. Il ne s'agit plus seulement d'explorer, mais de reconstituer l'ensemble d'une communauté biologique, d'analyser les relations de compétition et de prédation existant entre les différentes espèces, de quantifier précisément l'importance des variations de la composition des communautés et de l'état des peuplements dans l'étendue et dans la durée (variations spatio-temporelles). Pour répondre à cette dernière interrogation, des campagnes saisonnières deviennent indispensables. Parmi les questions d'ordre biologique, beaucoup d'océanographes se demandent jusqu'à quelle profondeur persiste la périodicité des processus biologiques, qui caractérise la totalité des espèces vivant sur les plateaux continentaux, en l'absence de tout signal géophysique (variation annuelle de température, variation quotidienne d'éclairement, etc.). Prélèvements et observation du fond sont pratiqués dans des stations dont certaines sont étudiées depuis une dizaine d'années.

Cette évolution des problématiques et des méthodes de travail se traduit rapidement par l'apparition des premières théories écologiques susceptibles d'expliquer les caractéristiques particulières des peuplements abyssaux, dont la diversité se révèle infiniment plus élevée qu'on ne le croyait auparavant. L'une de ces théories repose sur la stabilité au cours du temps des facteurs physico-chimiques du milieu abyssal (principalement la température et la salinité), stabilité qui expliquerait cette diversité très élevée, les espèces ayant eu le temps nécessaire pour s'adapter de façon optimale au milieu. Une autre théorie fait intervenir le rôle de l'activité biologique elle-même pour maintenir la diversité, sans nier pour autant la constance des facteurs physico-chimiques. Dans les deux cas, on s'accordait au milieu des années 1970 pour admettre que l'océan profond, milieu caractérisé par une variation nulle ou très faible des principaux facteurs physico-chimiques, est peuplé d'espèces à durée de vie longue et aux besoins énergétiques réduits, c'est-à-dire d'espèces particulièrement bien adaptées aux conditions de vie en profondeur.

Les océanographes ont cherché à analyser les conditions de fonctionnement de ces communautés profondes. Les chercheurs soviétiques, les premiers, avaient systématiquement recherché un indice représentatif de la richesse d'un sédiment profond : ils pensaient au début des années soixante l'avoir trouvé en mesurant le taux de carbone sous forme organique présent dans les sédiments, le carbone organique particulaire représentant la source alimentaire des communautés bactériennes et animales. En grande profondeur, le taux de carbone organique varie entre 0,1 et 0,8 % du poids de sédiment. En fixant arbitrairement une limite entre les fonds pauvres ou oligotrophes et les zones riches ou eutrophes, les Soviétiques crurent pouvoir établir des cartes de la richesse des fonds du Pacifique Nord, qui constituait à cette époque leur zone de travail privilégiée. Malheureusement, on s'aperçut rapidement qu'il n'existait pas de relation simple entre le taux de carbone organique particulaire présent dans les sédiments et la biomasse de la faune abyssale effectivement présente dans ces mêmes fonds, et que cet indice ne permettait aucune prédiction réaliste de la biomasse.

On connaît aujourd'hui les raisons, multiples, de cette absence de corrélation. Tout d'abord, la totalité du carbone présent sous forme organique dans les sédiments n'est pas utilisable par les bactéries ou les animaux détritivores : il existe une fraction organique labile, biodisponible, et une autre fraction formée de composés organiques très stables. Ces composés organiques, produits finaux de la dégradation et de l'oxydation de la matière organique, ne sont pas utilisables par les organismes vivants, et constituent ainsi une réserve de carbone organique réfractaire, dont l'importance varie selon les zones et l'origine des apports de carbone. En second lieu, il faut tenir compte du taux de sédimentation, faible et surtout très variable d'une mer à une autre. La quantité de carbone labile présente dans les couches superficielles des sédiments représente le résultat intégré sur une période de temps de quelques siècles à quelques millénaires, selon le taux de sédimentation, d'un ensemble de processus dynamiques complexes : apport de carbone organique sous forme de particules provenant des couches éclairées de l'océan, utilisation des particules déposées par les organismes, bactéries et animaux, vivant sur le fond, enfouissement d'une partie des apports de particules par bioturbation et sédimentation, remise en suspension et entraînement d'une partie des particules déposées. Il est encore impossible de modéliser ces processus dont la mesure elle-même présente des difficultés techniques considérables.

Puisqu'il n'était pas possible de faire appel à la mesure d'un indice simple comme le taux de carbone organique présent dans les sédiments, on a cherché à analyser plus précisément les processus à la base de l'alimentation organique des écosystèmes profonds. Pour la faune abyssale, et à une distance suffisante de toute terre émergée d'où proviennent notamment des apports d'origine végétale, la nourriture disponible est issue en totalité des couches éclairées de l'océan, où les petits organismes végétaux et animaux du plancton élaborent à partir de la photosynthèse une grande quantité de matière organique, sous forme de petites particules (excréments, petits cadavres, détritus) mesurant quelques millièmes à quelques dixièmes de millimètres de diamètre. Tandis qu'elles descendent lentement vers le fond, à des vitesses comprises entre une centaine et quelques centaines de mètres par jour, ces particules sont progressivement attaquées par des bactéries, qui décomposent une partie de la matière organique de départ : pour une même quantité initiale, la proportion de carbone organique qui subsiste à l'arrivée sur le fond est d'autant plus faible que le trajet est long. Il est donc indispensable de connaître avec une précision satisfaisante les apports organiques au niveau même du fond, ainsi que leurs éventuelles variations saisonnières. A l'heure actuelle, on ne dispose que de quelques mesures préliminaires, qui ne permettent pas encore de préciser le bilan annuel des apports de carbone organique labile dans les grandes profondeurs. Ces recherches ont d'ailleurs pris une importance accrue dans la mesure où ces processus interviennent dans le cycle du gaz carbonique : la photosynthèse fixe dans les couches éclairées le gaz carbonique, et exporte une partie du carbone organique vers les grandes profondeurs. Dans le cadre de l'établissement des bilans de plus en plus précis qu'exige par exemple une bonne appréhension des conséquences sur la température de la planète de l'accroissement de la teneur de l'atmosphère en gaz carbonique et en méthane (effet de serre), le terme correspondant au carbone organique exporté depuis les couches éclairées vers les grandes profondeurs de l'océan ne peut être négligé.

Très récemment, une autre approche du lien entre faune abyssale et apports organiques particulaires a été utilisée : on a cherché à établir la relation existant entre, d'une part, la densité des différentes catégories dimensionnelles de la faune abyssale et, d'autre part, le flux de carbone enfoui, ce dernier terme étant déterminé à partir de la concentration moyenne de carbone organique dans les sédiments superficiels et du taux de sédimentation moyen au cours de l'Holocène (soit la période qui s'étend depuis 10 000 ans environ jusqu'à nos jours). En admettant une relative constance du taux de sédimentation pendant cette période, l'existence de cette relation dans différentes stations de l'Atlantique Nord et Sud ainsi que de la mer de Norvège montre que le flux de carbone qui se dépose à l'interface eau-sédiment est bien le paramètre de premier ordre contrôlant la distribution de la biomasse des peuplements benthiques profonds. Des hypothèses ont été faites, visant à relier le flux de carbone organique parvenant au fond à la quantité de carbone organique sédimenté dans les sédiments superficiels : on estime que 0,5 à 5 % seulement du flux de carbone organique parvenant au fond seraient enfouis dans les sédiments et ainsi soustraits au cycle général du carbone dans la biosphère.

Depuis une douzaine d'années, la mesure directe des flux particulaires organiques parvenant en grande profondeur s'est largement développée ; des pièges à particules, dont la forme n'est pas sans rappeler les pluviomètres des météorologistes, ont été mis au point et expérimentés en diverses régions du monde. On s'est rapidement aperçu que les valeurs obtenues étaient fortement influencées par les conditions photosynthétiques de surface, les taux les plus élevés étant enregistrés dans les stations situées sous des zones à forte productivité photosynthétique. On a pu également se rendre compte que les apports organiques particulaires dans les grandes profondeurs reproduisaient, avec quelques mois de retard liés au temps nécessaire pour que les particules formées en surface parviennent jusqu'au fond, les variations saisonnières de la production primaire. Ainsi, dans l'Atlantique Nord-Est, à des profondeurs de 2 à 3 000 m, on observe durant les mois de juin et de juillet des apports massifs de particules organiques de teinte foncée qui se déposent dans les petites dépressions du sédiment ; ces particules sont rapidement consommées par les organismes vivants, et, quelques semaines plus tard, on n'en trouve plus trace. Ce phénomène est particulièrement intéressant du point de vue de la biochronologie. En effet, il existe, au moins chez des espèces vivant entre 2 et 3 000 m, une périodicité indiscutable de certains phénomènes biologiques, en particulier de la reproduction. La question se pose de savoir sur quel signal géophysique ces animaux abyssaux, vivant dans une obscurité permanente totale, en l'absence de variation de la température de l'eau de mer, peuvent caler leur horloge biologique. La saisonnalité marquée des apports organiques d'origine euphotique pourrait constituer un tel signal, soit purement quantitatif (variation brutale des apports journaliers de carbone organique), soit qualitatif (au cours de la floraison phytoplanctonique, diverses espèces d'algues unicellulaires se succèdent et produisent des composés de type différent, en particulier lipidiques). La question a trouvé un début de réponse avec la mise en évidence de rythmes annuels de reproduction sexuelle chez des anémones de mer et des échinodermes.

Une autre particularité des écosystèmes abyssaux a été mise en évidence grâce au développement de la photographie sous-marine en grande profondeur. Les biologistes savaient qu'il existe dans l'océan profond des animaux carnivores d'assez grande taille, principalement des crustacés amphipodes, des requins, des chimères et des poissons osseux. Au cours des campagnes océanographiques, de nombreux spécimens avaient été recueillis et décrits, sans que l'on puisse dépasser à cette époque l'exploration zoologique. Un précurseur, le prince Albert Ier de Monaco, avait eu l'idée d'expérimenter en grande profondeur des nasses appâtées, et avait rapporté quelques spécimens intéressants. Mais ses tentatives n'avaient pas été suivies, et on savait en fait très peu de choses sur l'importance de ces carnivores de profondeur, aussi bien que sur leur régime alimentaire.

Après la Seconde Guerre mondiale, l'utilisation systématique de bennes et de dragues à mailles très fines, incapables de capturer ces grands organismes, contribua à asseoir l'idée que ces animaux carnivores de profondeur étaient très rares et ne jouaient par conséquent qu'un rôle négligeable dans le fonctionnement général de l'écosystème profond. La photographie sous-marine en grande profondeur, systématiquement utilisée par les océanographes à partir des années 1960, a modifié de façon spectaculaire les connaissances. Certes, les premières opérations, consistant à descendre au bout d'un câble un bâti équipé d'un appareil photographique et d'un flash électronique, l'ensemble étant déclenché par contact avec le fond, n'apportèrent guère de résultats : un spécialiste américain précise même qu'il lui fallut prendre cinq mille clichés, avant de voir enfin sur une photographie l'extrémité postérieure d'un poisson... Pour des photographies prises à l'aveuglette, une telle probabilité n'a rien de surprenant.

A partir des années soixante-dix, de nouvelles techniques furent imaginées : des systèmes photographiques montés sur un mouillage comprenant un lest largable et un ensemble de flottabilité peuvent demeurer au fond pendant plusieurs heures ou plusieurs jours ; la cadence de prise de vue est programmable. On eut surtout l'idée de disposer dans le champ de l'appareil photographique des appâts, constitués de morceaux de poissons ou de céphalopodes. Les résultats ne se firent pas attendre et dépassèrent les espérances des plus optimistes. Quelques dizaines de minutes à quelques heures après l'arrivée de l'appât sur le fond, les grandes formes carnivores, poissons et crustacés, apparaissent sur les clichés. Des concentrations impressionnantes ont été observées, jusqu'aux plus grandes profondeurs. Des poissons de très grande taille appartenant au groupe des requins (entre 2 et 6 m de longueur environ) ont été également observés. Ces premières observations ont contribué à poursuivre les recherches en vue de quantifier la biomasse représentée par ces animaux carnivores. En adoptant quelques hypothèses réalistes sur la vitesse de diffusion des effluves de l'appât par les courants dans un certain volume d'eau et la vitesse de nage des poissons charognards, on a pu démontrer que la biomasse des animaux charognards était sensiblement équivalente à celle de l'ensemble des animaux vivant à la surface ou dans les sédiments et se nourrissant à partir des particules organiques venues des couches éclairées. Du point de vue écologique, une telle situation est paradoxale : on estime de 15 à 20 % environ le rendement du transfert d'énergie entre les animaux herbivores (auxquels on peut, en milieu abyssal, assimiler les formes détritivores se nourrissant de petites particules) et le premier échelon carnivore, et à 10 % seulement le rendement entre deux échelons carnivores successifs. Il est donc impossible que les carnivores abyssaux puissent se nourrir aux dépens de ces formes détritivores, et une autre source de nourriture doit être recherchée. On s'est d'ailleurs aperçu que les organismes charognards présentaient, selon les espèces, des différences de comportement remarquables. Les grands amphipodes, puces de mer géantes pouvant atteindre une vingtaine de centimètres de longueur, recherchent leur nourriture à quelques dizaines de mètres au-dessus du fond ; on a même pu montrer qu'il existe une certaine distribution en altitude entre les individus d'âge différent. Ces animaux présentent d'intéressantes adaptations à leur mode de subsistance. Ainsi, en temps normal, leur métabolisme est très bas ; dès qu'ils perçoivent une odeur d'appât dans l'eau de mer, ils entrent rapidement en activité ; en très peu de temps, ils se gorgent de nourriture, qu'ils stockent en partie sous forme de molécules hautement énergétiques, les phospholipides. Ils peuvent également, lorsque l'occasion se présente, s'attaquer à des proies de très grande taille ; au cours d'un mouillage d'une nasse par 4 000 m de fond dans le golfe de Gascogne, ces amphipodes carnassiers sont parvenus à mettre à mort, puis à dévorer aux deux tiers, un grand poisson macrouridé d'une soixantaine de centimètres de longueur entré dans la nasse ; or, la nasse en question offrait un volume d'une dizaine de mètres cubes, et le mouillage n'avait pas dépassé une douzaine d'heures ; en revanche, plus de trois cents amphipodes ont été récoltés lors de la remontée de la nasse. Les poissons, eux, demeurent près du fond. Les poissons osseux apparaissent les premiers (macrouridés, synaphobranchidés, moridés, etc.) ; ce n'est que plusieurs heures après qu'apparaissent les premiers requins, bientôt suivis des chimères ; tous ces poissons s'approchent de l'appât le museau presque sur le fond. Certaines photographies montrent des accumulations exceptionnelles de poissons en quête de nourriture. Ainsi, deux types de charognards exploitent les dépouilles de grands animaux qui parviennent au fond : des amphipodes géants, vivant à quelques dizaines de mètres au-dessus du fond, des poissons divers confinés dans le premier mètre d'eau au contact avec le fond. L'analogie avec les charognards des savanes tropicales est évidente : les amphipodes y sont remplacés par les rapaces, les poissons par les hyènes et les chacals.

Contrairement au cas des animaux détritivores, chez lesquels on a pu établir une relation entre densités et quantité de carbone organique particulaire, il n'a pas été possible jusqu'à présent de quantifier les apports de cadavres parvenant naturellement dans les grandes profondeurs. Qualitativement, on sait qu'il s'agit principalement des cadavres de grands poissons pélagiques (thons, marlins, espadons, divers requins, etc.), de céphalopodes, de reptiles marins (tortues marines) et bien entendu des cétacés. Quantitativement, il est bien difficile de préciser la quantité de carbone organique ainsi véhiculée depuis la surface jusqu'aux plus grandes profondeurs. Par rapport aux minuscules particules organiques qui mettent plusieurs mois à atteindre le fond, ces carcasses tombent rapidement : le transfert vertical de matière organique est assuré avec un très bon rendement. On peut donc s'attendre à rencontrer jusqu'aux plus grandes profondeurs ces organismes charognards : ce n'est pas, en tout cas, la diminution de la nourriture qui en limite le nombre ! Les quelques indications dont on peut disposer ne permettent pas de se faire une idée satisfaisante du bilan des apports. Par exemple, les thons, dont l'exploitation par la pêche fournit annuellement un peu plus de 2,5 millions de tonnes, apportent vraisemblablement à l'océan profond, par mortalité naturelle, un chiffre au moins équivalent, sous forme de cadavres dont le poids varie entre quelques dizaines et quelques centaines de kilos. Rapporté à la surface de l'océan profond, ce chiffre ne représente guère plus de 1 mg de matière organique par mètre carré et par an ; par rapport à cette valeur, le flux de particules parvenant à 3 000 m de fond dans le golfe de Gascogne dépasse sensiblement 1,5 g de carbone organique par mètre carré et par an, soit trois ordres de grandeur de plus ! Il faudrait pouvoir estimer avec exactitude la totalité des apports de cadavres de grands animaux pélagiques, qu'ils fassent ou non l'objet d'une exploitation, pour rapprocher la biomasse d'animaux charognards profonds avec la source de matière organique dont ils dépendent.

Les possibilités offertes par les techniques modernes ont également conduit à s'intéresser aux processus de recolonisation d'un substrat préalablement débarrassé de toute forme de vie et convenablement enrichi en matière organique. Cette méthode, utilisée avec succès par petite profondeur, permet par exemple de mesurer des vitesses de croissance ou de déterminer des périodes d'arrivée de larves à l'issue de leur vie pélagique. Certaines de ces expériences utilisant des sédiments fortement enrichis en matière organique ont révélé l'existence d'espèces d'invertébrés dont la stratégie de type opportuniste est en contradiction avec la théorie. Ainsi, par plus de 4 000 m de profondeur dans le golfe de Gascogne, on a découvert dans les coupelles emplies de sédiment enrichi une espèce nouvelle de ver annelé aphroditien de grande taille, appartenant à un genre également nouveau pour la science. Dans cette station, où une centaine d'opérations de prélèvements avaient été effectuées avec une large gamme d'engins, il est à peu près exclu que cette annélide soit passée inaperçue. Force est donc d'admettre qu'elle est présente, de manière très localisée, tirant parti des masses organiques en décomposition ; ses larves, transportées passivement par les courants profonds, peuvent rencontrer un substrat organique favorable et s'y développer rapidement, créant ainsi un nouveau foyer transitoire de dissémination. De proche en proche, ces formes opportunistes incapables de chercher activement leur source de nourriture, parviennent ainsi à subsister dans les grandes profondeurs.

Contrairement à ce que l'on pense généralement, les recherches zoologiques sur les animaux de profondeur se poursuivent actuellement avec un « rendement » aussi intéressant qu'il y a une cinquantaine d'années. Certes, des zones comme l'Atlantique Nord-Est commencent à être relativement bien connues. En revanche, des régions comme l'océan Indien et surtout le Pacifique, en particulier le Pacifique Sud-Occidental, font l'objet de découvertes zoologiques tout à fait originales, avec une proportion particulièrement élevée de fossiles vivants parfois de grande taille, comme par exemple un grand crustacé décapode proche des langoustes actuelles, découvert au large des Philippines. On a pu également confirmer le rôle particulier vis-à-vis de la persistance des espèces des marges continentales, c'est-à-dire des profondeurs comprises entre 200 et 3 000 m environ : ces zones présentent une proportion de formes anciennes plus élevée qu'à plus grande profondeur.

L'introduction des résultats de la théorie de la tectonique des plaques en biologie abyssale a permis d'expliquer les peuplements abyssaux particulièrement peu variés de certaines mers comme la mer de Norvège : il s'agit d'un bassin profond formé il y a 15 à 20 millions d'années, c'est-à-dire relativement jeune. L'existence de seuils peu profonds au nord et d'un écoulement d'eau froide norvégienne au sud, sur la ride de Wyville Thompson, s'est opposée à

CARTE DU FOND DES OCÉANS

dressée sous la direction scientifique de
Xavier Le Pichon
du Centre National pour l'Exploitation des Océans
et d'après les relevés bathymétriques établis par
Bruce C. Heezen et Marie Tharp
du Lamont Doberty Geological Observatory
(Université de Columbia)

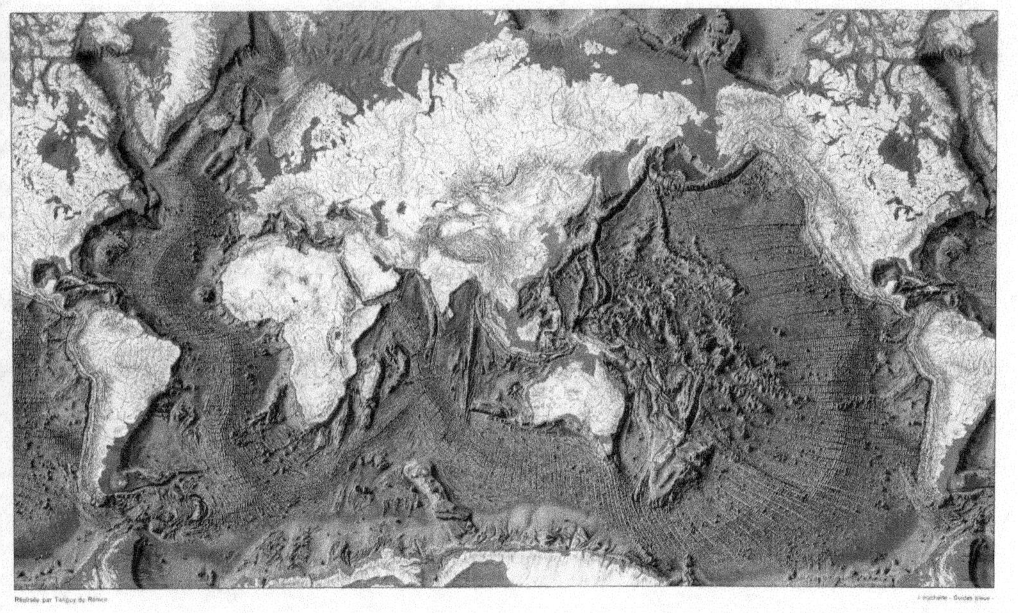

la pénétration active de représentants de la faune abyssale de l'Atlantique Nord et de l'océan Arctique, et ce sont des espèces d'origine littorale de haute latitude qui se sont adaptées à la vie en profondeur. En Méditerranée, les avatars subis par cette mer il y a 6 millions d'années environ (assèchement presque complet consécutif à la fermeture du seuil de Gibraltar, avec dépôts salins), le fort courant de sortie des eaux méditerranéennes à Gibraltar, permettent d'expliquer qu'il n'existe pratiquement pas de véritable faune abyssale en Méditerranée. Jusqu'à présent, ces réflexions n'ont pas été reprises à l'échelle de l'océan mondial. Une des difficultés rencontrées par les évolutionnistes vient de ce que les vitesses d'évolution taxonomique (entre deux espèces, entre deux genres, etc.) sont très variables selon les groupes zoologiques considérés. On ne peut donc considérer globalement l'ensemble de la faune abyssale, et chaque groupe doit faire l'objet d'une étude particulière.

Quoi qu'il en soit, ces résultats, obtenus depuis une vingtaine d'années environ, confirment la très grande originalité de l'écosystème abyssal : un des rares écosystèmes totalement dépourvus de production primaire locale (caractéristique commune avec les peuplements cavernicoles), il présente la particularité de comporter deux groupes trophiques adaptés aux ressources en matière organique formées de deux classes de particules, des micro-particules à vitesse de transfert faible, régulièrement réparties, des macro-particules à vitesse de transfert rapide ; ces deux groupes trophiques n'entretiennent que peu ou pas de relations fonctionnelles et se bornent à coexister à l'interface eau-sédiment profond. Fortement contraint par la disponibilité en matière organique, l'écosystème profond a su s'adapter aux rigoureuses conditions physico-chimiques de l'océan profond ; ni l'obscurité complète, ni la température très basse, ni les très fortes pressions, ne constituent des obstacles insurmontables à la puissance colonisatrice du vivant.

Chapitre 3

A la conquête
des grandes profondeurs

Puisque l'homme ne manifeste guère d'aptitudes pour s'adapter aux conditions physico-chimiques des milieux profonds, une autre solution consiste évidemment à recréer autour de lui, dans une enceinte résistante, les conditions auxquelles il est adapté.

Au début du XXᵉ siècle, les progrès techniques autorisent la construction de tourelles d'observation, inventées par l'Anglais Robert Davis en 1912, et de scaphandres semi-rigides capables d'atteindre des profondeurs comprises entre 100 et 200 m selon les modèles, destinés au travail sur le plateau continental. Le scaphandre rigide de Neufelt-Kuhnke, construit en 1923 et résistant à 200 m de profondeur, ou celui de Galleazzi, préfigurent les scaphandres rigides modernes tel que le scaphandre américain JIM ; mais ces lourdes cuirasses aux bras terminés par des pinces à deux mors ne permettent pratiquement aucun mouvement de la part du scaphandrier, qui se borne à observer. Un modèle canadien moderne est équipé de propulseurs à hélice commandés par le scaphandrier, qui peut ainsi se déplacer sur le fond. Les scaphandres semi-rigides les plus récents peuvent atteindre 300 à 400 m de profondeur. Scaphandres rigides et tourelles ont été essentiellement utilisés pour la recherche d'épaves sur le plateau continental et la récupération de cargaisons précieuses. Personne, cependant, n'imaginait à cette époque que l'homme, protégé dans un habitacle suffisamment résistant, pourrait pénétrer plus profondément encore dans les profondeurs de l'océan.

Dans les scaphandres rigides et les tourelles d'observation, le plongeur est maintenu à la pression atmosphérique, ce qui lui permet d'effectuer des séjours de longue durée, sans aucun souci des contraintes physiologiques ; aussi, ces engins relativement rustiques ont-ils enregistré de remarquables succès : en France, l'une des interventions les plus connues effectuées avec une tourelle de Galleazzi est la récupération de l'or transporté par le paquebot britannique *Egypt*, coulé à vingt milles dans le sud-ouest d'Ouessant à la suite d'une collision avec un cargo français, le *Seine*, le 20 mai 1922. L'*Egypt* transportait dans une chambre forte cinq tonnes d'or et deux tonnes d'argent ; les opérations de récupération de ce trésor reposant à 120 m de profondeur ont été entreprises en 1929 par un groupe italien. Il fallut d'abord retrouver l'épave ; à cette époque, il n'existait pas de sondeurs acoustiques, et c'est par dragages que le navire italien *Artiglio* put au bout d'un an de recherches localiser l'épave de l'*Egypt*. Restait à pénétrer à l'intérieur du navire pour accéder à la chambre forte, placée comme il se doit dans les fonds du navire ; pour cela, le responsable de l'opération, le commandatore Giovanni Quaglia, imagina d'ouvrir le navire à coups d'explosifs, les charges explosives étant mises en place depuis la surface selon les indications d'un observateur descendu dans une tourelle de Galleazzi. Après chaque explosion, une pince métallique multi-prises, sorte d'immense pince à sucre munie de huit griffes préhensiles, retirait les fragments de tôle sous la direction de l'observateur en plongée. Au cours des travaux, chargé par la Marine française de détruire une autre épave chargée d'explosifs coulée au cours de la Première Guerre mondiale, le navire italien, qui avait malencontreusement dérivé à l'aplomb exact de la dangereuse épave, sombra corps et biens, entraîné dans une formidable explosion... Loin de se décourager, les Italiens réunissent une nouvelle équipe, arment un nouvel *Artiglio*, et reviennent à Brest. Enfin, le 22 juin 1932, le succès est au rendez-vous : la pince multi-prises rapporte à la surface les premiers lingots d'or et d'argent. En quelques semaines de travail, les trois quarts de la cargaison sont récupérés.

Cette opération remarquablement conduite illustre bien les limites de la pénétration humaine dans l'univers sous-marin entre les deux guerres : cent vingt mètres de profondeur. Une autre opération, elle aussi destinée à récupérer un chargement d'or, eut lieu quelques années après la fin de la Seconde Guerre mondiale en Nouvelle-Zélande, sur l'épave du *Niagara* : la profondeur atteignait 140 m, profondeur considérée comme une limite infranchissable. Après bien des péripéties, au cours desquelles la tourelle de plongée faillit s'engager dans les tôles déchiquetées de l'épave éventrée, on parvint à remonter à la surface la presque totalité de la précieuse cargaison.

C'est pourtant à la même époque que deux Américains, William Beebe et Otis Barton, entreprennent d'atteindre la profondeur considérable de 900 m, à l'aide d'une sphère baptisée « bathysphère ». Cette extraordinaire aventure, qui s'est déroulée entre 1930 et 1934, a véritablement ouvert la voie à la pénétration humaine en grande profondeur ; en même temps, et pour la première fois peut-être depuis que l'homme se souciait de descendre dans les profondeurs marines, la motivation des deux pionniers est d'ordre strictement scientifique : étudier les poissons et les crustacés pélagiques abyssaux.

W. Beebe était un biologiste, travaillant pour le compte de la Société zoologique de New York. Il dirigeait la petite section d'études tropicales de cette société savante. Après avoir fait ses premières armes dans la forêt tropicale de la Guyane anglaise, où il avait étudié les peuplements arboricoles, notamment les oiseaux, il avait été chargé à partir de 1920 d'un programme d'étude des récifs coralliens des Bermudes. Pour pouvoir visiter à loisir ce qu'il appelait de manière imagée le « Royaume du Casque », Beebe avait fait l'apprentissage de la plongée en scaphandre. Il avait eu ensuite l'occasion de plonger dans d'autres régions du monde, en particulier sur les côtes de Nouvelle-Angleterre et dans certaines régions du Pacifique tropical. Mais le simple scaphandre à casque ne lui permettait pas de descendre aussi profondément qu'il le souhaitait ; les scaphandres rigides qui existaient à cette époque aux Etats-Unis, en Allemagne, en Italie, étaient trop peu maniables.

W. Beebe raconte qu'il avait eu l'occasion, au cours d'une soirée, de discuter avec le président Theodore Roosevelt des moyens qui permettraient à l'homme d'atteindre les grandes profondeurs ; le président avait, dit-il, retenu la sphère, alors que lui-même optait pour le cylindre. Pendant les années 1927 et 1928, Beebe étudia différents plans de cylindres capables d'atteindre de grandes profondeurs. Très vite, il s'aperçut qu'il était impossible sans aboutir à un poids rédhibitoire de conserver les extrémités plates, le fond et le couvercle du cylindre : la pression de l'eau les déformait rapidement. C'est ainsi qu'il revint à l'idée de la sphère, car, précise-t-il naïvement, « rien n'est préférable à une boule pour l'égale répartition de la pression ». Bien entendu, cette sphère plus lourde que l'eau serait suspendue à un câble, ce qui permettrait également de disposer d'une alimentation en énergie électrique pour l'éclairage et d'une communication téléphonique avec la surface. Il restait à réaliser un tel projet, qui, en 1928, représentait un véritable défi technologique.

En 1925, Beebe avait eu l'occasion de participer à une campagne océanographique organisée par la Société zoologique de New York, campagne de dragages et de pêches pélagiques entre 200 et 1 000 m de profondeur au large des Bermudes. Il avait été fasciné par les formes et les livrées brillamment colorées de la plupart des poissons pélagiques profonds, qui possèdent en outre des organes lumineux ou photophores ; la lumière est produite par biolumi-nescence et la présence de ces photophores souvent disposés sur la face ventrale du corps permet aux animaux de se confondre avec la surface éclairée, aux yeux d'un prédateur situé plus profondé-ment. Nul doute que cette découverte du monde des abysses ait contribué à la nouvelle orientation de ses activités.

Beebe avait également fait la connaissance d'Otis Barton, qui s'intéressait aussi à la plongée et aux beautés du monde sous-marin. Barton avait dessiné une chambre de plongée sphérique qu'il avait fait construire en 1929 [1]. Un premier modèle d'un poids de huit tonnes avait été abandonné, faute de pouvoir disposer, dans la région des Bermudes, d'un treuil suffisamment puissant pour manœuvrer une telle masse sans risques. La sphère définitive pesait 2 250 kg ; elle avait un diamètre de 1,45 m seulement et une épaisseur d'au moins 3,75 cm ; dans l'eau, elle pesait 875 kg. Elle était munie d'une porte de 180 kg, fixée sur le trou d'homme de 35 cm de diamètre par dix gros boulons. Cette porte avait une garniture de métal (joint de cuivre) qui s'emboîtait dans une rainure peu pro-fonde. Le joint était, d'après Barton, parfaitement étanche à 700 m de profondeur, lorsque les garnitures de papier étaient convena-blement enduites de céruse, le serrage étant assuré par une collerette d'acier fixée à l'extrémité par une série de boulons. A faible pro-fondeur, de légères fuites étaient fréquentes. Au centre de la porte se trouvait un écrou à oreilles pouvant être rapidement vissé et dévissé. Pour observer l'extérieur, la sphère était pourvue de trois avancées cylindriques semblables à de courts canons, garnies de

---

1. Avec l'aide de MM. Butler et Barret, de la Société Cox & Stevens. La chambre de plongée qu'ils avaient dessinée fut construite par la Société Watson-Stillman Hydraulic Machinery & Co.

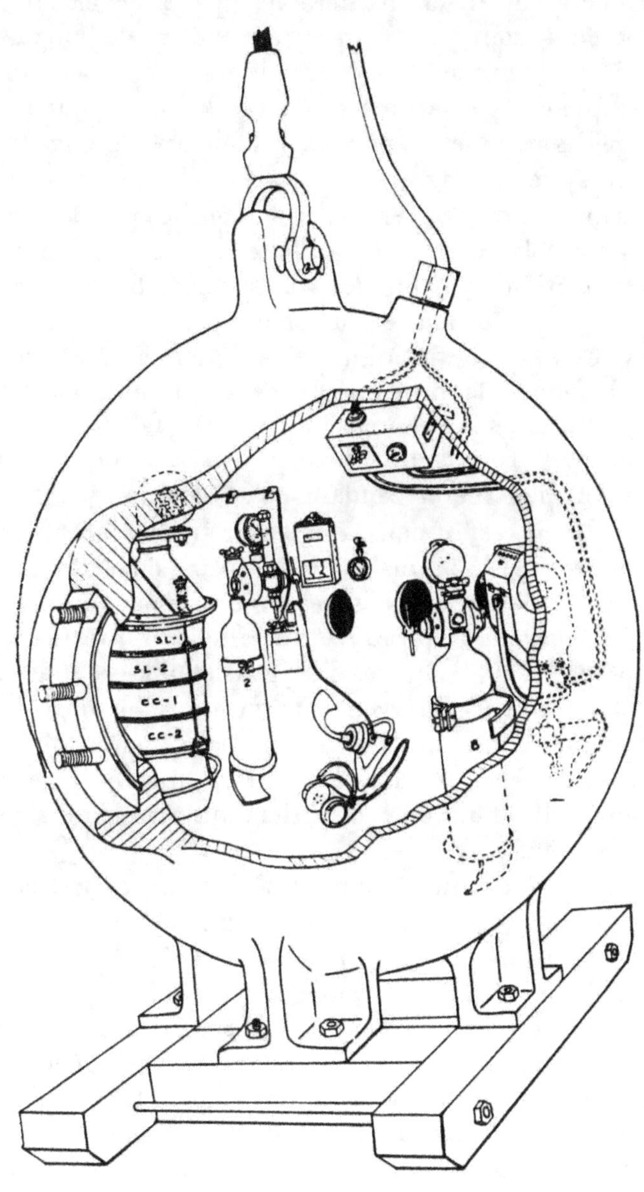

La bathysphère de W. Beebe et O. Barton.

hublots de quartz. Le câble porteur avait environ 2 cm d'épaisseur ; fabriqué en acier, de manière à ne pas tourner sur lui-même sous l'effet de la tension, il mesurait 950 m de longueur et pouvait supporter 29 tonnes. Sous l'eau, il pesait 2 tonnes environ. Le câble électrique comprenait deux gros conducteurs pour l'énergie et deux plus petits pour le téléphone ; il était fixé le long du câble porteur par un système d'agrafes ; il avait tendance à s'enrouler autour de ce dernier, et on dut remplacer les agrafes par des liens plus lâches, permettant la rotation du câble électrique. Le point critique était la pénétration du câble dans la sphère : Barton avait imaginé un presse-étoupe en haut de la sphère, comportant deux écrous creux. Le système se montra à l'usage parfaitement étanche ; en revanche, sous l'effet de la pression de l'eau, le câble électrique pénétrait lentement dans la sphère... Barton avait fait fabriquer cinq hublots de quartz ; trois d'entre eux se brisèrent ou furent ébréchés au cours du montage et pendant des essais de mise en pression intérieure ; il en restait deux, qui servirent pendant deux ans et furent remplacés en 1932 ; quant à la troisième ouverture, faute de hublot, elle fut condamnée et obturée avec un bouchon de métal.

L'appareil respiratoire installé à l'intérieur de la sphère comprenait deux bouteilles d'oxygène équipées d'une soupape capable de débiter 2 litres d'oxygène à la minute, et deux plateaux en mailles métalliques contenant l'un de la chaux sodée qui absorbait le gaz carbonique rejeté par les plongeurs, l'autre du chlorure de calcium qui absorbait l'humidité ; de petits ventilateurs brassaient l'air autour des plateaux.

La sphère, équipée d'un socle servant de lest et permettant de la poser facilement sur le pont d'un navire, fut installée sur un chaland, le *Ready* ; un remorqueur, le *Gladisfen*, devait amener le chaland sur les lieux de plongée. Le chaland comportait un treuil à vapeur de 7 tonnes, déjà utilisé pour des expéditions océanographiques classiques, deux chaudières, un petit générateur électrique et un mât de charge permettant de déborder la sphère au moment de la mise à l'eau. Beebe et Barton réunirent une équipe d'une trentaine de personnes pour la mise en œuvre de la bathysphère.

La première campagne de plongée débuta au printemps 1930, à partir de l'île de Nonsuch aux Bermudes. La première plongée à vide eut lieu le 30 juin 1930, jusqu'à une profondeur de 600 m. La remontée prit un certain temps puisque le câble électrique fit plus de 45 tours autour du câble porteur ; la bathysphère contenait un peu d'eau. Après une seconde plongée à vide à 450 m, à la suite de laquelle « il y avait seulement un litre d'eau à l'intérieur », Beebe et Barton fixèrent la première plongée habitée au 6 juin 1930. Le serrage des dix écrous de la porte, qu'il fallut bloquer au marteau pour éviter au maximum les entrées d'eau, mit les nerfs des passagers à rude épreuve : on imagine les échos assourdissants auxquels étaient soumis leurs tympans. Pendant la plongée, nouvelle alarme à 90 m de profondeur : un filet d'eau coulait à la base de la porte à l'intérieur de la sphère ; mais heureusement, plus profondément, la pression de l'eau sur la porte réduisit cette fuite. Beebe a noté avec beaucoup de poésie le changement de spectre lumineux au fur et à mesure de cette première descente : « C'était seulement en fermant et en rouvrant mes yeux que je pouvais me rendre compte de l'effroyable lenteur avec laquelle le bleu fonçait. Sur terre, par une nuit de lune, il m'est toujours possible d'imaginer l'or des rayons du soleil, ou le pourpre de floraisons invisibles, mais ici, lorsque le projecteur était éteint, le jaune, l'orange et le rouge étaient mentalement inévocables. Ce bleu qui remplissait tout interdisait de penser à d'autres couleurs. » Beebe décida d'interrompre la plongée à 240 m, et une heure après son départ, la bathysphère était de retour sur le pont du *Ready*. Il restait aux courageux plongeurs à supporter à nouveau les charmes de la séance de martelage des écrous de la porte, avant de retrouver le soleil éclatant dont la couleur, ajoute Beebe, « ne sera désormais plus jamais pour moi aussi belle que le bleu ».

Le 11 juin, Beebe et Barton atteignirent 425 m de profondeur au cours de leur quatrième plongée ; un poisson-pilote, attiré par un appât fixé sur la sphère, la suivit jusqu'à 90 m de profondeur. A partir de 120 m, Beebe reconnut les premiers poissons-lanternes (Myctophidés) et les *Cyclothone* à bouche ronde. Plus profondément, Beebe observa, pour la première fois au monde, des poissons-hachettes (*Sternoptyx* et *Argyropelecus*) vivants. A 300 m, une anguille des profondeurs (*Serrivomer*) s'approcha un instant de la bathysphère. A 330 m apparurent plusieurs poissons à queue de rat, pourvus de curieux photophores ternes vert foncé, inconnus de Beebe. Après un bref séjour à 426 m de profondeur, la bathysphère fut remontée sans difficulté à bord du chaland en quarante-trois minutes. La campagne de 1930 s'acheva par quatre plongées destinées à observer les fonds coralliens, entre 10 et 40 m de profondeur, le chaland étant remorqué lentement au-dessus du fond : manœuvre délicate, qui n'alla pas sans quelques heurts de la bathysphère avec le fond.

De retour à New York, O. Barton fit don de l'appareil à la Société zoologique de New York, qui avait organisé l'expédition.

Deux ans plus tard, Beebe et Barton entreprenaient une nouvelle campagne de plongées dans la même région. Une première plongée d'essai effectuée le 7 septembre 1932 faillit se terminer tragiquement : la bathysphère s'était aux trois quarts emplie d'eau, et c'est une véritable bombe qui se posa sur le pont du chaland. Inconscient du danger, Beebe se mit en devoir de desserrer l'écrou à oreille de la porte, en se tenant toutefois sur le côté ; au dernier tour, l'écrou fut projeté comme un boulet de canon, et entailla l'acier du treuil situé à 10 m de là sur un centimètre de profondeur, pendant qu'un puissant jet d'eau de mer et de vapeur s'échappait hors de la sphère ! Le 16 septembre, nouvelle plongée à 900 m de fond ; à la remontée, la bathysphère était encore emplie d'eau sous pression. La troisième plongée à vide fut la bonne : la bathysphère atteignit 900 m et remonta l'intérieur parfaitement sec et le 22 septembre, Beebe et Barton plongèrent à 660 m de profondeur. Au cours de cette plongée, Beebe découvrit une espèce inconnue de poisson mélanostomiatidé, qu'il baptisa *Bathysphaera intacta*, le poisson bathysphère intouchable. Plus profondément, il reconnut les pseudo-écailles hexagonales caractéristiques et les longues dents acérées d'un poisson-sabre *(Chauliodus)*. Au cours de cette plongée, les commentaires de Beebe, entre 450 et 660 m de profondeur, furent retransmis par ondes courtes jusqu'à l'émetteur de Saint-Georges des Bermudes, puis, grâce à une autre liaison sans-fil d'AT&T, diffusés en direct sur le réseau de la National Broadcast Company. Pour la première fois, des centaines de milliers d'hommes entendirent un homme leur parler d'un demi-kilomètre sous la surface de l'océan.

La bathysphère passa l'année 1933 dans le pavillon des sciences de la Foire de Chicago ; détail qui a son importance, elle était placée à côté de la nacelle stratosphérique du professeur Auguste Piccard, qui venait d'atteindre l'altitude de 16 000 m. Ce fut au cours de cette exposition que la National Geographic Society manifesta son intérêt pour une nouvelle campagne de plongées qu'elle patronnerait. Equipée de nouveaux appareils, la bathysphère reprit le chemin de l'île de Nonsuch. La première plongée, en juillet 1934, faillit se terminer mal : les plongeurs remontèrent avec 30 cm d'eau au fond de la sphère... Le 11 août, après une plongée à vide, Beebe et Barton atteignirent la profondeur record de 753 m. La curiosité ichtyologique de Beebe était satisfaite : il avait découvert plusieurs formes inconnues, une espèce de baudroie abyssale tri-stellée *(Bathyceratias trilynchus)*, un poisson blafard *(Bathyembryx istiophasma)* et surtout un poisson constellation à cinq lignes *(Bathysidus pentagrammus)*, qui, nous dit-il, « demeurera dans ma mémoire comme une des choses les plus ravissantes que j'ai jamais vues ». Sur le plan scientifique, ces descriptions non fondées sur l'étude d'un spécimen type ne sont pas acceptées par le Code international de nomenclature zoologique ; elles constituent autant de *nomina nuda*. En l'occurrence, Beebe n'avait pas le choix, et on comprend volontiers qu'il ait voulu laisser ainsi une trace de ses observations. Jusqu'à présent, personne n'a capturé des poissons inconnus susceptibles de correspondre aux descriptions de Beebe, mais cela peut tenir au fait que Beebe avait la chance – ou la malchance – d'observer des animaux vivants, avec tous les feux de leurs photophores ; il y avait là de quoi déformer la réalité. Le 15 août, nouvelle et dernière plongée record des deux hommes, qui demeurèrent quelques minutes à 906 m avant de remonter ; au cours de cette plongée, à 750 m de profondeur, Beebe aperçut quelques secondes une immense forme nébuleuse, sans nageoires ni yeux, au contour ombré, mesurant au moins 6 m de longueur. S'agissait-il d'une baleine, d'un requin géant ? Impossible de le préciser, tant la vision fut fugitive.

Beebe, excellent naturaliste, a pu ainsi, pour la première fois, observer et identifier des individus vivants appartenant à des dizaines d'espèces de poissons pélagiques, de crustacés, de mollusques ptéropodes ; ses observations, complétées par quelques photographies prises à travers le hublot, constituent les premières données sur le comportement de ces animaux mal connus (mode de nage, groupement en bancs, orientation dans l'espace, etc.). Il a été le premier à observer le réflexe de fuite devant la lumière de la plupart de ces espèces qui vivent entre 200 et 700 m de profondeur, c'est-à-dire dans une gamme de profondeur encore influencée par l'éclairement solaire. On découvrira avec surprise que, beaucoup plus profondément, les espèces abyssales, même lorsqu'elles ont des yeux, sont en apparence insensibles aux puissants projecteurs des sous-marins.

Par la suite, Otis Barton continua de s'intéresser à la technique de la bathysphère ; il fit construire après la guerre un nouvel engin, qu'il baptisa « benthoscope », avec lequel il atteignit en 1948 la profondeur de 1 360 m. Il était difficile de descendre plus bas sans arriver à des poids et à des dimensions impraticables. En outre, certaines plongées avaient montré le danger que couraient les plongeurs en cas de mauvais temps : les mouvements de pilonnement du chaland, répercutés par le câble porteur à la sphère, provoquaient des surtensions susceptibles d'entraîner la rupture du câble ou une avarie de treuil. Enfin, la bathysphère est, par définition, incapable de tout déplacement propre. Il fallait donc s'orienter dans une tout autre direction, et rompre le dernier lien avec la surface.

Il revint au professeur suisse Auguste Piccard, inventeur du ballon stratosphérique destiné à étudier les rayons cosmiques, d'imaginer le concept du bathyscaphe, bateau des profondeurs, et de réaliser immédiatement après la guerre un premier engin. Avant lui, un ingénieur belge, de Vos, avait déposé auprès du Fonds national de recherche scientifique, en 1931, un projet de machine destinée à descendre à 10 000 m de profondeur, transposant le principe du ballon stratosphérique au domaine marin ; la machine imaginée par de Vos comportait une grande enveloppe remplie d'essence à laquelle une sphère résistant à la pression était suspendue par un filet ; un réservoir disposé sous la sphère contenait du mercure, dont le pilote commandait à volonté le largage par l'intermédiaire d'une vanne électrique. Ce projet, qui ne fut jamais concrétisé, ne tenait aucun compte des caractéristiques hydrodynamiques de l'océan : il est évident que, même par mer parfaitement calme, la mise à l'eau et la manœuvre d'un tel ensemble auraient été à peu près impossibles. Néanmoins, dans le principe, il s'agissait bien du premier bathyscaphe.

A. Piccard eut-il l'occasion de voir la bathysphère de Beebe et Barton lors de la Foire de Chicago, où sa nacelle stratosphérique était exposée à côté de l'engin américain ? P. de Latil l'affirme, précisant que Piccard avait, à l'occasion de la Foire de Chicago, effectué un voyage aux Etats-Unis où, d'ailleurs, son frère jumeau Jean professait la physique ; d'après de Latil, Piccard connut Beebe, le fit longuement parler de ses explorations sous-marines et se convainquit plus encore des gros défauts de la formule d'une sphère suspendue à un câble. Que cette rencontre ait ou non eu lieu n'a pas une grande importance : l'imagination fertile du physicien suisse n'avait pas besoin de ce rapprochement. Quoi qu'il en soit, dès 1939, Piccard obtenait des autorités belges les moyens financiers nécessaires à la réalisation de sa nouvelle invention, qu'il avait baptisée la « thalassosphère », « pour un projet d'exploration sous-marine belge ». La guerre vint interrompre les études préliminaires sur le comportement de différents matériaux et de diverses enceintes sous hautes pressions. Après la fin de la guerre, Piccard reprit son projet, qu'il proposa d'appeler « bathyscaphe », et il obtint à nouveau du Fonds national de la recherche scientifique belge le soutien financier indispensable.

L'immense mérite de Piccard n'est pas seulement d'avoir réuni dans un même système indéformable le flotteur et la sphère, ou d'avoir imaginé un grand nombre d'innovations technologiques remarquables (mise en équipression des batteries d'accumulateurs, choix de sécurités positives en cas de défaillance de l'alimentation électrique, utilisation du plexiglas pour la fabrication des hublots d'observation, etc.), c'est aussi d'avoir su, par sa personnalité et par ses succès antérieurs dans l'exploration de la stratosphère, convaincre les autorités scientifiques et gouvernementales belges d'entreprendre la construction du premier bathyscaphe, le *FNRS II* [2].

Le bathyscaphe inventé par Piccard comporte fondamentalement une sphère résistant à la pression, munie d'un vaste hublot de plexiglas et d'une lourde porte boulonnée, fixée à la base d'un bâti métallique contenant le flotteur empli de trente mille litres d'essence légère. Le lest est constitué de grenaille de fonte enfermée dans des silos et retenue par le champ créé par des électro-aimants ; l'énergie électrique est fournie par des batteries d'accumulateurs fixées à l'extérieur du flotteur, qui constituent un lest de sécurité et tombent sur le fond en cas de défaillance électrique. Achevé en 1948, le *FNRS II* comportait bien des imperfections et de nombreux équipements étaient loin d'être au point. On décida néanmoins d'effectuer une campagne de plongées au large de Dakar. Le bathyscaphe était transporté dans la cale d'un cargo, le *Scaldis*, qui transportait également l'essence du flotteur (le remplissage avait lieu une fois le bathyscaphe mis à l'eau sur les lieux même de la plongée) et la grenaille utilisée comme lest. Le *Scaldis* arriva devant Dakar le 1ᵉʳ octobre 1948 ; l'aviso *Elie-Monnier*, du Groupe d'études et de recherches sous-marines de la Marine nationale, commandé par Jacques-Yves Cousteau, vint à sa rencontre : la Marine nationale avait décidé d'apporter son aide à l'entreprise. Le 19 octobre, après une longue préparation, le *Scaldis* et l'*Elie-Monnier* quittèrent Dakar en direction des îles du Cap-Vert, pour une première plongée à petite profondeur. Le 26 octobre 1948, le bathyscaphe emporta ses deux premiers passagers, Piccard et le professeur Théodore Monod, à 25 m de profondeur pour une plongée d'essai qui dura au total

---

2. Le *FNRS I* était le ballon stratosphérique inventé par Piccard, dans la nacelle duquel le savant avait atteint le 18 août 1932 l'altitude record de 16 940 m.

une douzaine d'heures, après bien des incidents dont certains auraient pu se terminer tragiquement. Théodore Monod a dressé, avec son humour habituel, le bilan scientifique sommaire de cette fameuse plongée dans un livre intitulé *Bathyfolages* :

> « Plongées.. 1 (une)
> A (profondeur en mètres)........................ 25 (vingt-cinq)
> Poissons abyssaux vus............................... 0 (zéro)
> Poissons abyssaux capturés....................... idem »

Le 3 novembre, au cours d'une seconde plongée à vide avec remontée programmée par minuterie, le *FNRS II* atteignit la profondeur de 1 380 m sans difficulté ; il serait même descendu plus profondément si le réveille-matin qui servait de minuterie pour programmer la durée de la plongée avait été mieux réglé ; c'était un succès technique incontestable. Malheureusement, la mer se leva à l'arrivée en surface, retardant les opérations de vidange et de hissage du bathyscaphe. Le lendemain, lorsqu'on parvint enfin à hisser le bathyscaphe à bord du *Scaldis*, des tôles du flotteur étaient déchirées, un moteur de propulsion avait disparu... Les essais durent être interrompus après un coup de vent au cours duquel le *FNRS II*, en remorque, faillit bien être définitivement perdu dans la grande houle de l'Atlantique, et le *Scaldis* regagna la Belgique.

La principale cause de l'échec du *FNRS II* tenait aux qualités nautiques de l'engin, dont le moins que l'on puisse dire est qu'elles étaient très médiocres. La conception elle-même du bathyscaphe ne facilitait pas son utilisation à la mer. Que l'on en juge : la porte d'accès à la sphère était dépourvue de sas, de sorte que les passagers devaient embarquer alors que le bathyscaphe était encore dans la cale de son navire porteur ; l'engin était ensuite mis à l'eau, on complétait alors son chargement de lest et on emplissait d'essence les réservoirs assurant la flottabilité. Ce n'est qu'à l'issue de ces opérations que la plongée pouvait débuter ; au retour en surface, il fallait refaire les mêmes opérations, à l'envers.

La Marine française avait accepté de prêter son concours à l'opération, et les essais du *FNRS II* avaient fait l'objet de rapports rédigés par les commandants Philippe Tailliez et Jacques-Yves Cousteau : tous deux concluaient à la justesse du principe du bathyscaphe, et soulignaient les défauts de conception et de réalisation de l'engin. C'était un assemblage intelligent de composants bien choisis, mais l'ensemble n'avait pas été étudié pour résister à la houle, aux vagues et aux efforts imposés par le remorquage. Les connaissances des deux physiciens Piccard et Cosyns n'avaient pu suppléer à l'absence d'un marin dans l'équipe du FNRS II. Devant l'indifférence et même les critiques des autorités belges, Piccard, que cet échec technique n'avait nullement découragé, choisit de reprendre son projet en association avec la Marine nationale. Une convention quadripartite franco-belge entre le FNRS, le CNRS, la Marine nationale et le Centre de recherches et d'études océanographiques de La Rochelle (CREO) fut signée le 9 octobre 1950. Elle confiait à l'Arsenal de Toulon la responsabilité entière de la construction d'un nouvel engin, le FNRS III, réutilisant la sphère (modifiée) du FNRS II. Aux termes de cette convention, les professeurs Piccard et Cosyns devaient jouer auprès de la Marine nationale un rôle de « conseillers techniques ». La convention prévoyait également que le bathyscaphe deviendrait propriété de la Marine nationale, dès lors qu'il aurait atteint 2 000 m de profondeur en plongée habitée. Chargé des sous-marins à l'arsenal de Toulon, l'ingénieur principal du Génie maritime Gempp reçut mission, en application de la convention, d'étudier et de construire le futur FNRS III. A peine un an plus tard, Gempp fut affecté à l'arsenal de Saigon. C'est un jeune ingénieur du Génie maritime, Pierre Willm, qui reprit le dossier. Il se passionna pour l'exploration des grandes profondeurs et pour les bathyscaphes, et, pendant une douzaine d'années, se consacra à la construction et aux essais du FNRS III, puis de l'*Archimède*.

Très vite, les relations se tendirent entre Piccard et les responsables de la Marine nationale. Comme l'a souligné Théodore Monod, « il n'est pas besoin d'être grand clerc pour deviner combien la fantaisie et l'indépendance du vieux savant, bouillonnant d'idées, devaient se trouver tôt ou tard en conflit avec une corporation minutieusement organisée, au sein de laquelle un étranger, doublé d'un universitaire et d'un civil, éprouvera quelque peine à se sentir dès l'abord parfaitement à l'aise ». La rupture fut consommée au début de l'année 1952, lorsque le commandant Georges Houot, qui avait pris en 1949 la suite du commandant Cousteau sur l'*Elie-Monnier* et obtenu en juillet 1951 le commandement du futur bathyscaphe, apprit par la presse que Piccard venait de passer un accord avec les autorités italiennes et confiait aux chantiers navals de Trieste la construction d'un nouveau bathyscaphe, le *Trieste*.

Pendant toute l'année 1952 et les premiers mois de 1953, les deux bathyscaphes, que les journaux se complaisent à présenter comme des engins rivaux, sont en chantier ; c'est le FNRS III qui sera achevé le premier. Mis à l'eau le 3 juin 1953 à Toulon, il reçoit ses 70 000 litres d'essence, et la première plongée à 28 m de profondeur, avec Houot et Willm à bord, a lieu le 19 juin. Les essais se poursuivent prudemment : 46 m le 25 juillet, puis une première plongée profonde à vide le 29 juillet. Le 5 août, après une tentative avortée, le *FNRS III*, toujours à vide, atteint 1 520 m. Pendant ce temps-là, le 1er août, le *Trieste* a été mis à l'eau dans le golfe de Naples, le jour de la fête nationale suisse. Le 6 août, Houot et Willm descendent à 750 m, la plongée ayant été interrompue par le largage inopiné d'un des réservoirs de grenaille ; le 12 août, ils atteignent 1 500 m, dépassant largement le record du benthoscope de Barton. Le 14 août, le *Trieste* effectue une première plongée avec Piccard et son fils Jacques, à 40 m de profondeur dans le golfe de Naples. La plongée fait les gros titres de la presse italienne. Ce même jour, le *FNRS III* venait d'atteindre la profondeur de 2 100 m. La compétition entre les deux bathyscaphes, soigneusement amplifiée par les médias, se poursuit avec une tentative de plongée à 1 100 m du *Trieste*, le 25 août : malgré divers incidents à la prise de plongée (perte du guide-rope, vidange complète de l'un des réservoirs de grenaille), Piccard et son fils réussissent à atteindre 1 080 m.

La convention entre la Belgique et la France prévoyait que le *FNRS III* deviendrait propriété de la France après une plongée au-delà de 2 000 m : le 24 septembre 1953, en présence de deux ministres, le *FNRS III* est solennellement remis à la France. Pendant ce temps, le *Trieste* poursuit ses tentatives, et il atteint la profondeur de 3 150 m le 30 du même mois. Du côté français, on décide de plonger à 4 000 m, limite de sécurité imposée par la sphère du *FNRS II*. Le *FNRS III* rejoint Dakar dans les premiers jours de 1954. Après une première plongée à 700 m, Houot et Willm choisissent de faire une plongée à vide à plus de 4 000 m : après une plongée de trois heures, le bathyscaphe regagne la surface ; il a atteint 4 100 m. Encouragés par ce succès, Houot et Willm plongeront à leur tour, le 15 février 1954, et descendent jusqu'à 4 050 m, profondeur que le *FNRS III* ne dépassera jamais au cours de son existence. Houot a conservé les impressions qu'il éprouva au moment où le *FNRS III* s'approcha du fond : « Un grand cercle lumineux de 7 à 8 m de diamètre tombe sur un sable qui me paraît très fin, très blanc. Le sol est bosselé de petits talus et de cônes ; deux creux au dessin irrégulier séparent ces monticules ; je distingue des trous [...] Nous l'avons retrouvée, cette terre, sûre, stable, fidèle. Elle nous a délivrés du vague sentiment d'anxiété qui, depuis la prise de plongée, pesait sur nous en dépit de notre entraînement ; sans que l'un ou l'autre l'ait avoué à haute voix, la descente avait quelque chose d'impressionnant ; les murs d'obscurité entre lesquels nous nous enfoncions mètre après mètre cachaient un monde hostile. Le coin de sol que nous apercevons nous paraît bien à nous. Peu importe qu'il soit au fond des eaux ! » Quant au professeur Monod, il aura, enfin, l'occasion de dépasser la profondeur de 25 m atteinte en 1948 : deux plongées à 750 et 1 400 m, en avril 1954, lui donneront l'occasion de présenter à l'Académie des Sciences de Paris les premières observations scientifiques faites à partir d'un bathyscaphe.

Le *FNRS III* avait atteint ses limites ; la sphère du *Trieste* permettait en théorie d'atteindre une profondeur de 6 000 m. Allait-on s'en tenir là, alors que les plus grands fonds des océans dépassent sensiblement 10 000 m ? Ni les marins ni les scientifiques ne le souhaitaient, et, avant même que les deux bathyscaphes entrés en service aient apporté des résultats significatifs autres que la seule performance de plongée, des décisions furent prises. En France, le Comité du bathyscaphe, structure créée en 1954 pour l'exploitation scientifique du *FNRS III*, approuva en janvier 1957 le projet d'étude d'un nouveau bathyscaphe capable d'atteindre les plus grandes profondeurs connues, et disposant au fond d'une autonomie d'au moins dix milles : ce fut le projet B 11 000, rapidement concrétisé à travers une convention signée le 16 juin 1958, qui liait le CNRS français, le FNRS belge et la Marine nationale. Le FNRS tenait à poursuivre l'œuvre entreprise avec le précédent bathyscaphe, et apporta au projet une contribution financière ; parallèlement, le CNRS décidait de créer un laboratoire d'instrumentation et de métrologie propre au bathyscaphe, et indépendant du Groupe des bathyscaphes de la Marine, chargé, lui, de la mise en œuvre opérationnelle et de la maintenance des bathyscaphes. Les motivations des différents partenaires n'étaient pas les mêmes : si les océanographes réunis au sein du Comité du bathyscaphe avaient en vue des objectifs scientifiques d'accroissement des connaissances, l'Etat-Major s'intéressait à la fois au record mondial de plongée et aux enseignements techniques de tous ordres que l'on pensait pouvoir retirer de cette réalisation technologique de pointe.

De son côté, Piccard recevait des propositions de la Marine américaine, qui désirait acquérir le *Trieste* pour son propre compte. L'accord se fit en 1958, et la Navy s'empressa de remplacer la sphère d'origine fabriquée en Italie par une nouvelle sphère commandée aux établissements Krupp en Allemagne ; contrairement aux autres bathyscaphes, dont la sphère est formée de deux hémisphères d'acier coulé ou forgé dont les parties planes assurent l'étanchéité métal sur métal, la Navy choisit une structure plus compliquée, comprenant deux calottes et un anneau équatorial, ce qui impliquait l'existence de deux joints d'étanchéité. Cette disposition se révéla dangereuse.

Quelles qu'aient été les véritables motivations des uns et des autres, la compétition pour le record mondial de plongée paraissait à nouveau ouverte entre France et Etats-Unis, avec un avantage certain en faveur de la Navy, qui bénéficiait avec le *Trieste* de plusieurs longueurs d'avance. En effet, le nouveau *Trieste* fut achevé à l'automne 1959, alors que le B 11 000, qui allait être baptisé *Archimède*, était encore en construction. La Marine américaine choisit la fosse du *Challenger*, au large de Guam, dans la fosse des Mariannes, où des profondeurs à peine inférieures à 11 000 m avaient été relevées. Le 23 janvier 1960, après quelques plongées d'essai à moyenne profondeur, le *Trieste* s'enfonça sous les eaux bleues du Pacifique, avec à son bord Jacques Piccard, qui s'était pris de passion pour le bathyscaphe inventé par son père, et le lieutenant de vaisseau Don Walsh, de la Marine américaine. La descente dura quatre heures, et le *Trieste* se posa doucement sur un fond parfaitement plat tapissé d'une couche de sédiment de teinte blanchâtre. La profondeur était de 10 916 m exactement. Au cours du séjour au fond, de courte durée, les deux hommes purent observer un grand poisson, preuve indiscutable de la présence de la vie à cette profondeur extrême. Pendant la plongée, ils avaient entendu des craquements insolites ; l'examen attentif de l'engin à la remontée montra que les trois éléments formant la sphère épaisse s'étaient légèrement déplacés l'un par rapport à l'autre, de quelques dixièmes de millimètres ; on remplaça alors la sphère du *Trieste* par l'ancienne sphère fabriquée en Italie, et l'engin ne dépassa guère par la suite la profondeur de 3 000 m. C'était néanmoins un remarquable succès, qui ne découragea pas les constructeurs de l'*Archimède*.

La sphère de l'*Archimède*, forgée en acier spécial à haute limite élastique, mesurait 2,10 m de diamètre pour une épaisseur de 15 cm et pesait 19 tonnes ; trois hublots de plexiglas de petite taille, équipés de lunettes optiques, offraient à l'observateur un champ de 58° ; la porte d'accès, située à la partie supérieure, communiquait avec la baignoire par un sas vertical de quelques mètres ; autour de la porte, étaient disposés dix passages de câbles ou de tuyauteries. Les essais sur maquette avaient montré que cette sphère avait un coefficient de sécurité supérieur à 3. La sphère arriva à Toulon au cours de l'été 1960. En plus du moteur principal de propulsion de 30 CV et d'un moteur de 5 CV entraînant une hélice en tuyère à poussée latérale faisant office de gouvernail, l'*Archimède* possédait une hélice à poussée verticale dont la souplesse d'utilisation permit par la suite de supprimer le guide-rope ; son lest total était de 19 tonnes : 5 tonnes correspondant à l'alourdissement de l'engin si sa sphère s'emplissait complètement d'eau, et 14 tonnes correspondant à l'alourdissement dû à la compression et à la contraction de l'essence pour une descente à 11 000 m ; le lest était réparti dans six silos verticaux obturés par des sabliers à électro-aimants. Le flotteur, dessiné pour supporter une vitesse de remorquage de 8 nœuds, contenait 20 tanks qui formaient 4 groupes indépendants les uns des autres, totalisant 171 000 litres d'essence ; un vingt et unième compartiment, pourvu d'une électro-vanne à la partie supérieure, constituait un tank d'essence largable, permettant au pilote d'alourdir le bathyscaphe. Enfin, l'avant du bathyscaphe avait été équipé d'un pont roulant, fait d'un premier chariot courant sur deux rails longitudinaux de 4 m de longueur, et d'un second chariot se déplaçant transversalement ; un bras terminé par une benne formée de deux coquilles était fixé sur la partie mobile, qui portait également un petit treuil capable de descendre un carottier court. On avait préféré ce système au bras articulé que les Américains songeaient à adapter au *Trieste*, et qui fera merveille sur les sous-marins modernes. En plongée, l'*Archimède* disposait d'un sondeur grand fond servant également à la communication en morse avec son navire d'escorte et d'un sondeur d'approche à enregistrement graphique.

Lancé le 28 juillet 1961, l'*Archimède* bénéficiait, avec le *Marcel Le Bihan*, d'un navire d'escorte adapté ; c'était un ancien ravitailleur d'hydravion allemand, équipé d'une vaste plage arrière très basse sur l'eau pourvue d'une grue mobile sur des rails longitudinaux ; les hydravions en panne étaient déposés sur la plage arrière, où les équipes de mécaniciens pouvaient intervenir ; des propulseurs Voigt-Schneider à pales verticales lui donnaient une excellente manœuvrabilité dans toutes les directions. La première plongée de l'*Archimède*, à 40 m de profondeur, eut lieu le 5 octobre 1961. Après quelques incidents, le programme d'essais en Méditerranée se termina le 17 novembre par une plongée habitée à 2 400 m de profondeur. La fin des essais de l'*Archimède* marqua en même temps la fin de la carrière active du *FNRS III*, qui avait effectué 99 plongées depuis son lancement huit ans auparavant.

L'*Archimède* devait terminer son programme d'essais avec au moins une plongée à plus de 10 000 m ; si l'on tient compte de la nécessité de limiter au maximum la durée des remorquages depuis le port jusqu'aux lieux de plongée et de disposer à terre de certaines facilités portuaires, le choix était limité : Guam, comme venait de faire le *Trieste*, les Philippines ou le Japon ? Les souvenirs d'une excellente campagne du *FNRS III* au Japon en 1958 contribuèrent au choix final : l'*Archimède* effectuerait ses plongées d'essai finales dans la fosse des Kouriles, fosse dans laquelle les chercheurs soviétiques de l'Institut d'océanologie de l'Académie des Sciences avaient cartographié plusieurs petits bassins atteignant 10 500 m à bord du navire océanographique *Vitiaz*. Après débarquement et mise à l'eau dans le grand port de Yokohama, le *Marcel Le Bihan* remorquerait l'*Archimède* jusqu'à Kushiro, port minier situé sur la côte sud-est de l'île de Hokkaidō.

Au début de l'année 1962, l'équipe du Groupe des bathyscaphes achevait les préparatifs de la campagne. Les hasards de la vie militaire me valurent à ce moment d'être affecté comme midship au Groupe des bathyscaphes, puis, après un bref séjour dans le Laboratoire du bathyscaphe, qui était alors installé à Paris dans un local de l'Institut océanographique, de participer à l'expédition, chargé de la mise en œuvre des appareils de mesure du bathyscaphe (température, vitesse du son, pH de l'eau de mer, pression, courant au fond, bouteilles à prélèvements d'eau de mer, etc.). Le *Marcel Le Bihan* quitta Toulon le 22 mars 1962 et le bathyscaphe embarqua le 4 avril à bord d'un cargo, le *Maori*. L'équipe se retrouva au complet à Yokohama, au début du mois de mai, et les préparatifs commencèrent sans tarder. Pendant ce temps, un navire océanographique japonais s'employait à préciser l'emplacement des plongées ; malgré tous ses efforts, il s'avéra impossible de trouver les sondes indiquées par les Soviétiques, qui s'étaient manifestement trompés dans les calculs de correction de vitesse du son de 10 %, ce qui est quand même beaucoup pour des océanographes patentés : la fosse des Kouriles ne dépassait pas 9 500 m !

La première plongée eut lieu le 22 mai, sur des fonds de 4 200 m ; au cours de la plongée, après quelques incidents en apparence mineurs, alors que le bathyscaphe entamait sa remontée, le voyant lumineux indicateur d'entrée d'eau dans le compartiment batteries s'éclaira, et tous les projecteurs s'éteignirent. En surface, de l'huile d'équilibrage des batteries fuyait hors du compartiment batteries. Une fois regagné le port de Yokohama, on put faire le bilan : quatre câbles partant du compartiment batteries avaient fondu, perforant en plusieurs endroits la tôle qui séparait ce compartiment d'un tank à essence placé juste au-dessus ; l'armoire des disjoncteurs était également percée, ainsi que la boîte du fusible général de protection ; cinq câbles pyroténax à douze conducteurs avaient leurs gaines de cuivre transpercées en plusieurs endroits ; deux d'entre eux avaient fondu sur une longueur de plusieurs mètres, et les gouttelettes de cuivre solidifié jonchaient le fond de la cloche (la cloche est l'espace compris entre le haut du flotteur et le pont du bathyscaphe, espace qui se remplit naturellement d'air lorsque le bathyscaphe revient en surface, accroissant ainsi sa flottabilité). A l'origine de l'accident, un défaut d'isolement d'un câble de projecteurs, qui avait entraîné sa fusion et la formation d'un arc dans la boîte du disjoncteur ; l'huile isolante (du pyralène) employée dans cette boîte avait charbonné, empêchant le déclenchement du disjoncteur. Il fallut réparer avec les moyens du bord, après avoir soigneusement vidé et dégazé les tanks dont les tôles avaient été percées. Pierre Willm décida d'immerger dans de l'eau distillée le disjoncteur et les fusibles ; quant aux câbles pyroténax, il fallut couper les parties abîmées, et les remplacer par des câbles souples ; une fois soudés, les douze conducteurs étaient noyés dans une résine à prise rapide ; une des difficultés de l'opération tenait à la nécessité de conserver des isolements satisfaisants des pyroténax dénudés : la poudre de magnésie, qui sert d'isolant dans ces câbles directement issus des technologies des sous-marins militaires, est particulièrement hydrophile, et l'opération se déroulait dans un espace de 30 cm de hauteur dans lequel il fallait ramper, à moins d'un mètre de l'eau du port de Yokohama.

Au début du mois de juillet, après une dernière alerte (crevaison durant la nuit d'un tank à essence frottant contre une défense du *Marcel Le Bihan*), la seconde plongée de la campagne conduisit le bathyscaphe à 7 100 m de profondeur, sans aucune difficulté, et le convoi entra dans Kushiro le 10 juillet. L'*Archimède* effectua trois plongées à plus de 9 000 m, les 15 et 25 juillet et le 11 août ; au cours de la plongée du 25 juillet, il atteignit la profondeur record de 9 500 m. Au cours de cette plongée, le bathyscaphe survola une prairie d'une forme d'octocoralliaires, voisine des umbellules, accompagnées çà et là de débris biogènes de grande taille nettement articulés ; il n'y avait malheureusement pas de biologiste à bord de l'*Archimède*, et les photographies de qualité médiocre n'ont pas permis d'identifier cette espèce ; en tout cas, la biomasse de ce peuplement constitue vraisemblablement un record à une telle profondeur, et s'explique sans doute par la richesse exceptionnelle de cette zone où s'affrontent deux grands courants marins, l'un superficiel et chaud, le Kuro-shio, l'autre plus profond et froid, l'Oyashio. A la dernière de ces trois plongées, on fit une erreur sur la quantité de grenaille nécessaire : après qu'on eut empli d'eau de mer le sas depuis la sphère et ouvert sur le pont les purges permettant à l'air emmagasiné sous la cloche de s'échapper, le bathyscaphe refusa de s'enfoncer ; la mer était forte, les vagues du Pacifique s'écrasaient sur la baignoire et depuis la plage arrière du *Marcel Le Bihan*, nous espérions qu'il finirait quand même par plonger ; après une dizaine d'interminables minutes d'attente, il fallut bien admettre qu'une erreur s'était produite quelque part. Dans la sphère, enfermés depuis déjà trois quarts d'heure et ballottés en tous sens par les vagues, le commandant Houot et son équipier ne dissimulaient pas leur impatience grandissante. Après un long échange radio, la conclusion fut qu'il fallait ajouter 750 kilos de grenaille dans les silos du bathyscaphe pour lui permettre de plonger.

Je proposai alors à mes trois camarades officiers de réserve d'embarquer sur le petit canot pneumatique dans lequel on balançait déjà, du haut du pont, les sacs de grenaille. 750 kilos et quatre personnes à bord, voilà qui dépassait largement les prévisions du constructeur ; nous nous écartâmes, à la pagaie, du *Marcel Le Bihan* ; l'*Archimède* roulait pesamment bord sur bord. Après une bonne demi-heure d'efforts, le zodiac parvint près du bathyscaphe. L'ouverture des silos était fermée par un couvercle qu'il fallait dévisser ; puis, à l'aide d'un grand entonnoir métallique, il fallait verser les sacs de grenaille dans le silo pendant que les vagues déferlantes recouvraient régulièrement la plate-forme de 50 cm à un mètre d'eau ; deux d'entre nous, demeurés à bord du zodiac, ouvraient à la pince les sacs de jute épaisse fermés par une ligature de fil de fer ; puis, profitant d'un moment où les deux engins étaient au même niveau, on m'envoyait chaque sac ouvert sur la plate-forme du bathyscaphe ; mon camarade Jean-Marie Guillaume, agenouillé sur la plate-forme, enfonçait d'une main le fameux entonnoir dans l'ouverture du silo et de l'autre se retenait à une main courante. Le transfert dura longtemps. Parfois, un sac nous échappait ; le plus souvent, une vague malencontreuse venait contrarier les efforts de Jean-Marie Guillaume qui, à genoux sur le pont du bathyscaphe, faisait l'impossible pour maintenir l'entonnoir en place ; de temps en temps, une vague plus haute que les autres le recouvrait entièrement ; de la grenaille se déversait sur le pont et roulait sous nos pieds. 750 kilos à raison de sacs de 25 kilos, cela représente trente sacs. Pendant l'opération, le mégaphone du navire transmettait fidèlement les interrogations laconiques du commandant Houot, « Combien reste-t-il à embarquer ? », auxquelles nous répondions par gestes. Au fur et à mesure que le remplissage avançait, le bathyscaphe s'enfonçait davantage dans l'eau ; les vagues déferlaient constamment sur le pont. Enfin, il se décida à disparaître et le mouvement s'accéléra immédiatement. Le bathyscaphe plongea, nous regagnâmes le zodiac rempli d'eau. C'est alors que je me souvins que Jean-Marie Guillaume ne savait pas nager ; dans le feu de l'action, personne, sauf peut-être lui-même, ne s'en était souvenu... Une demi-heure plus tard, séchés, changés, nous avions la satisfaction d'entendre sur le système acoustique de communication en morse le signal « Je descends » émis par le bathyscaphe (lettre D), confirmant que tout se passait bien. Beaucoup plus tard, avec un demi-sourire qui atténuait la portée de sa remarque, le commandant Houot, satisfait de sa plongée, nous dit simplement : « Vous en avez mis, du temps, pour nous apporter ces quelques sacs de grenaille. »

Henri-Germain Delauze, qui avait alors la responsabilité du laboratoire CNRS du bathyscaphe, avait rejoint l'expédition au Japon ; il embarqua à bord du bathyscaphe pour l'une des plongées à grande profondeur. Excellent plongeur, il faisait volontiers partie de l'équipe des plongeurs du bathyscaphe qui, après le retour en surface de l'engin, allaient poser les étriers de fixation des silos à grenaille et rapportaient en surface les caméras photographiques et les appareils de prélèvement qui équipaient le pont roulant. Au cours de l'une des plongées en grande profondeur, Delauze et moi-même faisions équipe autour du bathyscaphe que le *Marcel Le Bihan* venait de prendre en remorque. La nuit tombait, la mer était très calme. Une fois achevées nos vérifications, Delauze me proposa une plongée en profondeur avant de revenir à bord ; en quelques minutes, nous avions atteint cinquante mètres de profondeur. Je garde un souvenir très intense du spectacle qui s'offrit à nous : l'eau était particulièrement transparente, et les rayons des projecteurs du *Marcel Le Bihan* pénétraient profondément. Le navire, avec les grandes pales des propulseurs Voigt-Schneider, nous paraissait très proche, et le bathyscaphe, en remorque, semblait minuscule. Près des côtes, il est exceptionnel d'avoir une telle visibilité ; mais nous étions à quelques centaines de kilomètres en pleine mer. Pendant ce temps, en surface, on s'inquiétait d'autant plus que la nuit était tombée et qu'il était impossible d'apercevoir un plongeur en surface à quelques centaines de mètres du navire ; lorsque nous arrivâmes enfin, Delauze et moi, sur la plage arrière du *Marcel Le Bihan*, le charme du sourire de Delauze ne fut pas de trop pour désarmer le commandant Houot et le commandant Prigent, « patron » du *Marcel Le Bihan* et par conséquent responsable direct de l'opération...

A la fin du mois d'août, le bathyscaphe fut embarqué à bord d'un cargo japonais chargé de le transporter en France, et le *Marcel Le Bihan* prit à son tour le chemin de la métropole. L'*Archimède* subit un grand carénage au cours duquel furent effectuées un certain nombre de modifications et à l'automne 1963, l'engin était prêt pour de nouvelles campagnes. De 1964 à 1974, l'*Archimède* explora successivement la fosse de Porto-Rico (1964), profonde et étroite déchirure de la croûte atteignant 8 400 m de profondeur, la fosse de Matapan, au sud de la Grèce (1965), les fonds volcaniques au large de Madère (1966), les fosses du Japon (1967), la région orientale des Açores, entre Sao Miguel et Santa Maria (1969), date à laquelle le Comité du bathyscaphe disparut au profit d'une programmation centralisée des navires océanographiques et des engins sous-marins confiée au Centre national pour l'exploitation des océans. En outre, chaque année, l'*Archimède* effectuait un certain nombre de plongées à proximité immédiate de Toulon, au profit de différents laboratoires. En 1968 et 1970, la Marine l'utilisait pour rechercher, au large de Toulon, les épaves de deux sous-marins, la *Minerve* et l'*Eurydice*. Après deux années d'inaction forcée, en 1973 et 1974, il participa à une campagne franco-américaine d'étude de la dorsale médio-atlantique au large des Açores, avec deux sous-marins profonds de seconde génération, l'*Alvin* américain et la *Cyana* française ; il effectua avec succès dix-neuf plongées au cours de ces deux campagnes successives.

Par la suite, un projet franco-japonais fut proposé par le géophysicien Xavier Le Pichon et son collègue japonais le professeur Nori Nasu pour le bathyscaphe : l'étude géologique et géophysique des fosses de subduction du Japon. Les deux chercheurs envisageaient une opération en coopération sur la base de la parité financière. L'idée était acquise en 1978, au moment où la mise en place d'un nouveau gouvernement entraîna un renouvellement complet de l'équipe de direction du CNEXO. Le projet fut abandonné, après de difficiles discussions. Xavier Le Pichon garda de cette décision un souvenir amer. Il est vrai que le CNEXO, responsable de la programmation du bathyscaphe, était à l'époque plus soucieux d'emporter de ses ministres de tutelle la décision de construire un nouveau sous-marin 6 000 m, le futur *Nautile*, que de continuer l'exploitation d'un engin dont le coût élevé et la lourdeur de mise en œuvre, par rapport à la nouvelle génération de sous-marins, annonçaient la disparition prochaine. Le bathyscaphe fut désarmé à Toulon, et n'a plus été utilisé depuis. Du côté japonais, cet abandon provoqua une véritable consternation, mais le projet était trop important pour être totalement oublié : deux ans plus tard, avec la mise en chantier du *Nautile*, de nouvelles négociations s'engagèrent ; elles aboutirent en 1985 à la réalisation de la campagne de plongées Kaiko.

Les bathyscaphes ont montré que l'homme pouvait pénétrer jusqu'au plus profond des océans, pour de brefs séjours, et y accomplir un certain nombre d'observations. Indépendamment de ce qui constitue un remarquable succès humain et technologique, les bathyscaphes ont apporté, au cours des quelque vingt ans d'utilisation, des résultats scientifiques intéressant pratiquement toutes les disciplines de l'océanographie : l'océanographie biologique, les géosciences, l'océanographie physique, l'océanographie chimique. Le temps passant, on a souvent tendance à minimiser ce bilan ; d'ailleurs, quels sont ceux, en dehors du milieu des océanographes, qui se souviennent encore des plongées record du *Trieste* et de l'*Archimède* ? Et pourtant, rappelons-nous dans quelles conditions techniques et matérielles de travail ont été obtenus ces résultats : il n'existait à cette époque aucun système de navigation au fond ; le navire d'escorte équipé de goniomètres acoustiques ne pouvait localiser que de manière approximative l'engin en plongée, quand la réception des signaux émis était bonne, ce qui n'était pas toujours le cas. Quant à reporter sur une carte les trajets du bathyscaphe en plongée, il aurait fallu pour cela pouvoir localiser le navire d'escorte ; or, à cette époque, les systèmes de radio-navigation, lorsqu'ils existaient, ne fournissaient pas une précision suffisante à grande distance des côtes, et les satellites transit à effet Doppler étaient encore à l'étude. La topographie du fond, déterminée à partir de sondeurs acoustiques à faisceau large, était beaucoup trop imprécise et les relevés bathymétriques effectués avant les plongées n'apportaient aucune aide au pilote. Il n'existait pas non plus de caméras et l'enregistrement des observations reposait essentiellement sur quelques centaines de photographies en couleur et la mémoire visuelle de l'observateur, aidée de ses qualités de dessinateur : le professeur Jean-Marie Pérès, qui a effectué vingt-deux plongées à bord des deux bathyscaphes *FNRS II* et *Archimède*, avait un talent réel de dessinateur qu'il mettait à rude épreuve, en croquant en quelques minutes, sur les pages d'un simple carnet, les traits caractéristiques des holothuries élasipodes ou des poissons qu'il découvrait ; l'introduction du magnétophone portable, au début des années 1960, a représenté un progrès considérable, en libérant l'observateur de la tâche astreignante de la prise de notes ; l'enregistrement en permanence de la profondeur et du temps sur une petite centrale de données, mis en œuvre à bord de l'*Archimède*, a également amélioré l'efficacité du travail de l'observateur.

Les moyens de prélèvement faisaient cruellement défaut. Le *FNRS III* n'en avait pas ; l'*Archimède*, plus moderne, était équipé d'un pont roulant portant un carottier et une benne à deux mâchoires. En pratique, des difficultés mécaniques et électriques rendaient l'emploi du pont roulant de l'*Archimède* aléatoire ; en outre, très exposé à l'avant du bathyscaphe, le pont eut fréquemment à souffrir du choc avec des obstacles aperçus trop tard pour pouvoir arrêter à temps les quelque deux cents tonnes du bathyscaphe lancées à un nœud et demi de vitesse. Le nombre de prélèvements de sédiments ou d'organismes profonds rapportés par les bathyscaphes ne dépasse pas une douzaine, en y ajoutant quelques spécimens prélevés dans des filets à plancton passifs fixés sur le pont du bathyscaphe. Enfin, le déplacement important des bathyscaphes en faisait des engins peu manœuvrables, aussi longs à se mettre en route qu'à interrompre leur course ; l'augmentation continue du poids apparent produite par le refroidissement progressif de l'essence de flottabilité réclamait de la part des pilotes une grande virtuosité lors du largage des petites quantités de grenaille nécessaires pour compenser. Il n'existait malheureusement pas à cette époque de matériaux de flottabilité de densité équivalente capables de supporter sans risques des pressions de mille kilos par centimètre carré. L'utilisation de l'essence était à l'origine de nombreuses contraintes d'exploitation : impossibilité de transporter le bathyscaphe sur un navire et nécessité de le remorquer depuis le port jusqu'au site de plongée à des vitesses relativement faibles, opérations à la mer compliquées pour les transferts d'essence, les recharges des batteries d'accumulateurs et des silos à grenaille, déplacement dans l'eau de près de deux cents tonnes, avec pour conséquence de médiocres qualités nautiques, enfin, coût d'exploitation relativement élevé (à chaque plongée à 9 000 m, l'*Archimède* devait se délester de quelque treize tonnes de grenaille). Ces arguments pesèrent lourdement dans l'esprit des responsables du CNEXO qui prirent, en 1977, la décision de renoncer à l'emploi des bathyscaphes au profit d'un nouveau sous-marin léger, le *Nautile*.

Malgré ces limitations, il est injuste de considérer, comme on peut le lire trop souvent, que le bilan scientifique des bathyscaphes est médiocre. Dans le domaine de l'océanographie biologique, des résultats très divers ont été publiés. Une première observation a trait à la « soupe » ou à la « neige marine » qui n'avait encore jamais été vue ; il s'agit de particules et de filaments divers en suspension dans l'eau, dont l'abondance et la taille varient selon la profondeur et selon les zones ; son existence a été révélée par les projecteurs du bathyscaphe. Jean-Marie Pérès a noté l'abondance extrême dans la fosse du Japon de ces particules, qu'il décrivit sous le nom de « pluie organique », allusion claire à l'aspect dynamique du phénomène et à la nature des particules. Aujourd'hui, les océanographes ont appris à mesurer l'importance de ce flux organique qui alimente parcimonieusement les peuplements abyssaux. Les observations de grands animaux (poissons, crustacés, holothuries, cœlentérés, etc.) faites dans les différents sites de plongée ne donnent évidemment que des renseignements peu quantitatifs ; néanmoins, elles suffisent pour démontrer l'extrême pauvreté des profondeurs abyssales de la Méditerranée orientale, dans la fosse de Matapan, où seules des dépressions régulièrement circulaires sont visibles ; au fond de la fosse de Porto-Rico, par 7 000 m de profondeur, la faune ultra-abyssale est clairsemée ; en revanche, à des profondeurs équivalentes, la fosse du Japon révèle une très grande richesse. Des records de profondeur sont battus pour certains groupes zoologiques : ainsi, des crustacés décapodes, qui étaient réputés ne pas dépasser 6 500 m, ont été observés par 7 200 m dans la fosse du Japon. Enfin, les observations comportementales sur de nombreuses espèces ne manquent pas ; ainsi, on a appris que les rayons démesurément allongés du poisson-tripode fréquent en Méditerranée (*Benthosaurus*) ne sont pas destinés à lui permettre de marcher, comme sur des échasses, dans une vase extrêmement fluide ; ils servent plutôt à élever l'animal à une dizaine de centimètres au-dessus du fond, afin qu'il puisse prospecter pour sa nourriture une couche d'eau dont la vitesse n'est pratiquement pas ralentie par le frottement sur le fond ; le flux de particules nutritives y sera par conséquent plus important que dans la lame d'eau en contact avec le fond. Dans une synthèse récente concernant les peuplements abyssaux et ultra-abyssaux de l'océan mondial due à J.-M. Pérès, sur une soixantaine de références bibliographiques citées, quinze, soit une sur quatre, concernent des résultats obtenus grâce à l'emploi des bathyscaphes. Au demeurant, les océanographes qui utilisaient ces engins avaient pleine conscience des difficultés rencontrées. Pérès écrivit dans un rapport de campagne du *FNRS III* : « Peut-être [...] nos successeurs souriront-ils de telle ou telle de nos observations. Qu'ils essayent de comprendre que cette méthode de prospection, qui sera devenue banale pour eux, a été pour les biologistes de notre époque une étonnante nouveauté et que nos observations, si imprécises et erronées fussent-elles, auront été le début du chemin qui devait conduire à leur découverte. » Il est toujours difficile et risqué d'être les premiers...

Ingénieurs, scientifiques, marins, tous avaient pris conscience, après la période euphorique des premières plongées, des problèmes techniques et surtout financiers des bathyscaphes. Dès 1960, la relève est méthodiquement préparée. En France, la soucoupe 300 du commandant Cousteau effectue ses premières plongées en 1960. Par suite d'une surprenante erreur de conception, l'engin ne dépasse pas 300 m. Au lieu d'adopter comme on l'avait fait jusque-là la forme d'une sphère, la coque résistante de la soucoupe est celle d'un ellipsoïde de révolution ; sa résistance à l'écrasement, à épaisseur d'acier égale, est beaucoup plus faible que celle d'une sphère. La soucoupe fait appel à un matériau composite de flottabilité indéformable disposé entre la coque légère et la coque épaisse. Il est possible de modifier son assiette et de l'incliner de 30 à 40° sur l'horizontale en déplaçant un lest mobile formé de mercure. La propulsion est assurée par deux tuyères à eau orientables ; l'engin peut être mis à l'eau à l'aide d'une simple grue hydraulique à partir d'un navire porteur ; la soucoupe est équipée d'un bras hydraulique à deux degrés de liberté, terminé par une pince tridactyle. Pendant quelques années, la soucoupe plongeante a été périodiquement louée par le CNRS à l'une des sociétés commerciales créées par le commandant Cousteau [3], pour des campagnes de plongée en Méditerranée ; j'ai découvert à bord de la soucoupe la beauté des récifs de coraux blancs qui vivent entre 250 et 300 m de profondeur sur des falaises sous-marines de Méditerranée occidentale ; puis, le succès médiatique venant, la soucoupe est devenue l'un des acteurs des dizaines de films sous-marins des séries télévisées réalisées par l'équipe Cousteau.

Aux Etats-Unis, un ingénieur de Woods Hole Oceanographic Institution, Alyn Vine, a été à l'origine du premier sous-marin léger grande profondeur de la Marine américaine, l'*Alvin*, lancé dans le courant de l'année 1964 et basé à Woods Hole. Capable d'atteindre 2 000 m de profondeur dans sa première version, l'*Alvin* fit la démonstration de ses qualités manœuvrières deux ans plus tard, en retrouvant une bombe atomique perdue par 700 m de fond en Méditerranée, au large des côtes espagnoles. Un peu plus tard, par suite d'une fausse manœuvre, il fit naufrage peu de temps avant une prise de plongée au large de la Nouvelle-Angleterre et passa dix-huit mois au fond de l'Atlantique, par 2 300 m... avant d'être relevé par un autre sous-marin profond. Le déjeuner des plongeurs était déjà descendu dans la sphère au moment de l'accident : quelques sandwiches de pain de mie et des pommes ; ces aliments étaient dans un remarquable état de conservation lors de la récupération du sous-marin, et les microbiologistes furent très intrigués par les résultats de cette expérience fortuite. Au début des années 1970, l'*Alvin* fut équipé, en vue notamment de la campagne franco-américaine d'exploration de la dorsale médio-atlantique, d'une nouvelle sphère en titane, lui permettant d'atteindre 4 000 m.

En France, à l'initiative de la Délégation générale à la recherche scientifique et technique, l'équipe du commandant Cousteau entreprit en 1966 l'étude d'une nouvelle soucoupe plongeante qui devait être capable d'atteindre 3 000 m. A la suite de la création du Centre national pour l'exploitation des océans, sa propriété fut transférée de la DGRST au nouvel organisme spécialisé ; modifié par le CNEXO, avec le concours de la Direction des constructions navales de la marine, le nouvel engin put entreprendre ses premiers essais au cours de l'année 1973. Cette fois, on ne refit pas l'erreur de la première soucoupe, et c'est une sphère d'acier de deux mètres de diamètre qui abrite les trois plongeurs. Extérieurement, la sphère

---

3. Cette société s'appelait Campagnes océanographiques françaises ; elle était utilisée également pour la location de la *Calypso* au CNRS.

est habillée d'un carénage léger en forme d'ellipsoïde, qui recouvre les compartiments des batteries en équilibre avec l'eau de mer, les deux moteurs de propulsion latéraux et le propulseur transversal arrière faisant office de gouverne, les silos à grenaille et divers équipements dont un bras télémanipulateur à cinq degrés de liberté terminé par une pince à deux mors ; des caméras photographiques de 800 vues et leurs flashes, des projecteurs, une caméra de télévision, le système de contrôle d'assiette par transfert d'un lest mobile constitué de mercure expérimenté avec succès sur la première soucoupe, le téléphone acoustique sous-marin, un sonar panoramique de détection d'obstacles, complètent cet équipement ; le matériau de flottabilité est constitué d'une mousse syntactique, c'est-à-dire d'une résine enrobant des microsphères creuses de verre ; ce matériau se travaille facilement à la scie, offre une densité de l'ordre de 0,6, et ses caractéristiques physiques ne varient pratiquement pas dans la gamme de température et de pression (30 à 2°C, 1 à 300 atmosphères) à laquelle il est exposé. L'adoption d'un coefficient de sécurité plus faible que celui des bathyscaphes (la sphère de l'*Archimède* est capable de résister à plus de 34 000 m de profondeur !), la limitation à 3 000 m et le choix de nouveaux aciers permirent de ne pas dépasser un poids de 8,3 tonnes pour ce nouvel engin ; même dans des conditions de mer difficiles, où il faut tenir compte des efforts dynamiques, ce poids est parfaitement compatible avec la capacité des portiques basculants qui équipent l'arrière de la plupart des navires océanographiques. Le sous-marin mesure 5,70 m de longueur, 3,20 m de largeur et 2,70 m de hauteur. Son rayon d'action est de 5 milles, avec une autonomie en énergie de 10 heures ; l'autonomie en sécurité (c'est-à-dire en assurant les besoins respiratoires des trois plongeurs) est de 72 heures. En plongée, le sous-marin peut atteindre une vitesse de 2 nœuds ; la vitesse de descente et de remontée est de l'ordre de 0,5 mètre par seconde. Baptisé *Cyana* par le Centre national pour l'exploitation des océans, ce petit sous-marin, après des essais en Méditerranée, a participé au cours de l'été 1974 à l'exploration de la dorsale médio-atlantique, avec l'*Alvin* américain et l'*Archimède*. Depuis cette date, *Cyana* a effectué plus de 1 000 plongées sans incident notable. Les résultats scientifiques ne manquent pas : c'est à bord de *Cyana* qu'ont été découvertes les cheminées hydrothermales éteintes de la dorsale du Pacifique oriental, au printemps 1978, un an avant que l'*Alvin*, plus chanceux, ne trouve, à quelques kilomètres de là, des cheminées en activité ; par la suite, équipé de détecteurs de température destinés à éviter d'exposer la coque aux fortes températures des fluides hydrothermaux, *Cyana* sera largement utilisé pour l'étude du site hydrothermal découvert par les équipes françaises entre 11 et 13°N, sur cette même dorsale ; c'est également à bord de *Cyana* qu'a été effectuée la première étude de la subduction des fonds méditerranéens sous l'arc hellénique et la Crète, avec la découverte tout à fait inattendue de phénomènes d'érosion sous-marine formant de véritables cavernes soutenues par de multiples colonnades ; *Cyana* a également autorisé le développement de nouveaux programmes de biologie et de microbiologie abyssale ; sa maniabilité a même permis d'effectuer des études en pleine eau sur les organismes macroplanctoniques. Très largement utilisée par les scientifiques français, elle a également été employée dans des programmes bilatéraux, avec les Etats-Unis, l'Allemagne, la Grande-Bretagne... Quelques campagnes ont eu pour objectifs des programmes industriels ou militaires, par exemple la reconnaissance du trajet d'un gazoduc destiné à relier le continent africain à l'Espagne ou la recherche d'aéronefs militaires abîmés en mer.

La mise au point de systèmes de navigation performants a largement contribué à la réussite des missions de *Cyana* : des balises répondeuses sont préalablement mouillées au fond, à une dizaine de kilomètres de distance et leur position est déterminée par rapport au géoïde par le navire de surface ; *Cyana*, également équipée d'une balise identique, se déplace à l'intérieur du triangle ainsi formé ; à partir des distances mesurées entre le navire, le réseau de balises et *Cyana*, il est possible de déterminer avec une excellente précision relative la position du sous-marin par rapport au réseau de balises. Ces systèmes de navigation relativement précis expliquent qu'il soit possible, à deux ou trois ans d'intervalle, de revenir, à quelques dizaines de mètres près, sur le même chantier sous-marin.

Au Canada, à la même période, une firme privée construisit une série de petits sous-marins rappelant l'*Alvin* américain, capables de plonger à 2 000 m de profondeur, les *Pisces* ; un d'entre eux a été acheté par l'Institut soviétique de recherche océanologique Shirshov de l'Académie des Sciences. Les scientifiques de l'université de Colombie britannique à Victoria et de l'Institut des sciences océaniques utilisèrent le *Pisces IV* pour explorer et étudier les sites hydrothermaux des dorsales de Juan de Fuca et de l'Explorer, situées au large de la Colombie britannique : en effet, certains de ces sites ne dépassent pas une profondeur de 1 500 à 1 800 m, compatible avec les performances des *Pisces*.

Un peu plus tard, le Japon, qui avait expérimenté une tourelle remorquée capable d'atteindre 300 m, le *Kuroshio*, conçu et construit par N. Inoué et R. Oaki, peu de temps après la fin de la guerre, décida de se doter à son tour d'un sous-marin profond. Ce pays s'était intéressé depuis longtemps au domaine technologique de l'intervention sous-marine profonde ; dès 1969, un comité consultatif auprès du Premier ministre du Japon concluait à la nécessité pour le Japon de disposer d'un sous-marin capable d'atteindre 6 000 m. Encore fallait-il créer les structures publiques appropriées. En 1971, l'Agence japonaise des sciences et des techniques, dont dépendent l'espace et le nucléaire, décida de créer un nouvel organisme, le Japan marine science and technology center. Quelques années plus tard, en 1977, le JAMSTEC décida de construire un sous-marin capable d'aller à 2 000 m de fond, d'où son nom, le *Shinkai 2000*. Pour les ingénieurs et les responsables politiques japonais, cet engin représentait une étape intermédiaire avant la construction du sous-marin 6 000 m. Nettement plus lourd que les sous-marins étrangers, le *Shinkai 2 000* est totalement fabriqué au Japon, à l'exception du matériau de flottabilité d'origine américaine. Certaines innovations pourtant acquises depuis longtemps à l'étranger n'ont pas été retenues par les ingénieurs japonais ; c'est le cas des batteries d'accumulateurs, que les Japonais ont cru devoir loger dans de lourds conteneurs d'acier résistant à la pression. Le sous-marin dispose également d'une puissante poutre métallique servant de quille. Le poids du *Shinkai* se ressent de ces options techniques. Un navire porteur adapté, le *Natsushima*, a été construit simultanément. Depuis sa mise en service en 1982, le *Shinkai 2 000* se consacre à l'étude des fonds de la marge japonaise, entre 500 et 1 500 m de profondeur. Il a notamment découvert les zones de suintement froid de la baie de Hatsushima, par 700 m de profondeur, ainsi que les sites hydrothermaux des îles d'Okinawa. Il a effectué sans aucun incident plus de cinq cents plongées.

En France, la question du successeur du bathyscaphe est posée à la fin des années 1970. Techniquement, c'est le nouveau concept du sous-marin profond léger qui est retenu. Mais quelle profondeur lui assigner ? Qualitativement, des objectifs scientifiques intéressants peuvent être identifiés jusqu'aux plus grandes profondeurs. Au plan des enjeux économiques, les besoins de la prospection des nodules polymétalliques, qui intéressent plusieurs pays industrialisés, conduisent à retenir une profondeur maximale de 6 000 m. Le ministre de l'Industrie André Giraud et le secrétaire d'Etat à la

Recherche Pierre Aigrain s'arrêteront à cette limite, qui devait mettre à portée du futur sous-marin 97 % de la surface de l'océan mondial ; d'où le nom retenu pour le projet, le SM 97 (en réalité, un peu plus de 98 % de la surface des océans a une profondeur inférieure ou égale à 6 000 m ; en toute rigueur, c'est donc SM 98 qui aurait dû être choisi, comme l'a remarqué Yvonne Rebeyrol). Techniquement, les ingénieurs estimèrent indispensable, afin de ne pas dépasser un poids total d'une vingtaine de tonnes, de faire appel au titane pour la fabrication de la sphère ; ce métal, à la résistance élastique particulièrement élevée, permet un gain de poids appréciable par rapport aux aciers les plus performants. Après des essais de fabrication d'un matériau de flottabilité français, on dut finalement recourir à la mousse syntactique d'origine américaine. Pour obtenir une densité minimale avec des microsphères de verre d'épaisseur donnée, la principale contrainte réside dans l'arrangement des microsphères ; tout biologiste marin qui s'est intéressé un jour à ce que l'on appelle la faune interstitielle des sables connaît bien ce problème de l'arrangement des grains et du volume libre résiduel. Lorsque les grains de sable sont situés au sommet de cubes (arrangement cubique), on obtient un volume interstitiel maximal, et le sable est très meuble ; au contraire, lorsque les grains sont placés au sommet de pyramides (arrangement rhomboédrique), on obtient un volume interstitiel minimal, et le sable est tassé. Pour obtenir un volume interstitiel encore plus faible, il faut utiliser deux gammes de taille de microsphères, les plus petites occupant les espaces interstitiels laissés libres entre les plus grosses. L'art du fabricant de mousse syntactique consiste à bien choisir la taille des microsphères et à trouver une technique qui permette de parvenir au mode d'arrangement rhomboédrique au moment de la prise de la résine. Ce n'est pas chose facile.

La construction du sous-marin, baptisé le *Nautile*, fut confiée par l'IFREMER à l'Arsenal de la Marine nationale à Toulon. Des lingots d'un alliage de titane de 7 tonnes chacun furent emboutis pour former les deux hémisphères ; la sphère de 2,10 m de diamètre possède trois hublots dont deux sont montés sur des porte-hublots qui permettent de modifier l'orientation des hublots par rapport au plan tangent à la sphère : on peut ainsi obtenir un recouvrement partiel des champs visuels des deux hublots du pilote et de l'observateur, ce qui n'est pas le cas sur un sous-marin comme l'*Alvin*, dans lequel le champ visuel du pilote et celui de l'observateur sont entièrement distincts. La porte d'accès est située au sommet de la sphère. Un moteur principal pourvu d'une hélice orientable fait office de gouvernail actif ; deux hélices verticales logées dans la structure de la coque extérieure permettent les déplacements verticaux du sous-marin et un propulseur transversal avant facilite les rotations sur place. La vitesse maximale en plongée est de 2,5 nœuds et le rayon d'action atteint 10 milles. Le *Nautile* fait largement appel à l'électronique. Comme sur *Cyana*, le matériau de flottabilité, dont la densité est de 0,56, est logé entre les parois de la sphère et le carénage extérieur en stratifié léger. Le réglage d'assiette avec déplacement de mercure permet d'incliner le sous-marin d'une douzaine de degrés en avant ou en arrière. Le *Nautile* dispose de deux bras télémanipulateurs, un bras de préhension à 5 degrés de liberté et un bras de manipulation à 7 degrés de liberté. Comme *Cyana*, il porte un sondeur panoramique détecteur d'obstacles, des caméras photographiques et vidéo, un sondeur à sédiment pour l'atterrissage et un téléphone acoustique sous-marin pour communiquer avec son navire d'escorte. Nouveauté, une centrale d'entretien de l'estime avec table traçante électronique facilite le travail du pilote au cours des explorations systématiques. Le *Nautile* est nettement plus grand que *Cyana* : il mesure 8 m de longueur, 2,70 m de largeur et 3,45 m de hauteur. Sa charge utile est de 200 kilos. Les essais du *Nautile* se sont déroulés au large de Porto-Rico, au début de l'année 1985. La sphère de titane devait être éprouvée à 7 200 m de profondeur, soit un coefficient de sécurité de 1,2. Equipé de jauges de contrainte destinées à mesurer les efforts subis par la sphère pendant la plongée, le sous-marin a effectué sa plongée d'essai amarré à un câble de sécurité en kevlar, fibre synthétique particulièrement résistante dont la flottabilité est à peu près nulle. La remontée était commandée par un lest largué par un ordre acoustique venu de la surface. Le *Nautile* fut ensuite qualifié pour entreprendre sa première campagne de plongée dans les fosses du Japon, et y étudier les phénomènes de subduction de la plaque Pacifique sous l'archipel nippon, dans le cadre du projet franco-japonais Kaiko. Cette campagne s'avéra un succès scientifique et technique majeur : en dehors de la découverte d'un nouveau type d'oasis animales localisées sur des zones de sortie de fluide froid, Kaiko permit de mettre en évidence, pour la première fois, l'ensemble des mécanismes d'accrétion du prisme sédimentaire et de charriage qui sont à la base de la formation des grandes chaînes de montagne. Xavier Le Pichon, responsable scientifique du projet du côté français, eut également la surprise de découvrir une circulation de fluides dans les sédiments comprimés par la subduction dix fois plus intense que ne le prévoyaient les calculs à partir de l'eau interstitielle contenue dans les sédiments. Par la suite, le *Nautile* réalisa plusieurs campagnes d'exploration des fonds à nodules polymétalliques du Pacifique Nord, dans la zone revendiquée par la France ; il participa à l'exploration de l'épave du *Titanic*, et rapporta un certain nombre d'objets provenant du navire ; comme *Cyana*, le *Nautile* effectua plusieurs campagnes sur des chantiers hydrothermaux, sur la dorsale du Pacifique oriental, sur la dorsale médio-atlantique, enfin plus récemment dans le Pacifique occidental.

Plus lourd que *Cyana*, puisqu'il pèse 18,5 tonnes, d'un encombrement plus important, le *Nautile* présente de nombreux avantages, en particulier le fait de posséder deux bras télémanipulateurs au lieu d'un, et un système de récolte de prélèvements biologiques isotherme muni d'un couvercle, particulièrement apprécié des biologistes : contrairement aux géologues, les biologistes cherchent à rapporter en surface des organismes dont la densité est à peu près celle de l'eau de mer, et qui ont donc une fâcheuse tendance à sortir des paniers de récolte traditionnels au moindre mouvement du sous-marin. Depuis la mise en service du *Nautile*, on constate un certain désintérêt de la part des scientifiques pour *Cyana*, ce qui confirme, s'il en était besoin, les progrès techniques réalisés entre les deux sous-marins.

A peu près au même moment que la France, la Marine américaine, renonçant à la formule du bathyscaphe, décida de se doter elle aussi d'un sous-marin moderne capable d'atteindre 6 000 m : ce fut le *Sea-Cliff*, lancé comme le *Nautile* au cours de l'année 1985 ; jusqu'à présent, le *Sea-Cliff* a été utilisé dans des conditions de confidentialité telles qu'il est difficile de faire le bilan de son activité.

Plus récemment, deux autres pays ont décidé de se doter de sous-marins profonds : le Japon et l'URSS. Le Japon, après avoir construit le *Shinkai 2 000* en 1981, s'était beaucoup intéressé à la construction du *Nautile*, envoyant en France délégation sur délégation... En 1983 les ingénieurs du JAMSTEC présentèrent les premières études de faisabilité ; au départ, la profondeur maximale était de 6 000 m ; l'importance des phénomènes de subduction qui se déroulent à plus de 6 000 m de profondeur dans la genèse des tremblements de terre conduisit les responsables japonais à repousser de 500 m cette limite. On peut se demander si, à l'exemple de la Tour de Tokyo, qui surpasse de quelques dizaines de mètres la Tour Eiffel, les Japonais n'ont pas souhaité également marquer une certaine supériorité par rapport aux deux sous-marins existant à cette époque, le *Nautile* français et le *Sea-Cliff* américain... En 1985, les responsables du JAMSTEC annoncèrent qu'ils avaient obtenu l'autorisation du gouvernement japonais de mettre en chantier un nouveau sous-marin, le *Shinkai 6 500*, et son navire porteur, le *Yokosuka* [4]. La construction du sous-marin s'est déroulée conformément aux prévisions, et, les 10 et 11 août 1989, le *Shinkai 6 500* atteignait avec son équipage les profondeurs de 6 465 et de 6 527 m, à 240 kilomètres au large de la côte japonaise, dans la fosse du Japon. Le programme d'essais habités n'avait pas comporté moins de 29 plongées : six plongées à une centaine de mètres de profondeur, pour l'entraînement des équipages, six autres plongées à 500 m pour les essais de moteurs et de manœuvrabilité, six autres plongées entre 1 250 et 2 000 m de profondeur, pour les essais des systèmes de navigation, cinq plongées entre 3 000 et 5 000 m dans la fosse de Nankai explorée quelques années auparavant par le *Nautile*, enfin six plongées finales à plus de 6 000 m de profondeur dans la fosse du Japon.

Comme les Français, les Japonais ont choisi de construire la sphère en alliage de titane, compte tenu du gain de poids par rapport aux aciers spéciaux au nickel-cobalt, et de la résistance du titane à la corrosion. Cette sphère fut éprouvée dans les installations de la Marine américaine à Carderock, près de Washington, sous une pression de 748 kg/cm^2, ce qui représente un coefficient de sécurité de 1,1 par rapport à la pression maximale en utilisation normale de 680 kg/cm^2. Le *Shinkai 6 500* a été en totalité construit par des entreprises japonaises ; outre la fabrication de la sphère en alliage de titane, les industries japonaises ont réussi la performance de fabriquer un matériau de flottabilité à microsphères de verre de deux diamètres différents enrobées dans une résine, dont la densité est de 0,54. Les convertisseurs électriques, contrairement à ceux du *Shinkai 2 000*, sont placés dans des enceintes emplies d'huile et fonctionnent sous pression, ce qui entraîne un gain de poids appréciable. Ce sous-marin mesure 9,50 m de longueur pour 2,70 m de largeur et 3,20 m de hauteur ; l'autonomie normale est de neuf

---

4. Le *Shinkai 6 500* a été construit par le chantier naval Kobe Shipyard & Machinery Works, filiale de Mitsubishi Heavy Industries Ltd ; son navire porteur, le *Yokosuka*, a été construit par Kawasaki Heavy Industries Ltd.

heures, et l'autonomie de sécurité de cinq jours ; le système de réglage de l'assiette par déplacement d'un lest de mercure permet un changement de plus ou moins 10° par rapport à l'horizontale. Le moteur principal, dont l'hélice orientable sert de gouvernail, a une puissance de 5,2 kw ; deux propulseurs à axe vertical de 1,4 kw et un propulseur avant transverse de 0,7 kw confèrent au sous-marin une bonne manœuvrabilité. Son poids est élevé, puisqu'il atteint 26 tonnes, ce qui impose de donner au navire support et aux apparaux de manœuvre du sous-marin des dimensions beaucoup plus importantes que pour un sous-marin de moins de 20 tonnes comme le *Nautile*. Il dispose d'une charge utile de 200 kilos. Le *Shinkai 6 500* est muni de deux caméras de télévision à haute résolution ; l'une d'entre elles, orientable en azimut et en inclinaison, est en outre pourvue d'un zoom commandé par l'observateur : avec un tel équipement, les photographies de petits objets d'une dizaine de centimètres deviennent possibles. Le *Shinkai 6 500* vient de commencer sa carrière scientifique, avec des plongées sur des sites hydrothermaux du Pacifique occidental déjà reconnus par le *Nautile*, dans le cadre d'un projet franco-japonais d'étude des rifts, le projet STARMER. Les responsables japonais soulignent que grâce à ce sous-marin, 96 pour cent de la surface de la Zone Economique Exclusive du Japon deviennent accessibles.

L'URSS, quant à elle, n'avait aucune expérience directe de la plongée profonde quand elle prit la décision de se doter de sous-marins 6 000 m : les Soviétiques s'étaient bornés, plusieurs années auparavant, à acheter un *Pisces* canadien. Certes, les chantiers navals soviétiques avaient l'expérience des sous-marins militaires et du travail du titane, mais les responsables du projet préférèrent se tourner vers un chantier finlandais renommé pour sa compétence dans l'utilisation des aciers spéciaux, le chantier Rauma-Repola. Un appel d'offres avait été envoyé par les Russes à quelques organismes de pays occidentaux en 1987 ; impossible évidemment d'y donner suite, s'agissant de technologies protégées. En définitive, deux sous-marins à sphère en acier spécial Maraging à haute résistance furent construits par le chantier finlandais ; livrés à la fin de l'année 1987 à l'URSS, ils équipent depuis 1988 un navire océanographique russe de l'Institut d'océanologie de l'Académie des Sciences, l'*Akademik Keldysh*, de 6 300 tonnes de déplacement et de 120 m de longueur. La sphère de 2,10 m de diamètre intérieur porte trois hublots, un hublot central de grand diamètre utilisé par le pilote et deux hublots latéraux plus petits destinés aux deux scientifiques ; le pilote est assis, les deux passagers sont plus ou moins couchés ; les sphères des deux *Mir* ont été testées à 750 bars en caisson. La charpente, très légère, est construite en titane tubulaire ; le carénage englobe tout le sous-marin ; le matériau de flottabilité a une densité de 0,58 ; l'énergie est fournie par des batteries fer-nickel construites par la SAFT en France. Un propulseur principal en tuyère orientable sert de gouvernail ; les *Mir* possèdent également deux propulseurs latéraux à inclinaison réglable autour d'un axe horizontal. Le rayon d'action est de 30 kilomètres, l'autonomie de 20 heures. En plongée, ces sous-marins *Mir* pourraient atteindre 5 nœuds, ce qui paraît élevé, malgré l'hydrodynamisme de ces engins. Il n'y a pas de lest mobile permettant de régler l'assiette, mais des ballasts à eau de mer situés à l'avant et à l'arrière peuvent la modifier de 25° dans chaque sens. L'équipement de sécurité comporte un câble largable de 7 kilomètres de longueur terminé par une bouée : ce câble suffirait à relever un sous-marin en péril. L'autonomie de sécurité est de quatre jours. L'équipement scientifique comprend deux bras télémanipulateurs en aluminium disposant chacun de sept degrés de liberté et un panier à échantillons, des appareils photographiques et une caméra vidéo couleur, un sonar frontal, des courantomètres croisés à ultra-sons, un téléphone sous-marin, etc. On trouve également à bord un magnétomètre et surtout un compteur de radioactivité : la disparition au large des Bermudes, au début de l'année 1987, d'un sous-marin nucléaire soviétique coulé par 5 000 m de profondeur, explique sans doute la présence à bord des *Mir* de ces équipements de mesure. La charge utile est de 300 kilos. Les dimensions sont très proches de celles du *Nautile* : 7,80 m de longueur, 3,80 m de largeur (propulseurs latéraux en place) et 3,50 m de hauteur. Le poids des *Mir* est de 18,5 tonnes ; ce poids relativement faible s'explique par le choix d'un acier à très hautes caractéristiques, sans porte-hublots, à l'absence de réglage d'assiette à mercure, au choix des batteries fer-nickel, à la charpente extérieure en titane tubulaire, enfin à l'utilisation de régleurs réversibles de grand volume, ce qui entraîne un volume de matériau de flottabilité inférieur par exemple à celui du *Nautile* pour une densité pourtant un peu moins bonne. Par ailleurs, la sécurité est nettement inférieure à celle du *Nautile* : moins d'éléments largables, beaucoup moins de lest, acier de la sphère corrodable ; il est vrai que la présence à bord de l'*Akademik Keldysh* de deux *Mir*, et leur équipement de relevage d'urgence, constituent des éléments de sécurité non négligeables.

Les deux sous-marins *Mir* ont été utilisés jusqu'à présent pour des objectifs scientifiques : étude de la dorsale médio-atlantique dans plusieurs régions déjà étudiées par les Américains ou les Français, retour sur des sites hydrothermaux découverts peu de temps auparavant par le *Nautile* dans le bassin d'extension Nord-Fidjien et par l'*Alvin* à proximité de la Nouvelle-Bretagne... Les *Mir* sont également intervenus sur les champs de nodules polymétalliques revendiqués dans le Pacifique Nord par l'URSS, à en croire la présentation de leurs activités faite par Rauma-Repola.

En 1970, quatre pays disposaient de sous-marins profonds légers de seconde génération (abstraction faite des bathyscaphes) capables d'atteindre entre 2 000 et 4 000 m : Canada, Etats-Unis, France et URSS, ce dernier pays ayant acheté la technologie canadienne. En 1990, quatre pays disposent d'une capacité d'intervention en sous-marin habité jusqu'à 6 000 m à 6 500 m : la France, les Etats-Unis, l'URSS et le Japon, qui a remplacé le Canada. A l'exception des Etats-Unis, ces sous-marins sont exploités par des organismes publics de recherche et développement technologique. Il n'est donc pas surprenant qu'une grande partie de leur activité soit consacrée à des programmes de recherche. Le système constitué par le sous-marin et son navire porteur, localisé avec une précision absolue de quelques dizaines de mètres grâce à l'emploi de la version civile du Global Positioning System américain (GPS), apporte à l'océanographie profonde ce que les navires de surface sont tout à fait incapables d'apporter : l'observation et l'intervention à échelle métrique. Jamais jusque-là les océanographes n'avaient pu accéder à cette échelle d'analyse dans les milieux profonds. Cette caractéristique remarquable a renouvelé les méthodes et les problématiques, en géosciences comme en océanographie biologique. En dehors de la reconnaissance détaillée des champs de nodules polymétalliques, il n'existe guère de véritables objectifs industriels ; en revanche, la recherche d'épaves d'avions ou de navires et la récupération de certains objets (boîtes noires des avions) constituent des activités de service où les performances des sous-marins et l'habileté de leurs équipages représentent des atouts commerciaux essentiels.

Depuis quelques années, à la suite notamment des succès enregistrés avec les robots travaillant à petite profondeur sur les champs pétroliers off-shore, les techniciens se sont intéressés à la construction d'engins inhabités, télécommandés depuis la surface et capables d'opérer en grande profondeur. L'engin *Epaulard*, conçu en 1977 par le CNEXO pour un enjeu industriel bien défini (la reconnaissance photographique détaillée des fonds à nodules polymétalliques), a effectué ses premiers essais en 1979-1980. L'engin devait satisfaire aux exigences suivantes : parcourir chaque jour une distance de 30 à 50 kilomètres au fond, en réalisant une couverture photographique complète sur une largeur d'au moins 5 m, effectuer un relevé bathymétrique précis le long de la route suivie, naviguer avec une précision meilleure que 2 % de la profondeur (soit une centaine de mètres), être capable de remonter des pentes de 20 pour cent au moins et opérer par des mers force 4. L'engin, construit par la Société ECA, spécialisée dans la réalisation de poissons filoguidés chasseurs de mines destinés aux Marines militaires, mesure 4 m de longueur, 2 m de hauteur et 1,10 m de largeur ; d'un poids de 2,9 tonnes, il dispose d'une autonomie de 6 à 7 heures au fond, et se déplace à une vitesse d'un mètre par seconde. Il est équipé d'un appareil photographique vertical (3 à 5 000 photographies à la cadence d'une photographie toutes les 5 à 10 secondes), d'un flash, d'un sondeur acoustique, d'un capteur de pression, d'un thermomètre et d'une centrale d'enregistrement de données de navigation (cap, altitude au-dessus du fond, profondeur). L'équipement de contrôle comprend une console de télétransmission installée à bord du navire porteur et un système de positionnement par minibase ; un lest largable au fond permet d'atteindre une vitesse de descente de 0,8 m par seconde ; après le largage de ce lest, un guide-rope maintient constante l'altitude au-dessus du fond (habituellement 5 m) ; à la remontée, l'engin abandonne sur le fond un second lest. L'*Epaulard* a été utilisé de manière opérationnelle à partir de 1981. Sur les fonds à nodules polymétalliques, décrits jusque-là comme de vastes plaines abyssales, il a montré l'existence de petites collines, de pentes légères et même de petites falaises. L'*Epaulard* a également été employé pour reconnaître l'état général et le degré d'enfouissement des fûts métalliques utilisés jusqu'à une date récente par différents pays pour se débarrasser des déchets radioactifs à faible toxicité ; les plongées de l'engin ont permis d'obtenir, pour la première fois, quelques photographies de fûts métalliques ou en ciment à demi enfoncés dans les sédiments abyssaux.

L'*Epaulard* avait pour principal objectif de reconnaître de manière systématique des surfaces relativement importantes. A l'heure actuelle, on estime nécessaire de disposer de robots d'observation et de mesure, capables de se déplacer à partir d'une structure lourde suspendue au-dessus du fond. Cette structure assure l'alimentation en énergie du robot, et transmet vers le navire de surface les mesures et les images obtenues. Une autre solution consiste à doter un sous-marin comme le *Nautile* d'un petit robot, capable de s'éloigner à une distance d'une centaine de mètres de ce dernier à qui il transmet en temps réel les images vidéo du fond ou de l'épave à explorer. Un tel robot, baptisé *Robin*, a été réalisé pour l'exploration de l'épave du *Titanic*. Capable de gérer le câble ombilical qui le relie au *Nautile*, le robot peut, sans risques pour les passagers du sous-marin, pénétrer à l'intérieur d'une épave. Dans le cas de l'épave du *Titanic*, l'Américain Bob Ballard a utilisé en juillet 1986 avec succès un système de prises de vue photographiques de grande qualité, associant un robot télécommandé, *Jason*, à une structure porteuse, *Argo*.

Jusqu'à présent, ces robots ont essentiellement pour fonction d'obtenir des images de bonne qualité. Les techniques existantes permettraient facilement, si les besoins s'en faisaient sentir, de construire des robots beaucoup plus lourds et capables d'interventions plus sophistiquées. Encore faudrait-il avoir défini les enjeux industriels correspondants, ce qui est loin d'être le cas à l'heure actuelle : autant la décennie 1970 a été caractérisée par des perspectives à moyen terme d'exploitation industrielle des ressources des grands fonds, autant la période actuelle est marquée par un retour à des réalités moins enthousiasmantes.

Les objectifs scientifiques ne manquent pas dans l'océan profond : en une quinzaine d'années, l'étude à partir de sous-marins profonds des processus d'accrétion et d'hydrothermalisme à l'axe des dorsales océaniques, puis des phénomènes de subduction, a profondément renouvelé les connaissances. Au-delà de 6 000 m, les surfaces à prospecter, à l'échelle de l'océan mondial, sont très réduites. L'une des questions qui se posent vis-à-vis des objectifs de connaissance est le choix entre l'amélioration des sous-marins 6 000 m existants (optimisation des procédures de mise à l'eau et de reprise, amélioration de la navigation acoustique, conception d'outils et d'instruments répondant aux besoins scientifiques et adaptés aux sous-marins, optimisation des prises de vue photographiques et vidéo, etc.) ou l'étude de sous-marins plus profonds. Il est actuellement certain que, du point de vue scientifique, les sous-marins habités répondent à un besoin réel ; la présence du scientifique est indispensable ; par définition, il n'est pas possible de prévoir les observations et les résultats des mesures au fond, et les programmes les plus précis doivent bien souvent être modifiés ou adaptés au cours de la plongée, en fonction des observations et des aléas inévitables... Cela ne signifie pas que les robots sous-marins n'intéressent pas les scientifiques ; bien au contraire, l'utilisation de robots capables de transmettre en temps réel des images du fond se révèle précieuse pour reconnaître une zone avant de plonger.

Remplacer le sous-marin habité par un robot inhabité présente de nombreux avantages : les problèmes de sécurité liés à la présence d'êtres humains dans le sous-marin disparaissent ; l'abandon d'un volume maintenu à une atmosphère entraîne une diminution très considérable du poids et de l'encombrement ; l'équipe technique de mise en œuvre est beaucoup plus réduite, etc. En revanche, les engins robots ont une capacité d'initiative au fond très réduite, et dépendent directement ou indirectement d'un navire dont la tenue en station doit être très bonne. En théorie, il existe de nombreuses variantes du système navire porteur-engin robot. Le robot, motorisé ou non, peut demeurer en pendant sous le navire auquel il est relié par un câble ; le robot peut être relié par un câble de quelques centaines de mètres à un « garage », lui-même suspendu sous le navire porteur ; le robot peut être remorqué par le navire porteur sur de grandes distances ; comme l'*Epaulard,* il peut être totalement autonome ; le robot peut être libre, tout en restant à faible distance d'un garage à partir duquel se font les communications vers la surface. Actuellement, Américains et Japonais ont développé des robots profonds reliés par câble à un « garage » suspendu sous le navire porteur. En France, des robots identiques ont été réalisés pour des profondeurs inférieures. Ces robots prennent des photographies, transmettent des images vidéo lorsqu'ils sont reliés par câble au navire porteur, et effectuent des mesures physiques simples ; certains sont munis d'un bras télémanipulateur.

Au-delà des objectifs scientifiques, la véritable question est d'identifier des objectifs de nature industrielle dans l'océan profond. L'intervention sur épave moderne doit être considérée comme un objectif de nature industrielle, même si les techniques à utiliser doivent être adaptées à chaque situation. L'exploitation des champs de nodules polymétalliques fournit un excellent exemple d'objectif industriel ; mais nul ne sait à quel horizon les conditions économiques et géopolitiques permettant la mise en exploitation des futures mines sous-marines seront réalisées. Quant aux travaux de pose et d'entretien des câbles sous-marins de télécommunications, à l'exception du plateau continental, sur lequel opèrent des robots ensouilleurs efficaces, les opérations peuvent encore être menées à partir des navires câbliers. Enfin, les objectifs stratégiques, qui concernent souvent l'intervention sur épave, relèvent selon les cas relever des méthodes utilisées par les scientifiques, ou de techniques de type industriel.

Chapitre 4

Sauvetages
et guerre sous-marine

A la fin du XIXᵉ siècle, les marines des grandes nations industrielles s'intéressèrent au développement des sous-marins militaires. En France, deux projets concurrents furent retenus par l'Etat-Major. Le premier était le fruit du travail d'un ingénieur civil, Goubet. Son sous-marin, baptisé le *Goubet I*, avait une propulsion électrique, un périscope, une hélice orientable autour d'un joint de cardan, un réglage d'assiette en plongée par déplacement d'une masse d'eau d'avant en arrière par un système de pompes. Prudemment, la Marine avait demandé à ses ingénieurs d'étudier un second projet, qui devint le *Gymnote*. Le *Goubet I* effectua ses premiers essais à Toulon en 1892 ; il flottait de manière stable, mais s'avérait incapable de tenir un cap en plongée ; son inventeur tenta d'apporter des améliorations à l'engin, mais en définitive, la Marine renonça à soutenir le projet et se consacra à la mise au point du *Gymnote*. Celui-ci, confié à partir de 1887 à l'ingénieur du Génie maritime Gustave Zédé, mesurait 17 m de longueur ; sa coque pouvait atteindre la profondeur de 75 m ; propulsé par un moteur électrique alimenté par accumulateurs, il plongeait avec une flottabilité positive : en cas d'arrêt du moteur, le sous-marin revenait en surface. Lancé en 1888, le *Gymnote* fut définitivement accepté par la Marine après dix-huit mois d'essais et entra en service en 1889. Jusqu'en 1907, date de son désarmement, il effectua deux mille plongées qui permirent la mise au point du sous-marin militaire. Plusieurs modifications furent apportées à la conception initiale du *Gymnote* :

adjonction de barres de plongée à différents niveaux le long de la coque, équipement pour le lancement des torpilles, adjonction d'une machine à vapeur ou d'un diesel permettant de recharger les accumulateurs du sous-marin en surface, installation des ballasts à l'extérieur de la coque épaisse.

En 1914, au moment de l'ouverture des hostilités, la France et l'Angleterre possédaient des forces sous-marines opérationnelles ; la France disposait d'une quarantaine de sous-marins d'un tonnage de 400 à 550 tonnes ; la Grande-Bretagne avait construit en nombre légèrement inférieur des sous-marins de plus de 2 000 tonnes, équipés de machines à vapeur, ce qui leur permettait d'atteindre des vitesses élevées en surface. L'Allemagne, qui s'était engagée plus tardivement dans le développement de l'arme sous-marine, ne comptait en 1914 qu'une vingtaine de sous-marins opérationnels de 700 tonnes, équipés de puissants diesels ; pendant les hostilités, elle rattrapa rapidement le temps perdu, et construisit entre 1914 et 1918 trois cent cinquante sous-marins qui se révélèrent d'une redoutable efficacité à la mer.

Aucun d'entre eux cependant ne dépassait une cinquantaine de mètres de profondeur. A la fin de la guerre, l'Etat-Major français décida de porter à 80 m leur immersion maximale.

Les combats sous-marins connurent leur apogée au cours de la Seconde Guerre mondiale. Pendant la bataille de l'Atlantique, la flotte sous-marine allemande envoya par le fond un tonnage impressionnant de navires de combat et surtout de navires de commerce qui assuraient le ravitaillement de l'Angleterre, puis de l'URSS, en matières premières stratégiques et en matériel de guerre, à partir de l'Amérique du Nord. Au cours du conflit, des inventions comme le radar et les premiers systèmes de détection acoustique des sous-marins contribuèrent largement aux succès des armes alliées. De leur côté, les Allemands inventèrent le *schnorchel*, qui permet aux sous-marins de naviguer en plongée en propulsion diesel, tout en offrant une cible limitée aux radars ennemis. Mais la profondeur atteinte par ces sous-marins ne dépassait pas une centaine de mètres.

Après la guerre, à la suite des deux bombes atomiques lâchées par les bombardiers américains au-dessus de Hiroshima et de Nagasaki, l'arsenal nucléaire des grandes nations industrielles s'est d'abord déployé dans les airs. Dès la fin des années quarante, les Etats-Unis avaient mis en place un système de défense fondé sur le maintien permanent en vol d'une flotte aérienne de superforteresses volantes transportant des bombes thermonucléaires, le Strategic Air Command. Pour accroître leur autonomie, les appareils du SAC étaient ravitaillés en vol par des avions-cargos, à partir d'une série de bases installées dans différents pays alliés.

La confiance accordée au système de défense nucléaire aérien a contribué à l'époque à minimiser dans l'opinion publique les efforts parallèles entrepris par la Marine américaine, au début des années cinquante, pour développer une flotte de sous-marins nucléaires capables de lancer des missiles porteurs de charges nucléaires. Les toutes premières recherches relatives à la propulsion nucléaire des sous-marins débutèrent immédiatement avant la Seconde Guerre mondiale ; les réacteurs nucléaires n'étaient pas encore inventés, mais on pensait déjà à utiliser la chaleur dégagée par la fission pour produire de la vapeur capable d'entraîner une turbine sans faire appel à l'atmosphère. L'idée fut reprise après la guerre par l'amiral Hyman G. Rickover, qui fit décider la construction de la chaufferie nucléaire du premier sous-marin nucléaire américain, le *Nautilus*, mis à l'eau au début de l'année 1955. L'amiral Rickover avait clairement discerné l'importance pour le sous-marin militaire d'être doté d'une propulsion nucléaire ; celle-ci corrige en effet, de manière radicale, les trois principaux défauts du sous-marin classique à propulsion diesel-électrique : le problème de la discrétion pendant les séjours en surface ou au *schnorchel*, qui n'est jamais totale, le manque d'endurance en plongée, la vitesse réduite en plongée imposée par la limitation de l'énergie électrique. Le sous-marin nucléaire lanceur d'engins balistiques à longue portée, capable de demeurer en immersion profonde pendant des périodes de plusieurs semaines, est beaucoup plus difficile à détecter que les sous-marins classiques à propulsion diesel-électrique.

Le lancement réussi du premier missile balistique intercontinental (ICBM, Inter-Continental Ballistic Missile) en 1955 par le sous-marin à propulsion nucléaire USS *Nautilus* a brusquement modifié les données stratégiques pour les Etats-Unis et l'URSS : surveiller l'espace aérien et y déployer en permanence une armada nucléaire de dimension suffisante pour dissuader l'adversaire ne suffisait plus ; il fallait pour les deux grands se mettre rapidement en situation de surveiller également l'espace sous-marin, notamment dans les grands détroits, et cela à des profondeurs sensiblement plus grandes que celles pratiquées dix ans auparavant au cours des célèbres combats navals de la Seconde Guerre mondiale ; il fallait se doter d'une flotte de submersibles de gros tonnage à propulsion nucléaire, capables de rester en immersion pendant plusieurs semaines au besoin, armés de missiles à charge nucléaire pouvant être tirés en plongée.

Jusqu'à présent, les sous-marins nucléaires lanceurs d'engins et les missiles mer-sol balistiques stratégiques ont constitué la force de dissuasion et le véritable bouclier des deux blocs de l'Est et de l'Ouest. Dans les grands océans du monde, où ils patrouillent en permanence au cours de longues plongées solitaires, les sous-marins offrent une capacité de deuxième frappe, à l'abri de toute riposte, contre les objectifs industriels et les centres urbains du bloc ennemi. Ils constituent ainsi la véritable dissuasion ; protégés par plusieurs centaines de mètres d'eau, aptes à se déplacer silencieusement à grande vitesse, ils sont en effet parfaitement capables de résister et de réagir efficacement à une première attaque venue de l'espace aérien.

En outre, les progrès technologiques (notamment en ce qui concerne la dimension des réacteurs nucléaires, les performances en plongée et la réduction des bruits acoustiques émis par les submersibles) ont rapidement convaincu les marins de la nécessité de disposer, de surcroît, d'une flotte de sous-marins nucléaires d'attaque, très rapides, seuls capables de s'opposer avec succès aux sous-marins lanceurs d'engins intercontinentaux de l'adversaire, ainsi qu'aux navires de surface ; ces sous-marins d'attaque sont équipés soit de torpilles, soit de missiles de croisière anti-navires ou anti-cibles terrestres ponctuelles. Ainsi, deux types de sous-marins se sont développés en parallèle : les sous-marins nucléaires lanceurs d'engins, ou SNLE, et les sous-marins nucléaires d'attaque, ou SNA. Du côté soviétique, un sous-marin nucléaire d'attaque spécialement conçu pour déployer des missiles de croisière anti-navires très volumineux a été créé sous le nom de SSGN. A leur tour, les SNA américains ont été équipés de systèmes anti-navires lancés en plongée, capables d'atteindre également des cibles terrestres.

Rapidement, les flottes de sous-marins nucléaires se sont développées aux Etats-Unis et en URSS, puis, quelques années plus tard et à une tout autre échelle, en Grande-Bretagne et en France, avec la création de la Force océanique stratégique ; l'entrée de la Chine dans le groupe des nations dotées de sous-marins nucléaires stratégiques remonte à 1989. A eux seuls, les Etats-Unis et l'URSS totalisent plus de 300 sous-marins nucléaires stratégiques et d'attaque, soit plus de 90 % de la flotte sous-marine nucléaire mondiale. Dans notre pays, le prototype à terre du réacteur du premier sous-marin, le *Redoutable*, divergea pour la première fois en 1964. Un premier sous-marin nucléaire expérimental, baptisé le *Gymnote* en souvenir de son lointain ancêtre, fut lancé à la fin de la même année ; il permit notamment de développer les techniques de lancement de missiles en plongée. Mis en chantier fin 1964, le *Redoutable* entra en service en 1971. Ce submersible et son jumeau, le *Terrible*, furent à l'origine dotés de missiles à propergol solide d'une portée de 2 400 km guidés par inertie et portant une seule ogive nucléaire ; plus tard, ils furent équipés de missiles à portée accrue. Le *Redoutable* déplace un peu plus de 8 000 tonnes en surface et mesure près de 130 m de long pour un tirant d'eau de 10 m ; il dépasse 25 nœuds en plongée, pour une immersion maximale de plus de 300 m.

L'introduction de l'arme nucléaire sous les eaux ne s'est pas faite sans difficultés : en particulier au cours de la première période d'utilisation de ces sous-marins de fort tonnage, capables de vitesses élevées en plongée, plusieurs accidents tragiques ont été enregistrés par les Etats-Unis et l'URSS. La Grande-Bretagne et la France n'ont pas eu à déplorer de perte de sous-marins nucléaires. Mais la disparition corps et biens, à deux années d'intervalle, des deux sous-marins à propulsion classique *Minerve* et *Eurydice* au large de Toulon est encore présente dans nos mémoires.

Dans toute la mesure du possible, les responsables militaires ont toujours eu le souci de comprendre les causes de ces accidents ; mais, par grande profondeur, les opérations de recherche et d'exploration des sous-marins perdus ne devinrent possibles qu'à la suite de la mise au point des bathyscaphes, à la fin des années cinquante, puis des submersibles habités de seconde génération qui ont pris le relais à la fin des années soixante ; dans un cas, à dire vrai tout à fait exceptionnel, le relevage d'une épave de sous-marin reposant à grande profondeur a été mené entièrement à partir de la surface. On ne dispose guère d'informations sur ces opérations couvertes par le secret militaire. Cela est d'autant plus regrettable qu'elles font appel aux technologies les plus modernes, et ouvrent ainsi la voie à des interventions industrielles à grande profondeur. D'une certaine manière, ces événements tragiques constituent autant d'occasions de mettre à l'épreuve de nouvelles techniques, de nouvelles procédures, en matière d'intervention sous-marine profonde.

Le premier accident concernant un sous-marin nucléaire est celui du USS *Thresher*, premier sous-marin d'une série qui fut ensuite rebaptisée classe *Permit*, survenu le 10 avril 1963, c'est-à-dire au milieu de la période de construction de cette classe de sous-marins nucléaires d'attaque. Le sous-marin s'est perdu corps et biens au cours d'essais en plongée, avec cent vingt-neuf personnes à bord, par 41° 45' N et 65° W, au large du banc George et de la Nouvelle-Angleterre, par 2 600 m de profondeur environ.

La classe Permit fut la première à posséder de réelles capacités de plongée profonde (au moins 400 m), des sonars performants, des machines de faible niveau sonore et un puissant armement. Ces sous-marins déplaçaient 4 300 tonnes en plongée, mesuraient 85 m de longueur et atteignaient 18 nœuds en surface et 27 nœuds en plongée. On suppose que l'accident du *Thresher* s'est produit alors que le sous-marin avait atteint son immersion maximale et se déplaçait à pleine vitesse : dans ces conditions, une manœuvre intempestive ou une avarie des barres de plongée, voire l'effet d'une onde de densité, suffit pour entraîner en quelques secondes le submersible au-delà de la limite de sécurité. Une fois le sous-marin en déséquilibre dynamique, l'équipage ne dispose plus du temps nécessaire pour réagir et la coque épaisse du sous-marin implose lorsque les limites d'élasticité du métal sont franchies. C'est très vraisemblablement ce qui est arrivé au *Thresher*. Ce naufrage eut un retentissement considérable dans l'opinion américaine, retentissement qui ne s'explique pas seulement par la disparition tragique de cent vingt-neuf personnes ; le public américain avait du mal à admettre que la première puissance industrielle et militaire du monde fût incapable de localiser rapidement et relever une épave de plus de 4 000 tonnes à proximité immédiate des côtes. On a même dit que le président des Etats-Unis avait été « profondément choqué », selon ses propres termes, d'un tel constat d'impuissance. Bien entendu, une enquête fut immédiatement ouverte pour déterminer les causes du naufrage et modifier en conséquence les autres sous-marins de la même classe en cours de construction.

La Marine américaine avait conçu un navire spécialisé pour la reconnaissance précise des fonds sous-marins et des objets variés que l'on peut y rencontrer, le USS *Mizar.* Les sondeurs multifaisceaux et les sonars divers qui équipent ce navire sont complétés par un système d'holographie acoustique, fournissant des images en trois dimensions. Dans ce procédé, les ondes acoustiques remplacent les ondes lumineuses habituellement utilisées dans les hologrammes (ou images en relief). Une caméra de télévision reconstitue l'image avec l'aide d'un faisceau laser. La résolution de cette technique complexe est remarquable, en particulier dans les eaux parfaitement limpides des grandes profondeurs marines. Le *Mizar* eut ainsi le triste privilège de rechercher l'épave du *Thresher*.

Le site du naufrage était connu avec une assez bonne précision. Le *Thresher* était en effet en contact avec un navire de surface quelques minutes avant sa disparition. Les recherches commencèrent immédiatement après l'accident, en avril 1963 et se poursuivirent jusqu'au mois de septembre 1964. Durant le premier été, les résultats obtenus par les caméras sous-marines stéréoscopiques construites par une petite firme spécialisée en optique sous-marine [1] furent décevants ; il n'y avait pratiquement aucune trace du sous-marin sur les quelque 100 000 photographies obtenues. Cet échec retentissant conduisit les ingénieurs de l'US Navy, au cours de l'hiver 1963-1964, à améliorer l'efficacité du système de prises de vues de deux manières : l'axe de visée des appareils photographiques fut orienté de manière oblique par rapport au fond, au lieu d'être disposé verticalement, et le déclenchement des prises de vues fut commandé par un magnétomètre associé au système ; ainsi, l'appareil ne se déclenchait qu'à proximité d'un débris métallique. Grâce à ces deux améliorations, on put réunir une collection de quelques centaines de photographies du sous-marin perdu. Les ingénieurs eurent la surprise de constater que la coque épaisse du sous-marin était brisée en plusieurs tronçons et qu'un très grand nombre de petits éléments étaient dispersés sur le fond sur une surface de près de 2 km de diamètre. Cela confirmait l'hypothèse selon laquelle le sous-marin, au cours de sa descente rapide vers le fond, avait implosé en pleine eau, une fois dépassée sa limite de résistance. Le bathyscaphe *Trieste* racheté par la Marine américaine en 1958 à l'Italie put également intervenir, malgré les dommages qu'avait subis sa coque épaisse au cours de la plongée record à 10 916 m effectuée en 1960. Il rapporta des photographies qui complétaient le travail systématique effectué par le *Mizar*.

Quelques années plus tard, les Etats-Unis connaissaient une seconde catastrophe sous-marine avec la disparition d'un sous-marin nucléaire d'attaque, le USS *Scorpion*, appartenant à la classe *Skipjack*. Construite à la fin des années cinquante, cette série comprenait six

---

1. La Société Edgerton, Germeshausen & Grier (EG&G), créée par l'océanographe américain Edgerton, s'est spécialisée dans la construction des appareils photographiques sous-marins pour les grandes profondeurs ; dès 1955, Edgerton équipait avec l'une de ses caméras photographiques le traîneau sous-marin ou *troïka*, imaginé par l'équipe du commandant Cousteau : les photographies prises sur la dorsale médio-atlantique révélèrent des formations volcaniques caractéristiques, les laves en coussin ou *pillow-lava*.

sous-marins au profil caractéristique en goutte d'eau effilée, déplaçant en plongée 3 500 tonnes et pouvant atteindre en immersion la vitesse de 30 nœuds. Le *Scorpion* venait de quitter la Méditerranée et regagnait sa base de Norfolk en Virginie, avec quatre-vingt-dix neuf personnes à bord. Au cours de sa traversée de l'Atlantique, il disparut corps et biens au sud-ouest des Açores, par plus de 4 000 m de fond. La Marine américaine ne disposait pas à cette époque de sous-marins profonds d'exploration capables d'intervenir à une telle profondeur : l'engin le plus profond qui venait d'entrer en service aux Etats-Unis en 1964, l'*Alvin*, était limité à une profondeur de 3 000 m. Une reconnaissance faite par le *Mizar* à partir de la surface révéla que le sous-marin était rompu en trois parties principales au moins ; autour de ces trois fragments de la coque du sous-marin, un grand nombre de pièces et de débris divers était dispersé sur le fond.

Du côté soviétique, le premier accident d'un sous-marin nucléaire remonte à 1970, année au cours de laquelle un sous-marin de la classe *November* disparut au sud-ouest du Royaume-Uni ; les SNA de la classe *November* constituent les premiers sous-marins soviétiques à propulsion nucléaire. Quatorze unités furent construites entre 1958 et 1964, armées pour l'usage anti-navires plutôt que pour la lutte contre les sous-marins ; déplaçant 5 000 tonnes en plongée, elles pouvaient atteindre 20 nœuds en surface et 30 nœuds en immersion. Ces unités sont considérées comme dangereuses par les équipages soviétiques, du fait de défauts de structure et d'une protection insuffisante contre la radioactivité. L'accident se produisit à la suite d'un incendie qui s'était déclaré à bord ; l'équipage put cependant être sauvé avant que le sous-marin ne sombre. Les Soviétiques n'envisagèrent pas de rechercher l'épave. Deux ans plus tard, un second sous-marin de cette série disparut corps et biens à 900 milles au nord de Terre-Neuve.

De manière assez inattendue, ce sont les activités du Strategic Air Command qui ont été à l'origine de l'une des premières opérations de récupération sous-marine profonde de charges nucléaires, à la suite d'un accident aérien : le 17 janvier 1966, un appareil B-52 de l'US Air Force transportant quatre bombes atomiques à hydrogène d'une puissance de 20 mégatonnes de TNT entra en collision en plein vol avec un avion ravitailleur KC-135 au-dessus de la région de Palomares, sur la côte méditerranéenne d'Espagne ; le B-52 fut détruit et sa dangereuse cargaison larguée à haute altitude. Les bombes à hydrogène étaient déjà munies de leur parachute de largage ; trois d'entre elles tombèrent sur le sol espagnol et furent facilement localisées, puis récupérées à terre ; la quatrième, par malchance, était tombée en mer et restait introuvable avec les méthodes utilisées à terre. La décision fut prise très rapidement de tout mettre en œuvre pour la récupérer. Les Etats-Unis disposaient à cette époque d'un puissant arsenal de moyens susceptibles d'intervenir en profondeur : à la suite des exploits sans lendemain du bathyscaphe italo-américain *Trieste*, la Marine américaine avait contribué directement ou indirectement à la promotion d'une gamme de petits sous-marins d'exploration, parmi lesquels l'*Alvin* et l'*Aluminaut*. Certes, le point de chute exact de l'engin meurtrier restait à localiser. Pour cela, on avait des navires de surface équipés de sondeurs et de sonars, dont la capacité de détection risquait d'échouer dans la localisation d'un engin métallique de dimensions relativement réduites. Quoi qu'il en soit, il n'était pas question d'abandonner à quelques milles des côtes espagnoles, pays ami des Etats-Unis, sur le sol duquel plusieurs bases militaires américaines étaient en pleine activité à cette époque, une bombe nucléaire de 20 mégatonnes. La Marine américaine, chargée des recherches en mer, rassembla sur la zone une partie de la flotte stationnée en Méditerranée et fit appel aux sous-marins *Alvin* et *Aluminaut*.

Au moment de l'accident, l'*Alvin* se trouvait à Woods Hole, un petit village de pêcheurs non loin du cap Cod, dans le Massachusetts, universellement connu dans le monde de l'océanographie ; c'est là, à quelques centaines de mètres du premier laboratoire de biologie marine des Etats-Unis, le Marine Biological Laboratory, qu'est établi l'un des principaux instituts de recherche océanographique des Etats-Unis, la Woods Hole Oceanographic Institution. Les opérations furent menées bon train. Quelques jours plus tard, l'*Alvin* était embarqué à bord d'un avion gros porteur C-133 de l'US Air Force et transporté dans le port de Palomares. Durant le voyage, il avait été soumis à des vibrations inhabituelles et avait subi de légères avaries ; il fallut quelques jours pour remettre le sous-marin en état, et ce n'est que le 9 février que l'*Alvin* put effectuer sa plongée d'essai avec succès. Un LSD *(Landing Ship Dock)* de la Marine américaine fut utilisé comme bateau porteur du submersible et le 14 février commençaient les véritables opérations de recherche de la bombe H perdue. L'*Aluminaut*, sous-marin habité d'un tonnage beaucoup plus important que l'*Alvin*, arriva sur les lieux quelques jours après ce dernier. Comme l'indique son nom, la coque de l'*Aluminaut* était construite en aluminium, métal dont la légèreté

constitue un avantage pour des profondeurs ne dépassant guère
1 500 m. Plus lourd et plus grand que l'*Alvin*, l'*Aluminaut*, en outre,
ne disposait pas de moyens de préhension, mais seulement de hublots
d'observation ; en revanche, il bénéficiait d'une autonomie beaucoup
plus importante que ce dernier du point de vue de l'énergie électrique et de la propulsion, et pouvait demeurer en plongée une
trentaine d'heures. Compte tenu de l'importance de la zone de
recherche définie par la Marine américaine, le fait de disposer de
deux sous-marins permettait de gagner un temps considérable pour
la prospection ; il était prévu que si l'*Aluminaut* apercevait le premier la bombe H, il signalerait sa découverte aux navires de surface,
laissant à l'*Alvin* la tâche de la récupération proprement dite.

Au début des recherches, l'*Alvin* totalisait un peu plus de cent
plongées depuis son lancement. Il faisait l'objet de nombreuses
critiques, notamment dans les milieux non scientifiques : chercher
à plonger à plus de 2 000 m était considéré à l'époque comme tout
à fait inutile et beaucoup estimaient que la construction de l'engin
relevait du gaspillage de fonds publics. Pour l'équipe qui mettait
en œuvre le submersible, cette situation était tout à la fois un
handicap et un stimulant. D'après les informations disponibles, la
bombe devait reposer entre 500 et 1 000 m de profondeur, sur des
fonds relativement accidentés. En face de Palomares, en partant de
la côte, la pente du fond est d'abord régulière et assez faible ; puis,
à cinq milles au large, la pente augmente brusquement, atteignant
environ 45 % ; à 800 m de profondeur, un nouveau ressaut conduit
à une pente encore plus forte, de 70 % ; cette pente se poursuit
jusqu'à 1 000 m, profondeur à laquelle se développe une sorte de
plateau ; encore plus au large, la profondeur augmente à nouveau
jusqu'à 1 200 m. La Marine américaine n'ayant pas de renseignements très précis sur le point d'impact de la bombe, une vaste
surface marine avait été découpée en carrés d'un demi-mille de
côté, que les sous-marins devaient parcourir de manière systématique. A cette époque, on ne disposait pas encore de système de
navigation par balises acoustiques posées sur le fond, et il fallait
localiser les sous-marins à partir de la position des navires de surface
qui patrouillaient dans la zone de recherche, en utilisant les émissions acoustiques des sous-marins. On était heureusement en vue
de terre, et les navires en surface bénéficiaient par conséquent d'une
navigation très précise.

Les sous-marins commencèrent leur recherche par des profondeurs de l'ordre de 600 m. La Méditerranée est une mer extrê-

mement pauvre, et les apports organiques en profondeur sont très réduits ; la faune profonde est beaucoup plus rare qu'elle ne l'est dans les océans à des profondeurs semblables ; en outre, les sédiments très fins qui couvrent cette région de la pente continentale sont peu stabilisés. Les observateurs de l'*Alvin* et de l'*Aluminaut* exploraient mètre après mètre cette étendue monotone, sans relief, où les pilotes avaient beaucoup de mal à s'orienter. Après une quinzaine de jours infructueux, l'équipe de l'*Alvin* eut l'idée de faire appel à la mémoire d'un vieux pêcheur espagnol, qui avait suivi des yeux au moment de la collision aérienne la chute d'un grand parachute gris auquel était suspendu un objet allongé ; l'homme n'avait aucune idée des techniques modernes de navigation, mais, à trois reprises, à la demande de la Marine américaine, il conduisit un navire dans la même zone, sur des fonds particulièrement accidentés, qui jusque-là n'avaient pas été inclus dans la zone de recherche. Au cours de l'une des plongées dans cette zone, l'*Alvin* rapporta quelques photographies sur lesquelles l'un des responsables de l'équipe découvrit une trace dans la vase, qui aurait pu être faite par un objet glissant le long de la pente. Mais les responsables de la Marine américaine n'étaient pas persuadés de l'origine de cette trace difficile à distinguer ; pendant une quinzaine de jours, les sous-marins poursuivirent leurs recherches systématiques dans d'autres zones, à plus faible profondeur, sans aucun résultat.

Ce n'est que le 12 mars, presque un mois après le début des opérations en mer, que l'*Alvin* retrouva la trace photographiée une douzaine de jours auparavant, sur une pente très forte de près de 70 %. Le sous-marin tenta de la suivre vers les profondeurs : la pente était telle que malgré la longueur très faible de l'engin, le propulseur principal arrière toucha la surface de la vase au cours de la manœuvre et souleva un nuage de vase fine qui mit plusieurs dizaines de minutes à retomber. Pour comprendre l'origine de cet incident, il faut se souvenir que la visibilité au fond reste limitée à une dizaine de mètres, compte tenu de la puissance électrique disponible pour l'éclairage ; lorsque la pente est forte, les hublots d'observation se trouvent déjà à cinq mètres au-dessus du fond, et la zone accessible aux regards des observateurs est à une distance d'une huitaine de mètres. L'*Alvin* perdit la trace au cours de cette manœuvre, et remonta en annonçant sa découverte. Pendant ce temps, l'*Aluminaut*, qui prospectait une zone voisine, fit une incursion sur les traces de l'*Alvin* : beaucoup moins maniable que ce dernier, il toucha plusieurs fois le fond, et rendit à peu près illisibles les traces découvertes. Le lendemain, l'*Alvin* tenta de retrouver la trace et de la suivre, en slalomant le long de la pente comme l'aurait fait un skieur peu expérimenté. Dans ces conditions, le risque de heurter à nouveau la pente était limité, et l'*Alvin* parvint au bord d'une petite falaise subverticale. A la suite d'une fausse manœuvre, il s'engagea le long de la falaise, déclenchant un nouveau nuage de vase fine : pendant de longues minutes, les observateurs ne virent plus rien à l'extérieur, et se demandèrent avec anxiété s'ils n'étaient pas tout simplement enterrés sous une véritable avalanche de vase ; ce n'était heureusement pas le cas et l'engin put remonter sain et sauf après une longue attente.

Avant d'abandonner sur les instances de la Marine la zone où avait été observée la trace, l'équipe de l'*Alvin* voulut tenter une dernière plongée pour la retrouver. Cette fois, l'engin descendit la pente en marche arrière, les hublots d'observation proches du fond. La trace retrouvée après quelques heures de recherches, l'*Alvin* se mit à descendre prudemment en suivant la direction indiquée. Le 15 mars, il s'immobilisa au fond d'une petite dépression du sédiment : devant lui, le grand parachute gris de 20 m de diamètre qui soutenait la bombe H était étendu sur la pente. Selon les consignes données, l'*Alvin* demeura là pendant huit heures, le temps de permettre à l'*Aluminaut* de venir lui aussi observer la trouvaille et confirmer qu'il s'agissait bien du parachute porteur de la bombe. L'*Aluminaut* resta alors sur place pendant que l'*Alvin* allait recharger ses batteries, renouveler ses réserves d'oxygène et surtout monter le bras télémanipulateur qui avait été réalisé à la hâte pour l'opération de relevage.

Le lendemain, l'*Alvin* retrouvait sans difficulté l'*Aluminaut*, dont les projecteurs éclairés étaient visibles à une centaine de mètres ; les observateurs de l'*Alvin*, grâce à cet éclairage lointain, bénéficiaient d'une excellente visibilité, ce qui n'est pas le cas habituellement, compte tenu des réflexions et de la diffusion de la lumière sur les particules en suspension. Après le départ de l'*Aluminaut*, l'*Alvin* put fixer sur le parachute un émetteur acoustique autonome (un *pinger*, disent les spécialistes) permettant de revenir sans difficulté sur le site. Puis, après avoir pris quelques clichés du parachute et de son numéro de série, l'*Alvin* remonta à la surface. Malheureusement, personne n'avait songé, lors du décollage du B-52, à noter les numéros des quatre parachutes portant les bombes H...

Après une période de mauvais temps, les opérations de relevage furent enfin entreprises. L'*Alvin* plongea vers sa cible en emportant un harpon tenu par le bras télémanipulateur. A la hampe du harpon était fixée une ligne d'un centimètre de diamètre, que le navire porteur du sous-marin dévidait à la demande. Arrivé au fond, l'*Alvin* enfonça jusqu'à la garde le harpon dans le sol vaseux. La corde tendue depuis la surface jusqu'au fond pouvait servir de guide pour descendre un câble plus solide destiné au relevage de la bombe. Celle-ci était encore fixée sur son châssis, goupilles de sécurité en place. Comment fixer le câble de relevage sur la bombe ? Il semblait possible d'utiliser une cheville dont les deux extrémités s'ouvriraient après son introduction dans un des trous du châssis, comme les ardillons articulés d'un harpon.

Au cours de la plongée suivante, on essaya donc de fixer au milieu du corps de la bombe un étrier qui, une fois posé, devait automatiquement enserrer cette dernière et fournir un point d'attache satisfaisant : malheureusement, l'emplacement de la bombe était tel que l'*Alvin* ne parvint jamais à placer l'étrier à poste. Pendant ce temps, le remorqueur chargé de descendre le long de la ligne fixée au sol le gros câble de relevage, au cours d'une fausse manœuvre, arrachait le harpon. Tout était à refaire une fois encore.

Comme c'est souvent le cas dans de telles opérations où l'improvisation ingénieuse prend le pas sur les préparatifs longuement étudiés à terre avant la campagne, on imagina une nouvelle technique consistant à poser sur le fond, à faible distance de la bombe et de son parachute, un cadre métallique lesté d'une ancre de plus d'une tonne, portant une série de crochets dans lesquels étaient fixés les câbles de relevage ; des pingers permettaient la localisation de ce châssis métallique réalisé au bord du navire porteur. L'*Alvin*, pour sa part, était armé au bout de son bras télémanipulateur d'un puissant crochet dont la forme et la taille rappelaient les crochets de boucherie. Au cours de la première plongée avec ce nouvel équipement, l'*Alvin* parvint seulement à extraire de son compartiment une partie du parachute, qui ne s'était pas complètement déployé. Il fallut une autre plongée pour achever ce travail, et étaler le parachute le long de la pente de vase, par plus de 800 m de profondeur. L'*Alvin* s'efforça alors de saisir un grappin relié par une ligne de 24 millimètres de diamètre à l'ancre du châssis métallique ; après avoir fixé le grappin au sommet de l'une des suspentes du parachute, il procéda à la mise sous tension de l'ensemble, passant d'une suspente à la suivante. On imagine difficilement la tension nerveuse que représente l'accomplissement de ces tâches qui paraissent simples, à partir d'un bras télémanipulateur fixé à une plate-forme mobile, dans un milieu hostile... C'est le moment que choisirent les responsables de surface de l'opération pour modifier le plan d'opération primitif : au lieu de remonter la bombe à la verticale, on allait tout d'abord la remonter le long de la pente, pour atteindre des profondeurs moins importantes. L'idée n'était pas en soi critiquable, mais malheureusement, l'*Alvin* avait disposé le grappin de relevage sur une suspente en fonction du plan initial. Lorsque le remorqueur tenta de traîner l'ensemble vers la côte, on sentit immédiatement, à une diminution de la tension sur le câble reliant le châssis métallique au navire, que la bombe s'était libérée.

Il fallut plusieurs plongées de l'*Alvin* pour la retrouver. Là où s'était déroulée la tentative malheureuse de remorquage de l'ensemble vers la côte, le fond paraissait labouré par de puissants bulldozers : le passage de l'ancre et du châssis métallique. En suivant la trace de la bombe, l'*Alvin* retrouva le grand parachute gris à plus d'une centaine de mètres de son point de départ : l'ensemble avait glissé le long de la pente à plus de 70 % et la bombe reposait au fond d'une crevasse. Entre-temps, la Marine américaine avait amené sur les lieux un robot sous-marin télécommandé de relevage [2], développé pour la récupération des torpilles. De la dimension d'une automobile, ce CURV était équipé de quatre ballasts, de trois hélices, deux dans le plan horizontal et une troisième verticale, d'un sonar, de puissantes lampes à vapeur de mercure, d'une caméra de télévision fournissant en temps réel une image transmise par le câble d'alimentation et de télécommande de l'engin, enfin d'une forte pince pour saisir des objets. Son contrôle était assuré depuis la surface par un navire spécialisé de la Marine américaine, le *Petrel*.

La première mise à l'eau du CURV eut lieu le 6 avril. La veille, au cours d'une plongée sur la bombe, l'*Alvin* avait eu la surprise d'observer le parachute gonflé par les courants sous-marins, toutes suspentes tendues. Le lendemain, l'*Alvin* et le CURV se retrouvèrent sur le site, le premier chargé d'observer les manœuvres du second et de confirmer la solidité de la prise de la pince sur la bombe. Comme la veille, le parachute était à moitié gonflé par les courants marins, et ce qui devait arriver, arriva : rapidement, le CURV, au cours de ses mouvements d'approche, s'emmêla sans espoir de s'en

---

2. Ce robot baptisé *Controlled Underwater Recovery Vehicle*, ou CURV, bénéficiait déjà d'une longue expérience, à plus faible profondeur il est vrai.

dégager dans les suspentes du parachute sous les yeux des observateurs impuissants de l'*Alvin*. Que faire ? Après une longue hésitation, le responsable des opérations décida de tenter le tout pour le tout et donna l'ordre de remonter le CURV, en espérant que le parachute et la bombe suivraient. La manœuvre se déroula lentement mais sans difficulté nouvelle et bientôt, à une soixantaine de mètres de profondeur, des plongeurs de la Marine américaine purent intervenir pour fixer des câbles de sécurité sur le châssis de la bombe. Finalement, la bombe H perdue apparaissait à la surface après près de trois mois au fond de l'eau.

Pour la première fois sans doute dans l'histoire, un submersible habité avait retrouvé un objet stratégique perdu par plus de 800 m de fond, dans une zone inconnue et particulièrement dangereuse, et était parvenu à le remonter à la surface. L'*Alvin* avait effectué 34 plongées et passé au total 222 heures sous la surface. Grâce à lui, et au CURV, l'honneur de la Marine américaine et des Etats-Unis était lavé.

Deux ans après cette opération réussie, le tragique accident d'un sous-marin soviétique à propulsion classique porteur de trois lance-missiles capables de lancer en plongée des missiles à tête nucléaire d'une mégatonne (missile SS-N-5), perdu corps et biens en plein océan Pacifique, allait fournir aux Etats-Unis l'occasion de concevoir et mener à bien une extraordinaire opération de relevage d'épave par grandes profondeurs. Aujourd'hui encore, cette opération n'a pas été égalée. En outre, les prouesses technologiques et les données politiques interfèrent pour en faire une histoire digne d'un bon roman policier.

Dans la grisaille d'une froide matinée de l'hiver 1967-1968, un sous-marin soviétique à propulsion diesel-électrique de la classe G (ou *Golf*), avec 86 hommes à bord, quitta le port de Vladivostok pour une campagne dans le Pacifique, qui devait se terminer tragiquement. Les premiers sous-marins de la classe G ont vu le jour en 1958, l'année même où les Etats-Unis abandonnaient définitivement les sous-marins à propulsion classique pour adopter la propulsion nucléaire. A cette époque, la classe G représentait le type le plus moderne des sous-marins russes. Par rapport aux sous-marins à propulsion nucléaire actuels, il s'agit d'un sous-marin de moyen tonnage, déplaçant 2 800 tonnes et capable d'atteindre une vitesse de 17 nœuds en plongée. La profondeur maximale d'immersion ne dépasse pas 200 m, et l'armement est composé de dix tubes lance-torpilles et de trois lance-missiles logés dans un carénage en forme de grande nageoire dorsale. A l'origine, les missiles étaient des missiles à courte portée (missiles SARK, ayant une portée de 350 milles) [3].

Dès l'appareillage de Vladivostok, le sous-marin russe était détecté en surface par un satellite militaire américain, et les éléments concernant sa route et sa vitesse transmis aux services de surveillance de la Marine américaine. Immédiatement, il fut pris en charge par les satellites d'observation jusqu'à son entrée dans une zone d'écoute des sous-marins à partir d'un réseau d'hydrophones reliés à un ordinateur central, centré autour de l'archipel des Hawaii et couvrant un diamètre d'environ 1 300 milles. Ce système d'écoute des bruits sous-marins permet de suivre les déplacements de toute source sonore, en particulier de sources sous-marines ; identifié au départ de Vladivostok comme un sous-marin porteur de missiles à charge nucléaire, le submersible soviétique fut suivi de manière particulièrement attentive par les observateurs du système de surveillance.

Il est impossible aujourd'hui de préciser les conditions précises de l'accident. D'après les bruits enregistrés et les données techniques dont on dispose sur le sous-marin, c'est vraisemblablement une défaillance du système de ventilation qui fut à l'origine de l'accident. Il est probable que le sous-marin russe naviguait à ce moment-là au schnorchel pour recharger ses batteries. Un dégagement excessif d'hydrogène a dû se produire, ou bien la ventilation forcée n'a pas suffi à évacuer les dangereux mélanges gazeux produits dans le compartiment des batteries en cours de charge. Quoi qu'il en soit, l'hydrogène dégagé s'accumula à l'intérieur du sous-marin, et une étincelle électrique ou un simple point chaud provoqua l'inflammation du gaz. A l'intérieur du sous-marin, l'inflammation du gaz se traduisit par une série de véritables explosions. Certainement très violentes, celles-ci furent enregistrées à des centaines de milles de là par les hydrophones de surveillance du réseau américain. L'eau de mer pénétra à l'intérieur du sous-marin par les fissures ouvertes entre les plaques métalliques disjointes de la coque épaisse du sous-marin. Prenant rapidement du poids, le submersible s'enfonça par l'arrière à une vitesse croissante. Très vite, il plongea ensuite vers les profondeurs, atteignant des vitesses de l'ordre d'une

---

3. A partir de 1967, cet armement fut modernisé, avec installation de missiles SS-N-5 à charge nucléaire d'une mégatonne, capables d'atteindre une cible située à 700 milles du point de lancement, connus sous le nom de missiles de la classe *Serb*.

centaine de kilomètres/heure au moins, avant de se poser rudement sur le fond du Pacifique, par plus de 5 500 m de profondeur.

Quelques jours plus tard, les Soviétiques déployèrent une activité intense pour tenter de retrouver la trace du sous-marin. Des « chalutiers », équipés de systèmes de détection et de communication modernes, firent soudainement leur apparition dans la zone où avait disparu le sous-marin. Des appels sur différentes longueurs d'onde furent entendus pendant plusieurs semaines et ce n'est que deux mois plus tard, à la mi-mai, que les Soviétiques abandonnèrent définitivement leurs recherches. C'est alors que commence l'étonnante histoire du projet « Jennifer ».

En exploitant l'ensemble des enregistrements sonores dont elle disposait, la Marine américaine avait pu localiser avec précision le site du naufrage ; une surveillance aérienne discrète de cette zone avait permis de constater que les Soviétiques ignoraient l'emplacement du naufrage. En même temps, dans le plus grand secret, la Marine américaine se prépara à entrer en action, dès l'abandon par les Soviétiques des recherches en mer. C'est ainsi que le *Mizar* fut envoyé sur le site à la fin du mois de juin 1968. L'exploration systématique de la zone et les photographies révélèrent que, comme dans le cas du *Scorpion* ou le cas du sous-marin russe de la classe *November* dont l'épave fut également reconnue par le *Mizar* quelques années plus tard, l'épave du sous-marin russe reposait sur le fond faisant avec lui un angle d'une trentaine de degrés, entourée d'un cercle de débris et de pièces métalliques arrachés au sous-marin au cours de sa descente. Grâce au système de navigation par satellite mis au point à l'origine pour des raisons militaires, le *Mizar* put déterminer à quelques centaines de mètres près la position de l'épave. Les photographies obtenues permirent de constater que, contrairement aux autres sous-marins de cette classe, celui-ci avait subi des transformations pour recevoir trois missiles nucléaires SS-N-5 d'une puissance d'une mégatonne, ayant une portée de 700 milles. Les missiles eux-mêmes étaient-ils en place dans les logements ? En tout cas, il était extrêmement intéressant pour les Etats-Unis d'obtenir la preuve que des sous-marins relativement légers tels que ceux de la classe G étaient capables de transporter des missiles mer-sol à moyenne portée ; cela pourrait aider dans les négociations à venir dans le cadre du Traité de limitation des armements stratégiques [4]. En outre, la récupération d'un missile

---

4. Il s'agit du traité SALT, *Strategic Arms Limitation Treaty*.

intact, ou même endommagé, apporterait des renseignements extrêmement importants sur le plan technique. Il y avait également les torpilles à tête nucléaire qui équipaient normalement tous les sous-marins de la classe G. De plus, le sous-marin utilisait des systèmes de navigation par inertie que les Américains connaissaient mal : leur analyse permettrait d'évaluer la précision de la navigation sous-marine, et par conséquent la précision de la position de lancement des missiles et de leur trajectoire. Enfin, on pouvait espérer récupérer, avec l'épave, les livres des codes de transmission soviétiques et les machines à coder, que le commandant du sous-marin n'avait certainement pas eu la possibilité de détruire au cours du naufrage. Une telle prise était d'importance. Avec cela, on pourrait décoder de nombreux messages entre les sous-marins soviétiques et leurs bases, enregistrés par la Marine depuis des années. Bien sûr, les codes de transmission sont immédiatement modifiés après un accident de ce genre, dans toutes les marines du monde. Mais on pouvait espérer reconstituer a posteriori l'ensemble des communications échangées par la Marine soviétique et, peut-être, certaines marines alliées. Quelques mois auparavant, sur les côtes coréennes, les Etats-Unis venaient de perdre un navire espion, le *Pueblo*, et l'ensemble de ses équipements ; le sous-marin soviétique perdu offrait une belle occasion de revanche.

En septembre 1968, la Marine américaine disposait d'un dossier précis, à partir duquel il était possible d'imaginer une intervention directe sur le site. Le relevage d'une telle épave présentait donc un intérêt stratégique incontestable. Mais que pouvait-on imaginer, par plus de 5 000 m de profondeur ? En outre, des objections d'un autre ordre semblent avoir été émises : du point de vue juridique, avait-on le droit de tenter le renflouage de tout ou partie de l'épave ? Le droit international stipule qu'en temps de paix, un navire de guerre ne peut être renfloué que par le pays dont il porte le pavillon. Or, l'épave se trouvait dans les eaux internationales. S'appuyant sur plusieurs précédents, les juristes de la Marine américaine soulignèrent que l'URSS elle-même avait procédé à la récupération de sous-marins allemands à la fin de la dernière guerre mondiale.

Le dossier fut instruit par le secrétaire adjoint du département de la Défense, David Packard, cofondateur de la célèbre compagnie Hewlett-Packard. Une étude préliminaire fut confiée par le gouvernement américain à une petite entreprise californienne, Mechanics Research Incorporated, qui remit un dossier assez théorique sur la technique à employer. La firme s'était inspirée de celle qu'on utilise par petites profondeurs pour les forages pétroliers en mer, en remplaçant le trépan par un dispositif mécanique capable de récupérer des morceaux de l'épave et en extrapolant les dimensions du train de tiges apte à remonter une charge de 4 000 tonnes reposant sur le fond. La décision d'entreprendre la récupération de l'épave du sous-marin G, opération que la CIA considérait comme de toute première importance, fut examinée par le Comité 40 (institué en 1948, décision n° 40, par Harry Truman, en application de la loi sur la sécurité de la nation de 1947). Après de nombreux débats, le Comité 40 approuva finalement le projet « Jennifer », qui confiait à la CIA, au grand dam de la Marine américaine, la responsabilité de l'opération de récupération de l'épave. Le président Nixon, agissant comme commandant en chef, donna l'ordre d'exécution de l'opération. A ce moment, il était à peu près impossible de déterminer le montant du financement nécessaire. Incontestablement, une partie du budget de l'opération « Jennifer » a été prélevé sur le budget de recherche de la Marine américaine, mais l'essentiel vient certainement de fonds gérés directement par la CIA. Encore aujourd'hui, on ignore le coût réel de l'opération « Jennifer ». D'après les informations publiées par la suite, on peut penser que le budget total de l'opération s'est élevé à 200 millions de dollars.

Il est intéressant de souligner que les premières études décidées par la CIA visaient à établir les conditions d'altération des documents et des circuits électroniques exposés à l'eau de mer sous forte pression et très basse température et à déterminer les meilleurs traitements à leur faire subir après récupération. Mais il fallait s'attaquer à la réalisation du système de récupération selon le concept proposé par Mechanics Research Incorporated. Au début de l'année 1970, la CIA conclut un contrat liant cette société avec Global Marine, société spécialisée dans la construction de tours de forage montées sur navires. Les problèmes à résoudre étant cependant différents de ceux auxquels les ingénieurs de Global Marine étaient habitués ; il fallait que le navire porteur du système de récupération pût se maintenir en station avec une grande précision ; il fallait aussi découpler le système de récupération des mouvements de roulis et de tangage du navire lui-même ; il fallait enfin pouvoir exploiter à bord, sans risque d'éventuelles fuites radioactives provenant des têtes nucléaires des missiles ou des torpilles du sous-marin, les objets récupérés au fond.

En août 1970, Global Marine remettait à la CIA quatre épais

volumes décrivant dans le détail le système de récupération. La CIA décida alors, pour préserver le secret de l'objectif réel du navire et bénéficier des compétences de l'industriel, de faire appel à Howard Hughes, et un contrat fut établi entre le gouvernement américain, Hughes Tool Company (plus connue sous le nom de Summa Corporation adopté par la suite) et Global Marine, maître d'œuvre industriel du projet « Jennifer ». A cette époque, l'intérêt pour les gisements de nodules polymétalliques des grandes profondeurs océaniques se développait très rapidement parmi les grands pays industriels ; les groupes miniers et les équipementiers spécialisés dans l'exploitation du pétrole marin s'intéressaient également de près à la promotion de cette ressource minérale potentielle. Or les inventaires scientifiques et les observations du *Mizar* confirmaient la présence de champs de nodules polymétalliques autour de l'épave. Il était donc tout à fait plausible que les intérêts miniers de Howard Hughes le conduisent à se tourner vers l'océan profond. Cette « couverture » fut largement accréditée par les milieux officiels et industriels américains, et, après tout, il n'est pas impossible que les dirigeants du groupe Hughes aient vu là une occasion d'ouvrir à peu de frais un dossier intéressant.

En mai 1971, Global Marine commandait à un chantier américain de la côte Est des Etats-Unis, Chester, la construction d'un navire baptisé *Hughes Glomar Explorer*. Le 4 novembre 1972, le navire était lancé et officiellement présenté comme le plus grand navire de recherche et d'exploitation minière dont les caractéristiques étaient, pour cette raison, gardées secrètes. Mesurant un peu plus de 200 m de longueur, il était équipé d'une série de propulseurs transverses logés dans la proue et dans la poupe. Ces propulseurs, commandés par un ordinateur de bord exploitant les informations fournies par un réseau de balises ultrasonores posées sur le fond, assureraient la tenue du navire en station. En dehors de la tour de forage, la principale caractéristique du navire était l'existence d'une vaste cavité parallélépipédique située au centre du navire, dont le fond, formé de deux portes coulissantes dans la coque du navire, l'une vers l'avant, l'autre vers l'arrière, pouvait s'effacer totalement. Les dimensions de ce dispositif, que les Américains ont baptisé le *moon pool*, étaient considérables : plus de 32 m de longueur ; mais les *moon pools* des navires de forage pétrolier habituels n'ont jamais de dispositif de fermeture permettant de les assécher, et sont de dimensions beaucoup plus réduites. Le navire disposait également d'un vaste atelier et d'une puissante grue de levage située à l'arrière de la tour de forage. Deux structures métalliques légères, visibles normalement en avant et en arrière de la tour principale de forage, pouvaient être descendues à travers le *moon pool* et servir de guides pour l'introduction du système de récupération. L'équipage du navire et les techniciens totalisaient cent soixante dix-huit personnes.

Après ses essais, le navire quitta Chester pour rejoindre son port d'attache à Long Beach, en Californie, via le détroit de Magellan. Au cours de la traversée, les ingénieurs et les techniciens, logés dans des conditions beaucoup moins confortables que sur les navires marchands américains, décidèrent de réagir et la CIA eut à faire face à une action syndicale. Le licenciement de dix des principaux agitateurs donna lieu à un recours en justice, retardant d'autant l'embarquement du dispositif de récupération. Ce système avait été construit dans le plus grand secret par Lockheed Aircraft Corporation sur la côte Ouest ; il s'agissait d'une gigantesque pince articulée formée d'une série de mors capables d'enserrer le diamètre de la coque du sous-marin, mus par des vérins hydrauliques. Le tout pesait plus de 3 000 tonnes. Les différentes paires de mors étaient fixées sur une armature centrale, sorte d'épine dorsale portant le dispositif de fixation à l'extrémité du train de tiges chargé de conduire l'ensemble jusqu'au fond, puis de remonter l'épave. Il était impossible de faire entrer cette griffe de récupération dans le *moon pool* par le haut. On avait donc choisi de construire une barge submersible pour l'y installer. Afin de préserver le secret, la barge avait un toit coulissant et des parois complètes. Le moment venu, alors que le *Hughes Glomar Explorer* était mouillé au large de l'île Santa Catalina, la barge fut immergée avec sa précieuse cargaison sous le navire et amenée jusqu'au *moon pool*. De là, grâce aux deux guides métalliques, la griffe de récupération put être embarquée à l'intérieur du *moon pool*, tout en demeurant parfaitement invisible pour les observateurs extérieurs.

Après avoir achevé son armement, le navire procéda à quelques essais de descente et de manœuvre de la griffe au cours de l'hiver 1973-74. Une charge de plus de 6 000 tonnes fut suspendue au train de tiges pendant quinze jours, afin de tester le comportement du navire en charge ; quelques modifications durent être apportées. Pendant ce temps-là, les Soviétiques, persuadés de l'objectif minier de la prochaine campagne, recueillaient auprès des responsables de la CIA et de l'équipage du navire des renseignements concordants sur les techniques de ramassage des nodules polymétalliques... Enfin, au début de l'été 1974, le navire était en route vers le point du naufrage et, le 4 juillet, le système de navigation par satellite du navire indiquait les coordonnées du naufrage telles que les avaient relevées six ans auparavant les réseaux d'hydrophones de la Marine américaine.

Plusieurs jours furent nécessaires pour reprendre le repérage précis de l'épave et procéder à la pose des balises acoustiques permettant au navire de se positionner exactement et de tenir la station choisie. Il utilisait deux systèmes de positionnement acoustique différents ; le premier consiste à relever les distances entre une balise posée au fond de l'océan et quatre hydrophones implantés sur la coque du navire, aussi éloignés que possible les uns des autres : c'est le système à base courte qui ne donne pas la précision requise pour l'opération délicate que le navire allait entreprendre ; le second comporte un réseau de trois ou quatre balises acoustiques posées sur le fond, le navire mesurant les distances obliques qui le séparent de chacune d'elles ; ce système, dit système à base longue, car les balises acoustiques sont distantes de quelques kilomètres, permet de localiser avec une précision très supérieure un objet sous-marin quelconque équipé d'une balise acoustique, ce qui était le cas de la griffe destinée à saisir le sous-marin.

Une fois le navire positionné au-dessus de la cible choisie, la griffe de préhension fut fixée au premier élément du train de tiges. Les portes du *moon pool* s'effacèrent et l'eau de mer envahit l'immense volume. Les techniciens foreurs entreprirent alors la mise en place des éléments du train de tiges. Le navire transportait 600 éléments de tubes de forage de 10 m de longueur, appariés pour former des ensembles de 20 m de longueur. Le diamètre extérieur de ces tubes varie de 32 à 42 centimètres alors que le conduit intérieur conserve un diamètre constant de 15 cm. Lors de la mise à l'eau, chaque nouvel élément fut fixé au précédent, et l'ensemble des câbles électriques et des flexibles hydrauliques connecté. A la profondeur du naufrage, l'opération dut être répétée quelque deux cent quatre-vingt-cinq fois avant que le fond fût atteint. Or, les procédures de mise en œuvre du système de forage à bord du navire indiquent que la totalité du train de tiges, soit 6 000 m de longueur, peut être mise à l'eau en 48 heures environ, et remontée en un temps comparable sauf incident. Ce fait, confirmé par les techniciens de l'off-shore, est très important pour tenter d'apprécier le déroulement exact des opérations.

En effet, le navire est resté sur la zone de l'accident une

quarantaine de jours, c'est-à-dire le temps nécessaire pour effectuer quatre ou cinq opérations successives de relevage. Or, les rares comptes rendus officiels font état d'une unique opération, au cours de laquelle le sous-marin soviétique perdu aurait été ramené en surface. Au cours de la remontée, à la suite de la défection de l'une des paires de griffes articulées, la coque du sous-marin se serait rompue et seul le tiers avant du submersible aurait pu être remonté dans le puits central ; les missiles balistiques, situés en arrière du kiosque, auraient ainsi échappé à la curiosité des experts américains... C'est la théorie dite *whole sub story*, qu'un certain nombre de faits viennent démentir. Tout d'abord, les dimensions du *moon pool* sont notoirement insuffisantes pour loger un sous-marin de la classe G dans toute sa longueur : 199 pieds seulement, alors que le sous-marin en mesurait 320. On peut supposer que la Marine américaine et par conséquent la CIA connaissaient bien l'état de l'épave ; s'ils s'étaient attendus à remonter une épave de 320 pieds de longueur, pourquoi avoir limité à 199 pieds la longueur du *moon pool* ? De même, le *Hughes Glomar Explorer* pouvait remonter une charge totale de 4 250 tonnes, charge déterminée par la résistance à la rupture des éléments de forage les plus épais. Or, si l'on ajoute au poids du système de récupération et du train de tiges le poids des parties métalliques du sous-marin (1 700 tonnes), on aboutit au total de 4 900 tonnes, chiffre sensiblement supérieur à la capacité maximale du système de récupération. Il est donc plus vraisemblable d'admettre que le navire a successivement récupéré plusieurs éléments du sous-marin, dont l'épave aurait été brisée au cours des explosions de gaz. La version officielle selon laquelle seule la partie antérieure du sous-marin aurait été récupérée s'explique vraisemblablement par le désir des Américains de minimiser au maximum leurs découvertes aux yeux des Soviétiques.

Le 12 août 1974, le *Hughes Glomar Explorer* était en vue de l'île de Maui, dans l'archipel des Hawaii. Pendant quinze jours, le navire resta en mer, loin des curieux et à l'abri des navires espions soviétiques. A bord, on achevait dans la fièvre les derniers préparatifs. Un rapport volumineux sur l'ensemble de l'opération, accompagné de certains échantillons qui devaient subir des essais et des analyses approfondies, fut sans doute débarqué à la mi-août et convoyé sous bonne garde vers la côte orientale des Etats-Unis. En même temps, les équipes de forage étaient conduites directement à l'aéroport et s'envolaient vers le continent américain. Le navire reprit la mer sans avoir touché terre, et retrouva près de l'île Catalina la barge submersible transportant le système de griffe.

Pendant que le navire opérait au-dessus du site du naufrage du sous-marin de la classe G, il était constamment suivi par des navires russes, qui le croyaient en train de procéder à des essais de ramassage de nodules polymétalliques. Parfois, les navires soviétiques espions approchaient à moins d'un mille du *Hughes Glomar Explorer*, mais rien ne transparaissait des réelles activités du navire américain. Bientôt, les spécialistes américains purent satisfaire leur curiosité en ce qui concerne les aciers utilisés pour la construction de la coque épaisse du sous-marin soviétique, le mode de fabrication, etc. Le chef de la CIA, William Colby, dans un rapport secret présenté au Congrès, a déclaré que deux torpilles nucléaires avaient été récupérées. D'après des témoins oculaires, plusieurs opérations de décontamination radioactive furent nécessaires au cours des travaux, ce qui permet de penser qu'au moins l'un des trois missiles à tête nucléaire a également été remonté à bord. On est également certain que, parmi les corps de marins soviétiques, dont le nombre total varie selon les sources entre sept et soixante-dix, figurait le corps d'un des spécialistes des charges nucléaires embarqués à bord du sous-marin. Ce jeune officier tenait son journal de bord, depuis la période d'entraînement jusqu'à la campagne elle-même. On alla jusqu'à procéder à bord à un service funèbre en anglais et en russe, selon les usages de la Marine russe. Sans en avoir la certitude, on peut supposer que les Américains trouvèrent également les codes de transmission ou une machine à coder, ainsi que des éléments du système de navigation par inertie du sous-marin. Tout cela aurait fort bien pu demeurer secret, et la version officielle de la CIA (« rien d'important sur le plan stratégique n'a été récupéré ») admise, si un élément rocambolesque n'était intervenu en juin 1974, c'est-à-dire avant même le début des opérations de relevage du sous-marin : le cambriolage – peut-être simulé – des locaux d'une société de production cinématographique appartenant à Howard Hughes à Hollywood, utilisée par le groupe comme centre de ses communications. Parmi les dossiers subtilisés au cours de ce cambriolage, figurait une note établissant de manière incontestable le rôle de couverture joué par le groupe dans le projet « Jennifer ». Lorsqu'il fut connu, ce cambriolage incita la CIA, devant l'intérêt croissant de la presse américaine pour l'opération de ramassage de nodules polymétalliques et l'enjeu économique des mines sous-marines, à prévoir une version de la réalité qui pût être acceptée par l'opinion publique américaine et par les Soviétiques.

La ligne générale adoptée par la CIA peut s'énoncer ainsi : « Pas de reconnaissance officielle de l'opération, mais une présentation officieuse la donnant comme une réussite partielle : le navire et les équipements, investissements considérables de la part du gouvernement américain, ont très bien accompli leur tâche. Mais au cours de l'opération de relevage, la griffe a mal fonctionné et l'épave a été brisée au cours de l'incident. En définitive, seul un morceau de la coque, ne contenant rien de très intéressant, a pu être remonté... »

Cette présentation des faits fut effectivement utilisée dès le début de l'année 1975, à la suite de la publication dans un quotidien californien d'un article fracassant sur le relevage d'un sous-marin soviétique par les Américains en plein océan Atlantique... On apprit quelques semaines plus tard que la fameuse note dont la disparition avait alarmé les autorités américaines avait été ramassée par un gardien qui en avait pris connaissance et qui, effrayé de ce qu'il venait involontairement de découvrir, avait détruit ce texte compromettant. La thèse officielle soutenue par la CIA fit son chemin, et, à la fin de l'année 1976, le sévère *New York Times* écrivait à nouveau que *the whole sub was recovered but a part was lost*. Curieusement, la réaction des autorités soviétiques fut minime : avaient-elles réellement saisi la véritable signification de l'opération « Jennifer », ou préférèrent-elles ne pas risquer d'aggraver les relations entre les deux pays ? Près de vingt ans plus tard, il est toujours aussi difficile de répondre à cette question.

Les Etats-Unis ont certainement tiré des enseignements stratégiques importants des résultats de l'opération « Jennifer », qui occupe une place unique dans les annales de l'intervention sous-marine à grande profondeur. L'opération « Jennifer » n'a jamais été égalée. Elle reste tout à fait remarquable au plan technique : localisation précise, tenue en station, intervention à plus de 5 500 m de profondeur, saisie et relevage de masses de dimensions considérables et pesant un millier de tonnes, tout concourt à en faire une prouesse technologique en matière d'intervention sous-marine profonde. Aujourd'hui, ses enseignements ont vraisemblablement perdu tout intérêt militaire direct, et il n'est même pas certain que l'avantage pris momentanément dans l'évolution des armements nucléaires sous-marins par les Etats-Unis soit encore réel. En revanche, le *Hughes Glomar Explorer* a connu une carrière ultérieure qui témoigne en partie au moins des avancées technologiques qu'avaient conçues les ingénieurs de Global Marine.

Un an après la fin de l'opération « Jennifer », au printemps 1975, le navire eut une nouvelle occasion de s'illustrer dans des tâches stratégiques. Il s'agissait cette fois de retrouver un équipement électronique « accidentellement perdu » par un sous-marin soviétique en face d'une base de la Marine américaine où les essais du missile stratégique à longue portée *Trident I* étaient en cours. Aucune publicité n'a été donnée à cette opération techniquement plus facile : le fait que les essais du *Trident I* se soient poursuivis normalement suggère que le système d'espionnage soviétique a été récupéré, permettant par là même de vérifier que d'autres systèmes comparables n'avaient pas été déployés par les sous-marins soviétiques.

Au cours de l'année 1979, le navire fut utilisé pour un essai de ramassage industriel de nodules polymétalliques pour le compte d'un consortium industriel américain, Ocean Minerals Company ou OMCO [5]. Il s'agissait d'expérimenter un système de ramassage et de remontée des nodules par injection d'air *(air-lift)*. L'expérience acquise au cours de l'opération « Jennifer » a certainement été très utile, aussi bien pour la conception même du système de ramassage des nodules sur le fond, que pour la conduite des opérations à la mer avec un train de tiges de plus de 5 000 m suspendu au navire. Après cette campagne, dont les résultats furent conformes aux objectifs initiaux, le navire fut utilisé à nouveau pour le compte de l'industrie pétrolière.

Malgré le développement rapide des flottes de sous-marins nucléaires, les marines occidentales n'ont pas eu à déplorer d'autres accidents que ceux des deux sous-marins *Thresher* et *Scorpion*. En France, deux accidents dramatiques ont, à deux ans de distance, endeuillé le milieu des sous-mariniers : le 27 janvier 1968, la *Minerve* plongeait au large de Toulon sans refaire surface ; le 4 mars 1970, l'*Eurydice*, un sous-marin du même type disparaissait à son tour, perdu corps et biens dans les mêmes parages. Ces deux sous-marins appartenaient à la classe *Daphné*, conçue au début des années cinquante pour avoir une vitesse limitée afin d'atteindre une plus grande profondeur, et un armement plus puissant que les sous-

---

5. Le consortium OMCO a été formé en 1977, entre la société minière américaine Cyprus Minerals et deux filiales de Lockheed, Lockheed Missiles & Space et Lockheed Systems ; une société hollandaise faisait également partie du consortium jusqu'à 1986, date à laquelle elle a décidé de se retirer.

marins de chasse et de destruction à propulsion classique de la classe *Aréthuse*. Mesurant un peu moins de 60 m de longueur pour un déplacement en surface de 870 tonnes, ces sous-marins avaient un équipage de 45 officiers et matelots ; ils pouvaient atteindre 16 nœuds en plongée, jusqu'à une profondeur opérationnelle de 300 m et maximale de 575 m.

Au moment de l'accident, la *Minerve* était en exercice individuel au large de Toulon pour une journée, et la catastrophe ne devint évidente pour les responsables que vingt-quatre heures après l'heure probable du naufrage. Les recherches en surface ne donnèrent aucun résultat, à la côte comme au large. Certaines raisons conduisaient à penser que le sous-marin s'était perdu sur des fonds supérieurs à 1 500 m. L'étude des enregistrements des sismographes des observatoires de la région révéla l'existence d'une petite anomalie, correspondant à une onde de choc dont le point d'origine se trouvait à une vingtaine de kilomètres en mer, par plus de 2 000 m de fond. Très vraisemblablement, cette anomalie correspondait à l'onde de choc produite lors de l'écrasement de la coque épaisse du sous-marin ; elle s'était produite à 7 h 58 le matin du 27 janvier, c'est-à-dire deux minutes avant une relève de quart. Ce détail a son importance : sur tous les navires, et particulièrement sur les sous-marins en plongée, la relève de quart constitue une période critique ; le quart montant dispose de quelques minutes seulement pour se familiariser avec la situation en cours. Une fausse manœuvre sur les barres de plongée est toujours possible. Or un sous-marin comme la *Minerve* lancé en pleine vitesse parcourt déjà 500 m à la minute ; une inclinaison d'une dizaine de degrés suffit pour lui faire prendre en quelques dizaines de secondes quelques dizaines de mètres supplémentaires d'immersion. A l'approche de la profondeur maximale de plongée, ces petites erreurs peuvent avoir des conséquences dramatiques.

C'est au bathyscaphe *Archimède* que la Marine nationale décida de faire appel pour tenter de retrouver l'épave de la *Minerve*. Une reconnaissance à partir de la surface était toutefois indispensable, étant donné l'ampleur de la zone à prospecter et les capacités du bathyscaphe. Le navire hydrographe *La Recherche* localisa au cours de l'été 1968 quelques échos qui pouvaient correspondre à une épave. L'*Archimède*, équipé pour l'occasion d'un sonar panoramique permettant de détecter des obstacles à plusieurs centaines de mètres de distance, commença ses recherches à la fin du mois de septembre. Une ou deux épaves furent repérées au sonar ; le bathyscaphe put s'en approcher suffisamment pour vérifier qu'il ne s'agissait pas de la malheureuse *Minerve*. A la fin du mois d'octobre, la Marine décida d'interrompre les recherches. D'autres plongées furent effectuées, tout aussi vainement, un an plus tard, à la fin de l'été 1969.

Quelques mois plus tard, le 4 mars 1970, c'était au tour de l'*Eurydice* de disparaître dans cette même région. Les conditions de l'accident se présentaient bien différemment. L'*Eurydice* était en exercice avec un appareil de l'aéronavale, et, faute de pouvoir obtenir le contact radio avec le sous-marin à l'heure prévue, l'avion donna immédiatement l'alerte. Plusieurs navires arrivèrent sur les lieux de l'accident quelques heures seulement après l'alerte, et on découvrit une vaste nappe de gas-oil provenant de l'*Eurydice*, ainsi que certains objets remontés en surface. Les séismologues repérèrent facilement l'onde de choc produite par l'implosion de la coque épaisse du sous-marin. Les diverses sources d'informations concordaient : le sous-marin avait disparu sur des fonds de 1 000 à 1 200 m, particulièrement tourmentés dans cette zone de canyons qui entaillent profondément la marge provençale. Le relief très accidenté rendait à peu près inopérante toute tentative de détection au sondeur acoustique, par suite des échos latéraux multiples provenant des pentes des canyons. La Marine demanda l'aide du navire américain *Mizar* pour préparer les plongées du bathyscaphe, qui était alors en grand carénage.

Le *Mizar*, équipé d'un poisson remorqué porteur d'un magnétomètre et d'appareils photographiques, arriva à Toulon au début du mois d'avril ; une douzaine de jours plus tard, les Américains parvinrent à repérer l'épave au magnétomètre et rapportèrent des photographies de débris de l'*Eurydice*, éparpillés sur une large zone. Le bathyscaphe venait de terminer son carénage et effectua sa première plongée au début du mois de mai. Le fond, raconte le commandant Georges Houot, était beaucoup plus tourmenté qu'on ne pouvait l'imaginer à partir des photographies et des cartes bathymétriques ; falaises rocheuses sub-verticales, pentes de vase de plus de 70 % de déclivité, alternant avec des buttes de vase. Pour faciliter le travail du bathyscaphe, le *Mizar* avait mouillé, à l'endroit supposé de l'épave, une balise qui devait constituer un point fixe ; malheureusement, masquée par une falaise ou perdue au fond d'une crevasse, la balise restait invisible pour l'*Archimède*. Au cours des deux premières plongées, le bathyscaphe repéra des morceaux de tôle déchiquetée, provenant sans doute des ballasts du sous-marin ; à la fin du mois de mai, l'*Archimède* retrouva l'arrière de l'*Eurydice*, entouré de nombreux débris. L'arrière du sous-marin, incliné sur tribord d'environ 100 à 110°, émergeait du sédiment au milieu d'une sorte de cratère d'une quinzaine de mètres de rayon, vraisemblablement formé lors de l'impact au fond du sous-marin. On reconnaît sur les photographies les deux hélices et leurs lignes d'arbre extérieures, les barres de plongée arrière et le gouvernail de direction, qui touche à peine le sol et est incliné d'à peu près 15° sur l'horizontale. L'ensemble était en porte-à-faux, ce qui signifie qu'une partie très importante de la coque épaisse du sous-marin était enfouie dans la vase et maintenait l'arrière dans cette position instable. Aux alentours, de nombreux morceaux de tôle provenant de la coque légère extérieure, le sas principal d'entrée dans le sous-marin, le dôme sonar arraché, étaient dispersés dans un rayon d'une cinquantaine de mètres autour de l'arrière. Le bathyscaphe poursuivit son exploration méthodique jusqu'à des distances de 600 à 700 m de l'arrière : aucun autre débris important ne fut repéré. Il faut en conclure que la partie avant du sous-marin était profondément fichée dans la vase, ce qui n'a rien de surprenant : les formes hydrodynamiques des sous-marins leur permettent d'atteindre en quelques dizaines de secondes des vitesses de chute voisines de 100 km/h, voire encore supérieures. Lancée à une telle vitesse, une masse de plus de 800 tonnes s'enfonce facilement d'une longueur de dix à vingt mètres dans les sédiments superficiels encore meubles.

Comme la *Minerve*, comme beaucoup d'autres sous-marins, l'*Eurydice* a disparu à la suite d'une incursion au-delà des limites de sécurité de sa coque épaisse ; erreur humaine, effet d'une onde interne modifiant brusquement la stabilité du sous-marin, il suffit de quelques secondes, lorsque le sous-marin navigue à son immersion maximale, pour que survienne l'accident. La reconnaissance directe effectuée par le bathyscaphe a confirmé de manière indiscutable les premières conclusions de l'enquête quant à l'origine de l'accident ; elle a d'autre part apporté des informations importantes sur l'état de la coque épaisse du sous-marin et de la coque légère extérieure, à la suite de l'implosion et de l'impact sur le fond.

Le bathyscaphe s'était borné à reconnaître l'épave de l'*Eurydice* et à rapporter de nombreuses photographies. Il peut être nécessaire dans certains cas de remonter en surface des morceaux d'épaves ; depuis la récupération de la bombe atomique de Palomares en 1966, les sous-marins profonds habités ont eu l'occasion de faire la preuve de leur capacité à intervenir beaucoup plus profondément, sur des épaves de plus grande dimension. Ainsi, le *Nautile* français, deux ans seulement après ses premières campagnes scientifiques dans les fosses de subduction du Japon, est intervenu avec succès par plus de 3 600 m de profondeur sur une épave d'avion.

Le 27 juin 1980, en fin de soirée, un DC 9 de la compagnie intérieure italienne Itavia, qui assurait la liaison Bologne-Palerme, survolait le sud de la mer Tyrrhénienne ; parvenu à moins de 100 milles des côtes de Sicile, l'avion se préparait à atterrir. Après un dernier contact radio avec le Centre de contrôle aérien de Rome à 20 h 56, l'appareil cessa de communiquer avec le sol ; deux minutes plus tard, les informations données automatiquement par le répondeur radar de l'avion indiquaient des paramètres de vol normaux : vitesse 430 nœuds, altitude 25 000 pieds ; quelques instants plus tard, l'écho du répondeur de l'avion disparut de l'écran des radars de contrôle ; à ce moment, les échos directs obtenus sur la carlingue de l'avion, que l'on put suivre pendant quelques minutes, changèrent de direction, se déplaçant vers l'est à une vitesse d'une centaine de nœuds ; cette vitesse correspondait à celle d'un courant aérien (jet stream) soufflant entre 24 000 et 17 000 pieds ; trois minutes après, les échos directs disparurent également ; une heure plus tard, il fallut se rendre à l'évidence et annoncer la tragique nouvelle à l'aéroport de Palerme : l'appareil avait disparu en mer.

Les recherches furent entreprises dès le lever du jour : hélicoptères et navires localisèrent rapidement la zone de l'impact de l'avion ; les corps de trente-neuf victimes, ainsi que de nombreux débris, purent être récupérés flottant à la surface. Les circonstances de l'accident et les enregistrements des radars de contrôle aérien permettent de penser qu'à la suite de l'arrêt de ses réacteurs, l'avion, incapable de communiquer, dut planer pendant quelques minutes vers l'est, entraîné par le violent courant aérien, avant de s'abîmer en mer ; quant à l'origine de l'accident, l'hypothèse généralement retenue est celle d'une attaque involontaire par un missile air-air, à la suite d'une erreur de désignation ou d'acquisition d'objectif. Plusieurs observations étayent cette hypothèse, en particulier la très grande dispersion des corps retrouvés à la surface (12 heures après l'accident, deux navires distants de plus de trente kilomètres trouvent des corps de passagers), comme si l'avion les avait progressivement perdus au cours de sa descente, par un orifice de grande dimension (porte arrachée, déchirure dans le fuselage ?).

Bien entendu, une commission d'enquête fut créée à la suite de cette catastrophe, afin d'en déterminer les causes et de rechercher les responsabilités. Les débris recueillis en surface ne donnaient aucune indication. Les enregistreurs de vol restaient introuvables [6]. Pour en savoir davantage, il était indispensable de retrouver l'épave de l'appareil, et d'en remonter à la surface un maximum d'éléments. La commission d'enquête décida au début de l'année 1987 de confier cette opération délicate à l'Institut français de recherche pour l'exploitation de la mer (IFREMER), qui venait de lancer le *Nautile* et disposait également d'un sonar profond à haute définition, baptisé SAR. Le contrat fut signé le 15 avril 1987 entre le Tribunal de Rome et l'IFREMER, et les opérations à la mer débutèrent à la fin du mois à bord du NO Noroît, navire océanographique d'une cinquantaine de mètres de longueur déplaçant 870 tonnes, équipé d'un portique arrière basculant et d'un treuil grands fonds pour des charges de 10 tonnes. Après quelques jours de recherche systématique à l'aide du SAR, qui effectua une série de profils est-ouest couvrant une largeur de 700 m de chaque côté de la route du navire, des échos caractéristiques furent repérés à 3 570 m de profondeur ; un système de prises de vue vidéo remorqué près du fond permit de vérifier que ces échos étaient bien ceux d'un avion ; une série de photographies obtenues avec l'engin libre inhabité *Epaulard* permit d'identifier avec certitude le DC 9 de la compagnie Itavia à la fin du mois de mai ; l'annonce publique de sa découverte fut faite à la presse italienne le 26 mai.

Le *Nautile* pouvait alors intervenir, et à la fin du mois de mai, à partir de son navire porteur, le *Nadir*, il effectuait une dizaine de plongées d'inspection ; à la seconde plongée, il eut la chance de retrouver le *Voice Recorder*. Les principaux éléments de l'avion furent repérés et localisés : le poste de pilotage et la partie avant de la cabine, la partie principale du fuselage mesurant une dizaine de mètres de longueur, les ailes, avec le train d'atterrissage enfoncé dans le sédiment, les deux réacteurs, à demi ensouillés ; il manquait seulement la queue de l'appareil, qui fut retrouvée un an plus tard et remontée à la surface. La commission d'enquête demanda que tous les éléments découverts pendant l'exploration, dans la mesure du possible, fussent remontés à la surface. Les petits débris furent remontés par le *Nautile*, ou déposés dans un panier métallique

---

6. Les enregistreurs de vol du DC 9 comprenaient un *Fly Data Recorder*, qui enregistre en permanence les positions des gouvernes et des principaux organes de l'appareil ; on l'appelle souvent la boîte noire. Il existe d'autre part un second appareil chargé d'enregistrer les conversations dans le poste de pilotage, ainsi que les communications radio avec le sol : c'est le *Voice Recorder*.

suspendu à un ascenseur autonome dont la remontée en surface était déclenchée par le largage d'un lest. Pour les plus gros, il fallut imaginer une technique adaptée : il n'était pas question d'utiliser le *Nautile* pour remonter des objets dont le poids dans l'eau variait entre 2 et 4 tonnes. L'ingénieur de l'IFREMER responsable de l'opération, Jean Roux, imagina une méthode originale, qu'il a qualifiée lui-même de « chalutage assisté » ; elle consiste à passer sous les objets les plus lourds ou les plus volumineux une nappe de filet guidée par un châssis ; l'effort de traction est fourni depuis la surface par un navire ; le rôle du sous-marin est de guider l'ensemble du dispositif et de suivre le bon déroulement de l'opération ; après quoi, une fois les objets dans le filet, le tout peut être fixé à un câble venant de la surface et remonté. Pour des objets moins lourds, la technique consiste à fixer sur l'objet à remonter des éléments de flottabilité en nombre suffisant. Enfin, pour les plus petites pièces, un panier équipé de flotteurs et d'un lest largable permet de remonter une centaine de kilos.

Les opérations de relevage se déroulèrent parfaitement : début juillet 1987, un réacteur, une aile, le poste de pilotage de l'avion, et des débris divers avaient été remontés à la surface ; au total, ces fragments représentaient une dizaine de tonnes. Le travail fut achevé au printemps suivant, en 1988 : le second réacteur, la seconde aile avec son train d'atterrissage, la partie principale du fuselage, la queue de l'appareil et divers fragments purent, grâce au travail du *Nautile*, être remontés entre le 27 avril et le 20 mai 1988 à bord du *Castor*, navire appartenant à la société Serra Frères.

L'expédition s'acheva le 23 mai ; malgré les efforts déployés, l'enregistreur de vol restait introuvable. La boîte noire est, volontairement, faiblement fixée à l'avion, de manière à ce qu'elle puisse s'en séparer en cas d'accident, avant que l'appareil ne s'écrase au sol et ne s'enflamme. En l'occurrence, elle a fort bien pu tomber à bonne distance du reste de l'épave, et ses dimensions n'en facilitent pas la recherche. Certes, les boîtes noires sont normalement équipées d'un émetteur acoustique qui se met automatiquement en fonction au contact de l'eau, pour faciliter le repérage. Mais la portée de ces émetteurs reste limitée, et leur autonomie ne dépasse pas quelques semaines. Le *Nautile* venait en tout cas de faire la preuve de ses capacités dans une opération particulièrement délicate, en remontant des charges de plusieurs tonnes.

La liste des sous-marins nucléaires perdus au fond des océans est malheureusement loin d'être close. Au début de l'année 1987, un sous-marin nucléaire soviétique a coulé au large des Bahamas, par des fonds de près de 5 000 m. Les Soviétiques ont envisagé d'envoyer un sous-marin profond étranger repérer l'épave ; des négociations furent engagées, mais n'aboutirent pas.

Le dernier accident connu est très récent, puisqu'il a eu lieu le 7 avril 1989. Ce jour-là, un sous-marin d'attaque soviétique de 6 400 tonnes et de 110 m de longueur coulait par 2 000 m de fond au large des côtes de Norvège, à la suite d'un incendie qui s'était heureusement déclaré en surface. La plus grande partie de l'équipage a pu quitter le sous-marin et a été sauvée par la Marine norvégienne. On a beaucoup parlé, au moment de l'accident, des risques de pollution radioactive que pourrait entraîner cet accident. Le fait que le réacteur nucléaire ait pu être arrêté avant le naufrage n'est pas totalement rassurant : en effet, le réacteur de ce type de sous-marin possède un circuit primaire au sodium liquide, et on imagine, en cas de fuite de ce circuit, les conséquences du contact entre le sodium porté à 300°C et l'eau de mer s'engouffrant dans les entrailles du sous-marin. Cette unité était équipée de missiles anti-sous-marins à charge nucléaire SSN-15. Pour la première fois, les autorités soviétiques ont fait connaître leur décision de procéder au renflouement de l'épave. La société hollandaise Smit, bien connue dans le monde maritime, a été chargée des opérations de relevage. Si elles réussissent, elles permettront pour la première fois d'évaluer les risques de fuite de combustible nucléaire dans l'environnement marin à la suite d'un naufrage. L'enjeu est d'une réelle importance, quel que soit par ailleurs l'aspect rassurant des déclarations des experts, qui évaluent comme quasiment nuls les risques de fuite de la charge nucléaire dans l'environnement marin. N'a-t-il pas fallu, après tout, attendre cinq ans pour connaître les véritables conséquences sur l'environnement et les populations d'un accident comme celui de Tchernobyl ?

Les progrès techniques réalisés depuis une vingtaine d'années en matière d'intervention sous-marine profonde débouchent sur une interrogation d'ordre économique. Malgré toutes les précautions prises, l'expérience démontre quotidiennement que les accidents sont toujours possibles. Le développement du trafic aérien à grande distance et des vols transocéaniques a pour conséquence une probabilité d'accidents par grands fonds non négligeable. Des évaluations sommaires démontrent que le nombre d'épaves de navires d'une certaine dimension perdus par grande profondeur est très élevé. Des raisons diverses peuvent amener un Etat, une compagnie aérienne ou une société industrielle à conduire des opérations de renflouement à grande profondeur. Le domaine médiatique n'échappe pas à la règle : qui ne se souvient de l'émotion intense provoquée en 1986 par l'exploration de l'épave du paquebot *Titanic*, identifiée un an auparavant, le 1ᵉʳ septembre 1985, grâce à la photographie d'une des énormes chaudières ?

Jusqu'à présent, ces activités sont encore trop peu nombreuses pour constituer un véritable marché susceptible d'attirer des entrepreneurs privés ; ce n'est pas un hasard si les sous-marins profonds existant actuellement dans le monde appartiennent tous à des organismes publics de recherche ; contre-coup des graves difficultés budgétaires que connaissent depuis 1990 les institutions scientifiques de l'ex-URSS, les Russes recherchent vainement des affrétements pour leurs deux sous-marins *Mir* auprès de pays occidentaux. Les demandes restent bien inférieures aux offres de service. Les quelques contrats d'affrétement obtenus représentent pour les organismes publics de recherche des occasions de perfectionner les méthodes de travail et de démontrer les capacités techniques des sous-marins, tout en bénéficiant de ressources financières complémentaires. Au bout du compte, les moyens budgétaires affectés aux activités de recherche sont préservés, voire légèrement augmentés, et les retombées techniques vers les programmes scientifiques des acquis des interventions industrielles sont plus importantes encore.

Chapitre 5

L'océan profond,
vecteur de la communication

Il est difficile aujourd'hui de se représenter l'importance de la révolution sociale introduite à la fin du XVIIIe siècle par le développement du télégraphe aérien de Claude Chappe. Jusque-là, les nouvelles étaient transmises par des messagers à cheval de relais en relais, avec les lenteurs et les retards inévitables. Quelques exemples célèbres méritent d'être rappelés : la nouvelle de la bataille d'Austerlitz, livrée le 2 décembre 1805, ne parut au *Moniteur* que le 12, c'est-à-dire dix jours après ; elle fut apportée à Paris par le colonel Lebrun, aide de camp de l'Empereur. La prise d'Alger, qui eut lieu le 5 juillet 1830, ne fut connue à Paris que le 13 au soir ; il est vrai qu'à la distance s'ajoutait un obstacle de taille, la Méditerranée.

Version moderne des signaux de feu utilisés par certaines civilisations primitives, le télégraphe de Chappe était fondé sur la reconnaissance de signaux optiques. La portée utile entre deux postes télégraphiques successifs était comprise entre 10 et 15 kilomètres environ. La nuit, des lampes étaient fixées aux extrémités des barres mobiles. Un vocabulaire de 9 999 mots, dans lequel chaque mot était représenté par un chiffre, avait été élaboré par un parent des frères Chappe, Delaunay, ancien Consul de France, qui avait une longue habitude des langages secrets utilisés par les services diplomatiques. Conscient des applications militaires de son invention, Claude Chappe présenta les résultats de ses expériences à l'Assemblée législative en mars 1792. Le télégraphe de Chappe fit l'objet un an plus tard d'un examen approfondi par une commission scientifique désignée par la Convention ; elle comprenait notamment une des grandes figures scientifiques de la période révolutionnaire, Lakanal. Une ligne expérimentale fut établie pour l'occasion ; d'une longueur de 35 km, entre le parc du représentant Pelletier Saint-Fargeau, à Ménilmontant, et Saint-Martin-du-Tertre, elle comprenait trois stations, deux terminales et une intermédiaire située sur les hauteurs d'Ecouen. La vitesse de transmission était de l'ordre de vingt secondes par signal. Le message suivant fut expédié en neuf minutes de Saint-Martin-du-Tertre vers Ménilmontant : « Les habitants de cette belle contrée sont dignes de la liberté par leur amour pour elle et leur respect pour la Convention nationale et ses lois. »

Dans son rapport lu à la Convention en juillet 1793, la commission proposa de nommer Claude Chappe ingénieur-télégraphe et de charger le Comité de salut public d'examiner « quelles sont les lignes de correspondance qu'il importe à la République d'établir dans les circonstances présentes ». Quelques semaines plus tard, le Comité de salut public décidait la création des deux premières lignes télégraphiques, reliant Paris à Lille et à Landau, en Bavière, alors possession française. Un an plus tard, le 1ᵉʳ septembre 1794, la Convention put apprécier l'intérêt du télégraphe de Chappe : la ville de Condé venait d'être reprise aux Autrichiens et la nouvelle fut transmise de Lille à Paris si rapidement que Carnot put annoncer la victoire à la tribune de la Convention quelques heures plus tard.

Le développement du télégraphe aérien se poursuivit jusqu'au milieu du XIXᵉ siècle en France et, à sa suite, dans divers pays européens. Cependant, ce qui apparaissait à l'époque de la Révolution comme une remarquable innovation a sans doute retardé l'introduction en France de la télégraphie électrique, qui allait à son tour révolutionner les communications à longue distance. La question vaut d'être posée, lorsqu'on considère le rôle majeur joué dans le développement des câbles sous-marins par l'Angleterre et les Etats-Unis.

En effet, les espaces maritimes restaient infranchissables au télégraphe aérien, à un moment où les relations des nations européennes avec l'Amérique du Nord et avec les grands empires coloniaux prenaient une importance croissante. Un simple bras de mer de la largeur du pas de Calais suffisait à interdire toute transmission rapide, obligeant à recourir à la navigation. Certes, il existait bien des signaux de communication aux navires, qui permettaient aux armateurs de transmettre aux capitaines leurs derniers ordres à partir des sémaphores situés à l'extrémité des terres, en Europe ou en Amérique. Mais il était évidemment impossible de construire en pleine mer les stations intermédiaires. C'est une autre invention, celle de la télégraphie électrique, qui allait apporter la solution et par là même condamner sans appel le télégraphe aérien.

Aux Etats-Unis, la télégraphie électromagnétique découverte par Samuel Morse fut introduite dès 1844. En Angleterre, Wheatstone mit au point à la même époque un système fondé sur la lecture de la déviation de galvanomètres. La France, quant à elle, attendit 1851 pour installer les premières liaisons télégraphiques modernes entre les grandes villes. Très vite, on abandonna le télégraphe aérien de Chappe, qui avait acquis ses lettres de noblesse au cours de la première moitié du XIXe siècle. Le système français, conçu par A. Foy et réalisé par L. Breguet, s'inspirait encore du code utilisé par le télégraphe aérien de Chappe. Ses multiples inconvénients, ainsi que l'adoption par de nombreux pays européens du système Morse, finirent par le faire abandonner : en 1854, un décret impérial décida l'adhésion de la France au système Morse utilisant 56 lettres, chiffres ou instructions simples. En 1865, à Paris, la première Conférence Télégraphique Internationale (ancêtre de l'Union Internationale des Télécommunications) étendait l'utilisation du système Morse aux liaisons internationales. Contrairement au système Foy-Breguet, le système Morse n'exigeait qu'un seul conducteur, le conducteur de retour étant constitué par la terre, possibilité remarquable qu'avait établie une vingtaine d'années auparavant le physicien allemand Steinheil. Rapidement, le télégraphe électromagnétique se développa et se perfectionna dans les pays occidentaux.

Restait l'obstacle, longtemps considéré comme insurmontable, que représentaient les océans ; il suffisait en théorie de disposer d'un fil conducteur métallique parfaitement isolé de l'eau de mer pour réaliser les liaisons télégraphiques sous-marines. La première expérience en mer réussie est due à Morse lui-même, et remonte à 1842, dans le port de New York. Mais lorsqu'on voulut accroître la distance parcourue par le câble et obtenir une fiabilité suffisante, les matériaux isolants utilisés, dont le caoutchouc naturel extrait de différentes espèces de *Ficus*, se révélèrent trop fragiles : le caoutchouc, en particulier, se désagrège rapidement dans l'eau de mer et devient mou au contact prolongé avec le cuivre du fil conducteur. La question demeura en suspens quelques années, jusqu'au jour où l'Allemand W. Siemens s'avisa d'utiliser une gomme végétale particulière, la gutta-percha. Cette gomme jaunâtre ou brunâtre provient du latex de certains arbres du Sud-Est Asiatique et d'Amérique du Sud, *Pallaquium oblongifolium* et *P. gutta*. A la température ordinaire, la gutta-percha a une consistance coriacée ; elle devient molle et plastique à 60°C et liquide à 120°C. A peu près inaltérable à l'eau de mer, cette matière résiste à de nombreux agents chimiques, acides, bases, solutions de sels divers, etc. Walker mit en évidence en 1849 les applications possibles de la gutta-percha à la télégraphie sous-marine, en immergeant un câble de près de quatre kilomètres dans le port de Folkstone entre la terre et un navire qui émettait des signaux transmis par le câble. Avec cette technologie, il devenait possible de réaliser le premier projet de câble sous-marin reliant Douvres à Calais. Une compagnie anglo-française fut créée à l'initiative de l'Anglais Brett.

Il fallut près de deux ans et plusieurs essais infructueux pour franchir la distance d'une trentaine de kilomètres qui séparait les deux ports. Dans cette région, la profondeur du pas de Calais ne dépasse guère 70 m. Un premier câble de cuivre de 45 kilomètres de longueur entouré d'une enveloppe de gutta-percha fut mouillé au cours de l'été 1850 par un vapeur à roues anglais, le *Goliath*, équipé en son milieu d'un énorme tambour supportant le câble. Les deux extrémités étaient revêtues d'un doublage de plomb sur plusieurs centaines de mètres de longueur. Pendant la pose, le fil conducteur était utilisé pour maintenir une liaison constante entre la terre et le navire. Au cours de la pose, le câble était régulièrement lesté de poids de plomb destinés à le maintenir au fond. Malheureusement, quelques heures seulement après l'acheminement d'une première dépêche télégraphique en morse entre Douvres et le cap Gris-Nez, la liaison était rompue près des côtes françaises, soit sous l'effet des courants de marée, soit à la suite d'une coupure, involontaire ou non, par un pêcheur. Les promoteurs de l'opération, encouragés par cette première tentative, conclurent qu'il était nécessaire de renforcer considérablement la résistance mécanique du câble sous-marin.

Un nouveau câble beaucoup plus solide fut mis en chantier. Il comportait quatre conducteurs séparés entourés d'une gaine isolante de gutta-percha, entrelacés avec quatre cordes de chanvre, le tout renforcé par un revêtement de fil de chanvre goudronné ; une dizaine de fils de fer galvanisé formait une armature extérieure résistante ; le câble avait 32 millimètres de diamètre, et pesait plus de 4 tonnes au kilomètre. Il fut disposé dans la cale du vapeur *Blazer*, et l'opération de mouillage se déroula le 25 décembre 1851.

A sa sortie de la cale, le câble était guidé vers un grand cabestan de 10 mètres de diamètre où il faisait deux tours avant de plonger à la mer par l'arrière du navire. Le câble mesurait 40 km de longueur, et la distance entre les deux points choisis, le cap Southerland en Angleterre et une dune située près de Sangatte en France, était de 33 km. Malgré cela, on ne put rejoindre la côte française, et l'extrémité du câble, soigneusement marquée par une bouée, fut déposée au fond. Deux jours plus tard, un petit câble

Première tentative pour la pose d'un conducteur électrique de Douvres à Calais, faite par le Goliath *et le* Widgeon, *le 28 août 1850.*

provisoire hâtivement confectionné put être soudé à l'extrémité du gros câble et permit de vérifier le bon fonctionnement de la liaison sous-marine. Le 31 décembre 1851, une nouvelle longueur de câble de 32 millimètres le remplaça. Moins d'un an plus tard, les deux stations intermédiaires de Douvres et de Calais purent être supprimées : la liaison télégraphique directe Londres-Paris était enfin réalisée ! Cette première liaison sous-marine fonctionna sans incident jusqu'en 1858, date à laquelle le câble se trouva rompu par l'ancre d'un navire. Il fallut procéder au relevage des deux extrémités du câble et à la soudure d'un morceau de câble neuf entre les deux parties intactes de l'ancien. Après ce premier succès, de nombreuses liaisons sous-marines par des profondeurs comparables furent rapidement créées le long des côtes européennes, entre les îles et le continent, entre l'Angleterre et l'Irlande, l'Angleterre et le Danemark, etc. Par des profondeurs bien inférieures à une centaine de mètres, la pose des câbles sous-marins restait chose relativement facile, dès lors que la technique de construction était au point.

Avec le projet de liaison entre la France et l'Afrique du Nord, étudié dès 1853, il en était tout autrement. Deux trajets avaient été étudiés : un projet français cherchait à réduire au minimum la partie sous-marine, et proposait une liaison sous-marine entre Almeria et Oran ; un second projet, présenté par une entreprise anglaise, passait par la côte italienne à la Spezia, rejoignait la Corse et la Sardaigne pour aboutir entre Bône et la frontière tunisienne. Ce projet présentait, pour ses concepteurs anglais, l'intérêt de constituer un premier tronçon du futur câble destiné à relier l'Angleterre à l'Inde ; il eut la préférence des autorités françaises. A cette époque, on ne connaissait pratiquement rien des profondeurs de la Méditerranée, au-delà d'une centaine de mètres ; on savait simplement qu'il existait au large de Nice des profondeurs de l'ordre d'un kilomètre : les pêcheurs niçois y pratiquaient en effet une pêche à l'aide de palangres profondes posées sur le fond. Cette pêche avait d'ailleurs fourni au début du XIXᵉ siècle au pharmacien et naturaliste local Risso la matière de nombreuses descriptions d'espèces de crustacés et de poissons inconnues. Encouragés par les succès enregistrés dans les opérations de mouillage de câbles par petite profondeur, les responsables du projet ne crurent cependant pas nécessaire d'effectuer une reconnaissance bathymétrique préalable au trajet sous-marin. Cette erreur explique en grande partie les nombreuses difficultés rencontrées par ce projet, qui, entrepris en 1854, fut achevé à la fin de 1857, après deux échecs successifs.

La première tentative eut lieu au cours de l'été 1854. Un câble à six conducteurs séparés et armature métallique extérieure renforcée de douze fils de fer, d'un poids de 800 tonnes, fut embarqué sur un vapeur anglais, le *Persian*, chargé d'effectuer la première partie de l'opération. La pose du câble débuta à partir de la Spezia. Après avoir parcouru sans difficulté une trentaine de kilomètres, le navire rencontra des profondeurs croissantes. Lorsque la sonde

atteignit 460 mètres, il devint très difficile de retenir le câble car
son poids dans l'eau exerçait une tension croissante. Un peu plus
loin, des profondeurs de plus de 700 mètres furent atteintes par le
câble, qui supportait d'énormes tensions [1]. A la fin du mois de
juillet, le navire touchait la Corse et le détroit de Bonifacio était
franchi sans difficulté : le *Persian*, sa mission accomplie, regagnait
l'Angleterre.

La pose de la seconde partie du câble sous-marin entre la
Sardaigne et l'Afrique du Nord fut beaucoup plus difficile, en raison
de la distance à franchir et du relief sous-marin particulièrement
accidenté dans cette région de la Méditerranée. Une première tentative fut faite en 1855 par un *aviso* français aidé par un navire
anglais, entre Cagliari et Bône : le câble se rompit soudainement
par suite d'une vitesse de déroulement trop élevée : la profondeur
accrue avait augmenté son poids. Une nouvelle opération fut entreprise un an plus tard ; cette fois, le câble s'avéra trop court pour
atteindre la côte africaine, et un coup de vent provoqua sa rupture.
Une troisième tentative, enfin couronnée de succès, eut lieu un an
plus tard, au cours de l'été 1857. Instruits par les malheureuses
expériences précédentes, les responsables de l'opération décidèrent
plusieurs modifications : tout d'abord, au lieu de partir de Sardaigne, le câble serait posé à partir de la côte d'Afrique ; en second
lieu, son poids fut ramené de 5 à 4 tonnes au kilomètre dans l'air,
pour un diamètre à peine plus réduit ; enfin, des innovations furent
apportées au système de pose lui-même : introduction d'un dyna-
momètre permettant d'estimer en permanence la tension à laquelle
est soumise le câble et d'un dispositif de frein refroidi à l'eau. Un
ingénieur hydrographe français avait réalisé des sondages d'après
lesquels la profondeur atteindrait en certains endroits entre 3 200
et 4 000 m, avec de nombreuses gorges sous-marines très acciden-
tées ! En réalité, la profondeur, dans cette région de la Méditerranée,
ne dépasse pas 1 800 m ; mais les accidents topographiques sont
effectivement fréquents.

Malgré ces nouvelles dispositions, l'immersion du câble en
septembre 1857 rencontra diverses difficultés ; il continuait à se
dérouler à une vitesse supérieure à celle du navire, de telle sorte
qu'il ne put toucher terre : il s'en fallait d'une vingtaine de kilomètres. Plus grave, l'excès de longueur de câble et la vitesse excessive

---

1. Le câble pesait, dans l'air, 5 tonnes au kilomètre pour un diamètre de 3 centimètres ;
le poids dans l'eau devait donc être de l'ordre de 4,3 tonnes au kilomètre.

de déroulement entraînèrent la formation de « coques », boucles qui furent à l'origine du fonctionnement défectueux de ce câble ; il cessa de fonctionner un an seulement après sa pose. On décida de le réparer en 1858. Une longueur d'une trentaine de milles fut remontée à partir de la Sardaigne et remplacée avec succès. Deux ans plus tard, une coupure complète du câble conduisit à une nouvelle intervention. Cette opération de relevage, sans doute la première du genre par de grandes profondeurs, allait apporter des résultats remarquables en ce qui concerne l'existence d'animaux dans les grandes profondeurs.

Quelques années plus tard, en 1860, l'administration française commandait à une entreprise anglaise la pose d'un câble sous-marin pour relier Marseille à Alger. La distance à couvrir étant de 750 km, on construisit un câble d'une longueur sensiblement supérieure (885 km), doté d'une résistance élevée (il pouvait supporter sans dommage une pression de 6 tonnes). A la suite de divers accidents, dont un abordage entre le navire poseur et son escorteur, l'opération se solda par un échec complet. Au cours des travaux à la mer, on réussit néanmoins à relever le câble d'une profondeur de 2 400 m.

Une nouvelle tentative eut lieu quelques années plus tard, en 1864. Cette fois-ci, c'est à l'Allemand Siemens, directeur des Télégraphes, que l'on fit appel. Siemens décida d'utiliser un câble monoconducteur de petit diamètre entouré d'une bande flexible de cuivre. Le câble était enroulé autour d'un tambour à axe vertical logé dans la cale du navire câblier. Au cours des inévitables opérations de relevage, Siemens choisit une méthode nouvelle particulièrement mal adaptée : au lieu de prendre le câble par l'avant du navire et de le haler en faisant route en avant lente, il relevait le câble par l'arrière, en maintenant le bateau en route en avant lente, ce qui imposait au câble des surtensions dangereuses. Le câble devait suivre le tracé d'Oran à Carthagène, les fonds sur ce trajet ne dépassant pas 2 000 m. Après un mois de difficultés diverses, dont plusieurs ruptures, Siemens renonça à l'opération. Pendant quelque temps encore, il fallut recourir au câble posé entre l'Italie et la Tunisie pour communiquer avec Alger et ce n'est que quelques années plus tard que l'on put enfin disposer d'une liaison directe entre Marseille et Alger.

Au cours de cette période pionnière, l'idée de poser un câble sous-marin entre le vieux continent et les Etats-Unis d'Amérique était née dès la réussite de la liaison Douvres-Calais. Dans un premier temps, il convenait de relier Terre-Neuve au continent américain, ce qui ne posait pas de problème nouveau. En revanche, on ignorait à quelles profondeurs on allait avoir affaire dans la traversée de l'Atlantique. Dès 1854, une Compagnie transatlantique était constituée, unissant des intérêts américains et anglais ; les deux gouvernements avaient promis leur concours pour les études préliminaires et les opérations d'immersion du câble. La liaison avec Terre-Neuve fut établie, après quelques incidents, en 1856. Restait à poser le câble transatlantique. Les responsables de la Compagnie transatlantique bénéficiaient des remarquables travaux de sondage de l'Atlantique Nord réalisés en 1853 sous l'impulsion du lieutenant de la Marine américaine Maury, devenu directeur de l'Observatoire national de Washington : il avait réalisé une série de sondages systématiques de 100 milles en 100 milles, de Terre-Neuve jusqu'à la côte écossaise. Surtout, il avait, le premier, réuni l'ensemble des sondages pratiqués par les navires de guerre dans l'Atlantique Nord pour en extraire une carte par isobathes de 1 000 brasses en 1 000 brasses, carte qui a longtemps constitué le document de référence. Un autre marin américain, le lieutenant Brooke, avait inventé un dispositif de sondage à poids perdu qui, en plus de la profondeur du fond, rapportait un échantillon de son sédiment : grâce à ce procédé, on savait déjà que les sédiments du fond de l'Atlantique, par plusieurs milliers de mètres, étaient constitués de tests calcaires de petits protozoaires, les foraminifères, plus rarement de frustules siliceuses d'algues unicellulaires, les diatomées. Puisque ces coquilles délicates et fragiles étaient ramenées en parfait état de conservation, et qu'on ne rencontrait pas de particules minérales de sable ou de vase, on en avait déduit qu'il n'existe pas de courants importants par grande profondeur, circonstance particulièrement favorable pour la pose de câbles. La carte établie par Maury souffrait bien entendu de la densité très insuffisante des sondages et de leur manque de précision. A la même époque, on pensait avoir mesuré dans l'Atlantique tropical une profondeur de plus de 15 km, alors que les fonds, dans cette région, n'atteignent qu'exceptionnellement 6 km au fond de quelques zones de fracture étroites ; ce soi-disant record était en fait dû à l'effet des courants et des contre-courants sur la corde de la sonde, comme on l'a vu plus haut. Ainsi, le trait morphologique remarquable que constitue la chaîne de montagnes sous-marines qui sépare l'Atlantique en deux bassins subégaux est et ouest, la dorsale médio-atlantique, n'apparaît pas sur la carte de Maury. Néanmoins, on y reconnaît, au nord des Açores, une vaste zone de plus de 700 km de largeur, dont la profondeur varie entre 3 000 et 4 000 m, zone baptisée le « plateau télégraphique » par Maury.

Soit qu'ils fussent rendus prudents par les malheureuses expériences qui se déroulaient à la même époque en Méditerranée, soit qu'ils voulussent simplement valider par un plus grand nombre d'observations les résultats de Maury, les responsables de la Compagnie transatlantique demandèrent aux deux gouvernements de faire faire de nouveaux sondages systématiques. Ces sondages eurent lieu en 1856 à bord du vapeur américain *Arctic* sous la direction du lieutenant Berrymann et en 1857 à bord du *Cyclope* anglais sous la conduite du capitaine Daymann. Les résultats concordèrent entre eux et avec la carte de Maury : oui, il existait bien une sorte de plateau entre l'Irlande et les abords de Terre-Neuve, plateau dont la profondeur variait entre 3 000 et 4 000 m environ. De part et d'autre du plateau, les fonds remontent rapidement jusqu'à 1 000 m, avant d'atteindre le plateau continental. Le terme de « plateau » paraît néanmoins usurpé, car les pentes sont assez peu marquées. A partir de ces sondages, il devenait possible de choisir un tracé, partant de Valentia, sur la côte Ouest de l'Irlande, pour aboutir à Saint-John de Terre-Neuve, après un trajet de 3 100 km. La profondeur ne devait pas dépasser 3 500 m le long de ce trajet. Pour tenir compte des inévitables déviations de tracé, on fabriqua une longueur de 4 100 km de câble au début de l'année 1857. Le câble transatlantique était composé d'un seul conducteur formé d'un toron central de sept fils de 0,7 mm de diamètre, enveloppé de plusieurs couches isolantes de gutta-percha ; il était enfin protégé par une enveloppe extérieure d'une vingtaine de torons de fils de fer de même dimension que l'« âme » conductrice ; cette armature devait conférer au câble une solidité mécanique suffisante ; il pesait dans l'air plus de 600 kilos au kilomètre et au cours des essais en bassin, il avait supporté sans détérioration des tensions de 4 tonnes. On pouvait désormais entreprendre la pose du câble transatlantique.

Il n'était pas possible d'embarquer sur un même navire la totalité du câble, et on décida de partager le câble entre deux navires, le *Niagara*, frégate américaine mixte de 5 200 tonneaux, et l'*Agamemnon*, frégate anglaise à voiles de 3 200 tonneaux. Après avoir reçu quelques transformations indispensables pour lover le câble à fond de cale, les deux navires quittèrent l'Angleterre au début de l'été. On avait convenu que le *Niagara* commencerait par poser sa partie de câble à partir du port de Valentia ; l'*Agamemnon* devait le rejoindre en mer lorsqu'il aurait posé la totalité du câble, et poursuivre l'opération après avoir soudé les deux extrémités du câble. Au début du mois d'août, le *Niagara*, escorté de l'*Agamemnon* et de plusieurs navires de plus petit tonnage, quittait Valentia pour sa longue traversée, mais moins de 10 km avaient été parcourus, lorsque le câble se rompit dans la machinerie de dévidement. Quelques jours plus tard, après réparation, le *Niagara* repartait à l'ouest. Après un peu plus de 400 km, le câble se rompit une nouvelle fois, sous l'effet conjugué d'une mer forte et de courants sous-marins violents dont on ne soupçonnait pas l'existence ; on se trouvait alors sur des fonds de plus de 3 000 m et on ne pouvait pas renouveler l'opération avec la longueur de câble restante. La petite escadre interrompit ses travaux et refit route vers l'Angleterre.

On n'abandonnait évidemment pas la partie. Le câble restant à bord du *Niagara* fut débarqué, longuement vérifié. Il avait souffert de la chaleur de la cale, et des défauts d'isolement durent être réparés ; des longueurs complémentaires furent confectionnées et des améliorations apportées à la machine permettant de dévider le câble lové dans les cales. Les opérations à la mer reprirent au cours du mois de juin 1858. Cette fois, on avait décidé que les deux navires porteurs des deux moitiés du câble se retrouveraient au milieu de l'Atlantique et, après avoir procédé à la soudure des deux parties du câble, feraient route chacun de son côté, l'un vers l'est, l'autre vers l'ouest. Cette technique permettait de surveiller en permanence le bon état du câble, en envoyant des signaux électriques d'un navire à l'autre. L'opération s'avéra très rapidement difficile : à plusieurs reprises, le câble se rompit après la pose en profondeur. A la suite de trois avaries au cours desquelles on dut abandonner au fond plus de 500 km de câble, les navires furent contraints de surseoir aux opérations de pose et de regagner l'Irlande. Il restait heureusement suffisamment de câble pour reprendre immédiatement les travaux, et les deux navires se retrouvaient au milieu de l'Atlantique à la fin du mois de juillet 1858. Cette fois-là, les opérations se déroulèrent sans trop de difficultés et la pose du câble fut achevée le 5 août 1858, reliant l'Irlande et Terre-Neuve. Toutefois, certains incidents d'ordre électrique avaient été constatés au cours de la pose ; ils allaient se révéler beaucoup plus graves qu'on ne l'avait cru. Les premiers essais montrèrent qu'il fallait utiliser des intensités électriques beaucoup plus fortes que prévu. Le premier message transmis d'Amérique en Europe comportait deux phrases d'une vingtaine de mots : il fallut plus d'une demi-heure pour qu'elles parviennent à destination [2]. La reine Victoria et le président des Etats-Unis J. Buchanan échangèrent à leur tour deux messages de satisfaction entre les deux nations sœurs. Alors que l'on se préparait à célébrer dignement l'événement, les signaux devinrent de plus en plus irréguliers et, dans les premiers jours de septembre, cessèrent complètement. Le câble était rompu, électriquement tout au moins, et la mauvaise saison ne permettait pas d'envisager de le remonter. Ce n'est qu'en 1860 que l'on put récupérer quelques kilomètres du câble transatlantique : son armature extérieure de fer était à peu près totalement rongée par la rouille. En revanche, l'enveloppe de gutta-percha était en bon état. Une commission d'enquête se pencha pendant un an sur le problème, et effectua de nombreux essais ; on s'aperçut que le passage des signaux électriques dans l'âme de cuivre provoquait l'apparition de courants induits dans l'armature extérieure, accélérant la corrosion par l'eau de mer. Plusieurs innovations furent proposées pour remédier à ces difficultés, par exemple l'utilisation d'un courant alternatif produit par un système de rupteur pendulaire et d'une bobine permettant d'élever la tension des signaux. Les premières expériences avaient également démontré qu'il était hautement préférable, pour réduire au maximum les manipulations du câble, d'embarquer toute la longueur nécessaire sur un même navire. Encore fallait-il disposer d'un navire assez grand pour embarquer une telle charge.

Le choix se porta sur un navire à vapeur construit en Angleterre entre 1853 et 1858 pour assurer le transport des émigrants vers l'Australie et la Nouvelle-Zélande, le *Léviathan*, rebaptisé *Great-Eastern*. D'une longueur de plus de 200 mètres, ce navire à vapeur était mû par des roues à aubes que complétait une hélice unique ; sa coque métallique était entièrement doublée et comportait une dizaine de compartiments principaux ; la voilure était portée par six mâts dont deux avaient des voiles carrées. On installa dans les cales du navire trois immenses cuves de 15 et 17 m de diamètre dans lesquelles étaient lovés 4 000 km de câble. Celui-ci était sensiblement plus gros et plus résistant que le câble utilisé au cours des premières opérations : il mesurait près de 3 centimètres de diamètre, pesait dans l'air près d'une tonne au kilomètre et avait une résistance à la rupture supérieure à 7,5 tonnes. L'âme conduc-

---

2. Voici le texte exact du premier message transatlantique : « Europe and America are united by telegraph. Glory to God in the highest, on earth, goodwill towards men. »

trice, fabriquée en fil de cuivre très pur, avait un diamètre double de celle de 1858. Au cours de sa fabrication, le câble avait été entreposé dans des cuves pleines d'eau, pour éviter la dessiccation de l'enveloppe isolante. En outre, on avait prévu un câble côtier plus résistant encore, de plus de 5 centimètres de diamètre, pour les atterrissages.

Le *Great-Eastern* appareilla d'Angleterre le 15 juillet 1865. Huit jours plus tard, le navire *Caroline* commençait la pose du câble côtier d'une longueur de 50 kilomètres devant la côte irlandaise. Après avoir réalisé la jonction avec le câble principal, la *Caroline* laissa le *Great-Eastern* faire route vers l'ouest en dévidant le câble télégraphique. Un jour plus tard, le galvanomètre de contrôle révéla un défaut sur la partie immergée du câble. Pour la première fois, on se résolut à tenter de remonter le câble pour atteindre la zone endommagée ; l'opération réussit, non sans difficulté, et on découvrit un fil de fer de quelques centimètres de longueur planté dans le câble télégraphique. Il fallut couper la partie endommagée et souder le câble à l'extrémité demeurée à bord. Quelques jours plus tard, nouvelle interruption alors que plus de 1 000 km de câble avaient été posés ; l'opération de relevage fut répétée avec succès. La coupure avait la même origine que la précédente : il ne pouvait s'agir d'un simple accident, et les responsables de l'opération conclurent au sabotage. Quelques jours plus tard, le 2 août, un nouvel incident contraignit le navire à remonter le câble pour la troisième fois ; sous la très forte tension, l'armature, usée par le frottement, se rompit en surface et l'extrémité du câble disparut dans les profondeurs. Une bouée fut immédiatement posée par le *Great-Eastern*, qui entreprit au cours des jours suivants de relever l'extrémité brisée du câble à l'aide d'un grappin fixé au bout d'une chaîne de fortune de près de 5 kilomètres de longueur. Le navire se mit à parcourir de courts trajets perpendiculaires à la route suivie pendant la pose, utilisant pour la première fois une technique bien connue des navires câbliers modernes pour le relevage des câbles endommagés ; à quatre reprises au moins, le grappin s'engagea sous le câble et on put commencer de remonter le câble à bord. Malheureusement, la tension augmentant au fur et à mesure que le câble approchait de la surface, les chaînes disponibles à bord du *Great-Eastern*, trop faibles pour supporter un tel poids, se rompirent les unes après les autres et le navire, après avoir épuisé ses réserves de chaînes, dut se résoudre à abandonner la partie ; une seconde bouée fut néanmoins mouillée à l'emplacement supposé de l'extrémité du câble.

Le Great-Eastern.

Le promoteur de l'opération, l'Américain Cyrus Field, ne se découragea pas pour autant. L'expédition de 1865 n'avait-elle pas montré les qualités nautiques du *Great-Eastern* pour une telle opération ? Un nouveau câble un peu plus léger et un peu plus souple que celui du 1865 fut mis en chantier sans tarder. L'isolement obtenu avec la gutta-percha était amélioré par l'adjonction de mastic de Chatterton, et l'armature extérieure de fils de fer galvanisé était protégée par une enveloppe de chanvre. D'autre part, des améliorations importantes furent apportées au navire, fruits de l'expérience de 1865 : un système de débrayage permit de rendre les deux roues à aubes indépendantes l'une de l'autre, afin que le navire puisse pivoter plus rapidement sur lui-même, et l'appareil à relever le câble vit sa puissance renforcée. Des grappins spéciaux et des cordages d'acier protégés par du chanvre avaient été prévus pour le relevage du câble posé l'année précédente. A la suite des graves accidents constatés l'année précédente, les équipes de travail étaient composées d'hommes triés sur le volet ; on avait poussé la prudence jusqu'à leur faire porter une camisole de toile se boutonnant par-derrière et dépourvue de toute espèce de poche. En outre, ils avaient été prévenus que toute tentative de sabotage serait punie de la manière la plus expéditive : le coupable serait immédiatement jeté à la mer !

Le 12 juillet 1866, le *Great-Eastern*, précédé de quatre navires de la Royal Navy, quittait la baie de Bantry pour gagner Valentia. Le câble côtier avait déjà été posé, et son extrémité flottait à une trentaine de milles de la côte. Après avoir soudé les deux câbles, le *Great-Eastern* commença le 13 juillet sa lente traversée vers le continent américain. Une semaine plus tard, après un grave enchevêtrement du câble que l'équipage parvint heureusement à démêler, le navire parvenait à mi-distance entre l'Irlande et Terre-Neuve. Il était en communication permanente avec l'Europe à travers la portion de câble déjà mouillée. La mer restait belle, et le navire poursuivait sa route régulièrement : le 23 juillet à midi, on était à plus de 2 200 km de Valentia, et moins de 900 km de Terre-Neuve. Le 25, une brume épaisse et une pluie abondante annonçaient la proximité de Terre-Neuve ; les opérations de pose du câble se poursuivaient sans difficulté et Cyrus Field, qui avait pris place à bord du navire, voyait enfin l'aboutissement de son projet grandiose. Le 27 juillet dans la matinée, la brume se dissipa comme par enchantement au moment où le *Great-Eastern* se présenta devant la petite baie choisie pour l'atterrissage du câble, la baie de Heart's Content, dont le rivage était décoré comme pour une fête nationale. Un petit navire, le *Medway*, chargé du gros câble côtier, s'approcha du *Great-Eastern*. Après l'avoir coupé, on souda le câble transatlantique au câble côtier, et le *Medway* amena ce dernier à terre sans difficulté. La première liaison transatlantique était enfin établie.

Il restait, selon le plan prévu, à récupérer le câble abandonné au fond de l'Atlantique en 1865 au cours de la première campagne du *Great-Eastern*. Au début du mois d'août, le navire reprit la mer en sens inverse, accompagné des navires de la Marine anglaise. Ces derniers devaient rechercher le câble à l'aide de grappins traînés sur le fond, et, s'ils parvenaient à l'accrocher, le remonter jusqu'à quelques centaines de mètres sous la surface en l'allégeant à l'aide de bouées. Le *Great-Eastern* devait relever l'extrémité du câble et y souder un câble complémentaire permettant de rejoindre Terre-

Neuve. Après une quinzaine de jours de mer, le grappin du navire réussit à accrocher et à remonter jusqu'à la surface le câble de 1865. Malheureusement, celui-ci échappa au grappin au moment même où on s'apprêtait à le saisir, et il disparut de nouveau dans les profondeurs de l'Atlantique. Pendant ce temps, un autre navire, l'*Albany*, s'efforçait de relever une autre portion du câble et de l'amener près de la surface. Ce n'est qu'à la quinzième tentative, au début du mois de septembre 1866, que le câble put enfin être amené à bord. On imagine l'anxiété des ingénieurs au moment crucial de la vérification de l'isolement du câble demeuré plus d'un an dans l'eau ! L'isolement était parfait, et on put immédiatement effectuer la soudure avec le nouveau câble. Le *Great-Eastern* rejoignait Terre-Neuve le 8 septembre, sa mission accomplie : deux câbles télégraphiques reliaient désormais l'Ancien et le Nouveau Continent, reposant à plus de 4 000 m de profondeur sous les eaux de l'Atlantique.

Ce succès ouvrait définitivement la voie au développement des télécommunications sous-marines. Très rapidement, on put vérifier les conditions économiques satisfaisantes de l'exploitation des deux câbles télégraphiques. Les actionnaires du télégraphe transatlantique furent largement récompensés de leur persévérance. En même temps, l'entrée en service des câbles transatlantiques sonnait le glas d'un projet concurrent imaginé par ceux qui, en France notamment, ne croyaient pas à la possibilité d'une liaison sous-marine suffisamment fiable par grandes profondeurs : ils pensaient relier l'Europe à l'Amérique du Nord en traversant le territoire de l'URSS et le détroit de Behring, dont la profondeur est comparable à celle de la Manche. Enfin, l'expérience acquise au cours de l'opération de pose des premiers câbles transatlantiques permit, dès 1874, de lancer le premier navire câblier, comprenant, en plus des grandes cuves verticales dans lesquelles le câble est lové, d'énormes poulies placées à l'avant du navire. Cette disposition générale est encore conservée dans les câbliers modernes, dont la proue proéminente équipée d'une grande poulie ou davier constitue une caractéristique extérieure remarquable. Les principales techniques de travail à bord des navires câbliers étaient ainsi mises au point grâce à cette grande entreprise.

A la suite de ce succès mémorable, les télécommunications sous-marines se développèrent très rapidement et, au début du XXe siècle, même les îles les plus éloignées de toute terre étaient reliées par câble télégraphique sous-marin aux continents. Le réseau de câbles tissait une immense toile d'araignée au fond des océans et rien ne semblait pouvoir ralentir cette progression.

A la même époque, le téléphone électrique mis au point par Graham Bell, qui réalisa dès 1876 les premiers appareils transmettant la parole à travers une ligne électrique d'environ 3 km, progressait rapidement sur terre. Il n'était malheureusement pas question, à cette époque, d'utiliser des câbles sous-marins pour les liaisons téléphoniques intercontinentales à grande distance. A partir de 1925 environ, l'apparition des liaisons radio-électriques utilisant des ondes porteuses de 3 à 30 MHz (de longueur d'onde entre 150 et 10 m) permit ces premières relations. Ces liaisons sont malheureusement très sensibles aux parasites et relativement instables, en fonction des modifications des conditions de propagation des ondes porteuses dans l'atmosphère. En outre, chaque liaison radiotéléphonique ne procure qu'un nombre assez limité de voies de conversation. Sous cette forme, cette technique n'est pas parvenue à s'implanter dans les télécommunications grand public.

La téléphonie sous-marine a commencé à se développer à la même époque, sur de courtes distances. Pour de telles liaisons, à condition de disposer de courants porteurs d'une intensité suffisante, il n'est pas nécessaire de relayer le signal modulé. Dès 1927, les premiers câbles téléphoniques sous-marins furent posés entre la France et l'Angleterre, dans le pas de Calais, là où avait pris naissance trois quarts de siècle auparavant l'industrie du télégraphe sous-marin. Mais il était impossible avec cette technique d'envisager l'établissement de liaisons transocéaniques à grande distance. Il faudra attendre la seconde moitié du XXe siècle, avec la mise au point de répéteurs unidirectionnels disposés le long du câble tous les 50 à 100 km environ, pour pouvoir envisager des liaisons transocéaniques à longue distance. En revanche, sur de courtes distances, d'un point à un autre d'une même côte, il était possible dès 1930 de procéder à la pose de câbles téléphoniques sous-marins disposés en feston le long de la côte. Cette technique est particulièrement intéressante lorsque la côte comporte des zones inhabitées et difficiles d'accès.

Le plus long câble sous-marin téléphonique sans amplificateur posé au cours de cette période est sans doute un câble reliant Key West au sud de la Floride avec La Havane, à Cuba : la distance à parcourir est de 90 milles nautiques, soit près de 170 kilomètres. L'atténuation du signal dans le câble est à peu près proportionnelle à la distance et à la racine carrée de la fréquence utilisée : il n'est pas possible dans ces conditions d'utiliser sur de longues distances la technique du multiplexage par répartition de fréquence. Elle consiste à moduler l'amplitude d'un courant de fréquence élevée, dite fréquence porteuse, par les courants vocaux d'une voie téléphonique ayant des fréquences comprises entre 300 et 3 400 MHz. Il faudrait pour cela disposer d'amplificateurs de ligne capables d'augmenter le gain pour compenser l'atténuation. A cette époque, les technologies correspondantes n'existaient pas, bien que les recherches sur les amplificateurs de ligne, ou répéteurs, aient débuté au cours des années 1930.

De manière tout à fait inattendue, l'industrie des câbles sous-marins a contribué, bien involontairement, à approfondir nos connaissances sur le comportement en plongée des grands cétacés, en particulier des cachalots. En effet, les câbles sous-marins, lorsqu'ils sont posés avec une longueur supérieure à la longueur requise par la topographie du fond, forment de grandes boucles posées sur le fond de l'océan. Il peut même arriver, lorsque le câble est dévidé à une vitesse très supérieure à celle du navire câblier, qu'un véritable écheveau de câble finisse par apparaître. Ce phénomène peut se produire dans des conditions de navigation difficiles, en particulier dans les zones où s'exercent des courants permanents dans une direction opposée à celle du navire câblier. Dans ces conditions, la navigation à l'estime que doit effectuer le navire entre deux positions astronomiques peut facilement conduire à surestimer le trajet parcouru, et par conséquent à mouiller une longueur de câble plus importante que nécessaire.

On s'est aperçu que les boucles immenses formées par les câbles télégraphiques constituent des pièges parfois mortels pour les grands cétacés, qui peuvent être retenus par ces collets géants. En cherchant à se dégager, ces grands animaux provoquent des coupures partielles ou totales des conducteurs électriques. Une des premières mentions du phénomène figure dans les dossiers de la All America and Western Union, datée de 1905 ; elle signale des avaries produites par des cétacés dans le golfe Persique (1872), le golfe de Suez (1892) et le détroit du Prince William (1905). Malheureusement, le texte, très succinct, ne fournit aucun détail sur les profondeurs auxquelles ont été observées ces ruptures. L'océanographe américain Bruce Heezen, plus connu pour la célèbre carte du fond des océans en relief publiée avec l'aide de Mary Tharp, a systématiquement recherché dans les registres de compagnies américaines les détails de dommages causés à des câbles télégraphiques ou téléphoniques sous-marins par des cétacés. Au cours de la période 1930-1955, sur un réseau de câbles représentant environ un sixième des câbles existant dans l'océan [3], il a pu relever quatorze cas d'avaries indiscutablement produites par des cétacés. L'emplacement géographique des coupures de câbles est remarquable : c'est essentiellement sur les côtes du nord du Chili, du Pérou et de l'Amérique Centrale, dans le Pacifique oriental, que le plus grand nombre de cas a été relevé. Huit accidents ont eu lieu dans cette zone, entre 13°S et 13°N ; une avarie a été signalée au large de la Nouvelle-Ecosse, une dans le golfe Arabe, une au large de l'Alaska, une au large de Cabo Frio, au nord de Rio de Janeiro au Brésil, enfin deux autres sur la côte orientale et la côte occidentale d'Amérique du Sud. La profondeur est variable : six accidents se sont produits par 500 brasses environ, trois par 200 brasses, trois par 65 brasses. La profondeur des deux derniers accidents est inconnue.

Dans la plupart des cas, et en particulier pour tous les accidents observés à 200 brasses et plus profondément, la carcasse de l'animal ayant provoqué l'avarie a été identifiée : il s'agit d'un cachalot, *Physeter catodon*. A plus petite profondeur, on a reconnu des dépouilles de baleine à bosses, ou mégaptère, *Megaptera novae angliae*. Les cachalots sont le plus souvent retenus par une boucle de câble entourant leur mâchoire inférieure, leur crâne ou les deux ; dans un cas, quatre demi-clefs au niveau de la queue, du corps, de la nageoire pectorale et de la mâchoire inférieure immobilisaient étroitement l'animal. Dans la plupart des cas, la réparation du câble a eu lieu moins d'une semaine après l'avarie : les carcasses des cachalots étaient encore en bon état de conservation. Les câbles avariés ne sont jamais complètement rompus ; rarement, la gaine de protection métallique est brisée ; le plus souvent, l'isolant (gutta-percha, puis caoutchouc synthétique) a été partiellement expulsé sous la tension imprimée au câble par les mouvements désespérés du cachalot à l'agonie, et les conducteurs sont mis en court-circuit avec l'eau de mer. Tous les types de câbles sous-marins sont touchés par ces accidents : les sections profondes, légères, les sections intermédiaires moyennement protégées et les sections côtières à forte armature protectrice. Il est intéressant de noter que la tension de rupture varie fortement entre ces différentes catégories de câbles ; elle est respectivement de 10, 12 et 20 tonnes. Autre remarque

---

3. Pour 1955, Heezen estime à un demi-million de milles marins la longueur du réseau de câbles sous-marins en service dans le monde.

intéressante, dans la plupart des cas, les avaries se produisent à l'emplacement ou à proximité immédiate d'une réparation antérieure. Cette constatation suggère que l'excédent de longueur de câble inévitable lors d'un relevage en surface pour réparation entraîne fréquemment la formation de boucles de câble dans lesquelles les cachalots en plongée viennent se prendre.

La proportion relativement élevée de cachalots morts à 500 brasses de profondeur et plus peut s'expliquer par des raisons liées à la morphologie sous-marine : la fréquence de boucles de câble est plus importante à cette profondeur. Plus vraisemblablement, elle peut également correspondre à la présence de nourriture en plus grande abondance. Or on sait depuis longtemps que les cachalots se nourrissent, de manière exclusive, de calmars dont on retrouve les « becs » innombrables dans leur estomac.

Le prince Albert Ier de Monaco, au cours de ses campagnes dans les eaux de l'archipel des Açores, a eu l'occasion, le premier, de recueillir de nombreux fragments de calmars plus ou moins digérés, rejetés par un cachalot en train de mourir. Il a su en tirer un remarquable parti pour les progrès de nos connaissances sur des animaux à peu près inaccessibles depuis la surface. Il faut savoir que, dans la région des Açores, en particulier sur l'île de Pico, la chasse au cachalot se pratiquait traditionnellement à partir de petites baleinières armées par six hommes, un harponneur, quatre rameurs et un homme de barre. Des guetteurs, grimpés sur les pentes du volcan qui domine l'île de Pico, surveillaient la mer et signalaient aux baleiniers les souffles uniques légèrement inclinés qui caractérisent le cachalot. Immédiatement, les baleinières étaient lancées à la mer et se dirigeaient à la voile et à la rame vers la zone signalée par les guetteurs. Une fois arrivées à proximité du groupe de cachalots, les baleinières s'approchaient à quelques mètres à peine du cachalot et le harponneur debout à l'avant de l'embarcation pouvait lancer son harpon relié à la baleinière par une corde de plusieurs centaines de mètres soigneusement enroulée dans des paniers ou des seaux. Le prince Albert Ier, passionné de chasse, voulut assister à l'une de celles-ci.

Le 18 juillet 1895, son navire, la *Princesse-Alice*, quitta l'île de Terceira et put suivre la poursuite d'un cachalot par deux baleinières, l'approche finale et la mise à mort de l'animal. Le récit qu'en fit le prince mérite d'être cité : « Dès lors commença tout à côté de nous l'agonie d'un géant. Cette masse qui semblait endormie, parfois submergée dans la mer sanglante, oscilla pesamment ; une queue énorme battit avec violence la nappe rouge qui ondulait sur la houle et qui s'ouvrit pendant quelques moments pour faire place à des tourbillons d'écume blanche [...] Soudain, le cachalot cessa de fouetter la mer, et, comme si notre voisinage avait ranimé son cerveau, il se dirigea rapidement vers nous [...] Sa tête énorme se montrait tout à côté de notre arrière, sa mâchoire inférieure, écartée par le relâchement des muscles, ballottait au gré des vagues et je vis sa bouche, telle qu'une caverne béante, vomir coup sur coup plusieurs céphalopodes, poulpes ou calmars, d'une taille considérable. Le cétacé nous livrait ainsi le résultat de sa dernière excursion aux abîmes : une bouchée toute récente qui n'avait guère franchi son œsophage. Je compris la valeur scientifique de ces objets rapportés des régions intermédiaires de la profondeur, où vivent des êtres défendus jusqu'ici par la puissance de leur natation contre toutes nos tentatives, et dont l'existence se révèle dans certaines aventures souvent classées parmi les fables [...] Les cinq poulpes et calmars dont mon laboratoire s'est enrichi en cette circonstance imprévue ont été décrits après mon retour par M. Joubin, alors professeur à la faculté de Rennes ; ce sont des nouveautés, soit comme espèce, soit comme genre, et leur aspect, à l'état vivant, devait être bien extraordinaire. L'un d'eux qui, hélas ! a perdu sa tête dans la bagarre, présente un cas unique dans la science, avec son corps dont la taille n'est pas inférieure à deux mètres, dont la forme est celle d'un cornet muni d'une immense nageoire ronde, et qui est partiellement recouvert d'écailles. Un autre, dont le corps a disparu, ne se fait connaître que par sa couronne tentaculaire, c'est-à-dire par sa tête avec ses huit bras dont chacun, presque aussi gros que celui d'un homme, est garni de cent ventouses armées de griffes acérées et puissantes comme celles des grands carnassiers. »

On sait aujourd'hui que les grands cachalots sont capables de s'attaquer, avec succès, aux calmars géants qui peuvent atteindre une quinzaine de mètres de longueur, et dont les tentacules ont, à la base, une vingtaine de centimètres de diamètre. Ces calmars, dont on a surtout recueilli les restes provenant des contenus stomacaux de cachalots, quelques cadavres d'animaux rejetés sur les côtes de Terre-Neuve et quelques rares spécimens moribonds observés en surface, sont encore très peu connus. En particulier, leur mode de vie et leur comportement sont totalement ignorés. D'après les carcasses et les observations en surface, on peut tout au plus affirmer que ces animaux vivent dans les régions de remontée d'eau profonde riches en sels nutritifs, ou *upwellings*, dans lesquelles les apports de nourriture à partir de la surface doivent être fort importants. L'*upwelling* du Pérou est réputé pour sa haute productivité, qui est à l'origine des pêches importantes d'*anchovetas*, ce clupéidé qui a fait la fortune des fabricants de farine de poisson péruviens avant de voir sa production brutalement anéantie par la combinaison d'un phénomène climatique majeur et de la surexploitation par une pêche excessive. Il n'est donc pas surprenant que ces régions soient fréquentées par les calmars géants, qui doivent passer la plus grande partie de leur vie à quelques centaines de mètres de profondeur. On a du mal à imaginer les batailles acharnées que doivent se livrer cachalots affamés et calmars géants, dans une obscurité totale, à un millier de mètres de profondeur ; le cachalot ne peut guère dépasser un temps de plongée de trois quarts d'heure à une heure, alors que le calmar n'a de ce point de vue aucune contrainte physiologique ; le cachalot doit parvenir à broyer la tête et à écraser entre ses puissantes dents le cerveau du calmar protégé dans une solide enveloppe de cartilage. S'il n'y parvient pas tout de suite, il lui reste la possibilité de remonter sans tarder vers la surface : le calmar doit vraisemblablement lâcher prise de lui-même dans la zone éclairée.

Jules Verne, qui a décidément accumulé quelques erreurs lors de la rédaction de *Vingt mille lieues sous les mers*, n'hésite pas à inventer et décrire l'attaque d'un « troupeau » de baleines australes (baleine franche australe vraisemblablement) par un groupe de cachalots : « Cependant le monstrueux troupeau s'approchait toujours. Il avait aperçu les baleines et se préparait à les attaquer. On pouvait préjuger d'avance la victoire des cachalots, non seulement parce qu'ils sont mieux bâtis pour l'attaque que leurs inoffensifs adversaires, mais aussi parce qu'ils peuvent rester plus longtemps sous les flots, sans venir respirer à leur surface. » Par chance pour les pauvres baleines australes, le vaillant capitaine Nemo veillait. Le *Nautilus* manœuvra pour couper la route aux cachalots, puis les attaqua sans coup férir : « Le *Nautilus* n'était plus qu'un harpon formidable. Il se lançait contre ces masses charnues et les traversait de part en part, laissant après son passage deux grouillantes moitiés d'animal. » Jules Verne ne précise pas le nombre de cachalots détruits et personne à bord du *Nautilus* ne manifeste le moindre regret. A quoi bon, puisque les cachalots sont des bêtes cruelles et malfaisantes, que l'on a raison d'exterminer, précise le capitaine Nemo. Une baleine n'avait pu échapper à la dent des redoutables cachalots. Couchée sur le flanc, le ventre troué de morsures, elle agonisait.

Bien entendu, il s'agissait d'une femelle accompagnée de son baleineau, qu'elle n'avait pu sauver du massacre. La pauvre baleine put rendre un dernier service aux passagers du *Nautilus* : de ses mamelles gonflées, sortit la valeur de deux ou trois tonneaux d'un lait excellent qui ne se distinguait en aucune façon de celui de la vache. L'affirmation est étonnante lorsqu'on connaît la consistance très épaisse du « lait » de baleine, mais elle ne surprend pas davantage le professeur Aronnax que le combat des cachalots contre les baleines...

Jusqu'en 1955, la profondeur la plus grande à laquelle un cachalot a été trouvé mort, noyé dans les boucles mortelles d'un câble télégraphique, était de 540-545 brasses, soit 1 000 m environ. Le câble reliait une ville de Colombie à Santa Elena en Equateur ; la liaison, rompue le 3 mars 1931, fut rapidement réparée et le câble fonctionnait à nouveau le 10 du même mois. Le *New York Times* du 26 avril 1931 décrit en termes humoristiques le record de pêche du capitaine P.R. Harne, qui commandait le câblier de la compagnie All America Cable : un cachalot de 90 tonnes (sic) mesurant 45 pieds de long (ce qui est acceptable, s'agissant d'un mâle : chez le cachalot, le mâle est environ deux fois plus gros que la femelle), retenu par trois boucles de câble autour de la mâchoire inférieure, de la nageoire gauche et de la queue. Le capitaine Harne a indiqué sa théorie, fondée sur d'autres cas semblables : pour lui, le cachalot doit se nourrir en râclant le fond de l'océan avec sa mâchoire inférieure ; lorsqu'il l'enfonce trop profondément dans la vase du fond, il peut arriver qu'il accroche un câble télégraphique et en cherchant à se dégager, resserre au contraire ses liens. Le cachalot en question avait plus de 50 m de câbles enroulés autour de sa carcasse : il fallut couper ce câble abîmé et ajouter un morceau de câble neuf avec deux épissures. Le corps ne présentait aucune marque de morsure, sept jours après la mort du cachalot. Le capitaine du câblier avait là aussi une explication à proposer : le cachalot étant le seul animal capable de descendre aussi profondément, les autres poissons ne parviendraient pas à atteindre le cadavre à cette profondeur et le dépecer. Ce capitaine de câblier connaissait bien mal et les cachalots et les poissons de grande profondeur. Très vraisemblablement, le cachalot s'est trouvé pris dans les boucles du câble, comme un vulgaire lapin dans un collet, et si son cadavre était encore intact, c'est tout simplement parce qu'il avait séjourné moins d'une semaine dans l'eau et n'avait donc pas encore commencé à se décomposer, ce qui aurait permis aux animaux charognards d'entreprendre le dépeçage de sa dépouille.

Le record actuel de profondeur est détenu par un cachalot trouvé mort dans un câble posé par 620 brasses de fond, soit un peu moins de 1 150 m. Le câble était posé entre Santa Elena, en Equateur, et Chorrillos, au Pérou. La relation de ce record de profondeur homologué le 14 octobre 1955, l'avarie du câble ayant été constatée le 10 août de la même année, est malheureusement très brève. Le capitaine du navire câblier *All America* se borne à noter qu'un maxillaire de baleine a été amené à bord dans une boucle de câble sur la portion allant vers Chorrillos. Après avoir retiré le grand maxillaire du câble, on put couper la partie de câble abîmée et effectuer l'épissure. La photographie jointe au rapport ne laisse pas place au doute : c'est bien l'os de la mâchoire d'un grand cachalot, autour duquel le câble est plusieurs fois enroulé. La rapidité avec laquelle la carcasse du cachalot mort a été consommée, à cette profondeur de plus de 1 000 m, mérite un instant de réflexion : cette carcasse d'une quinzaine de mètres de longueur a été dépecée et les ossements mis à nu en à peine plus de deux mois !

Peu à peu, les câbliers apprirent à poser les câbles sous-marins sans excès de longueur, et les avaries produites par les cachalots devinrent du même coup moins nombreuses. Les câbliers devaient néanmoins faire face à d'autres difficultés : dans la région de Terre-Neuve, les chalutiers pêchant la morue provoquaient régulièrement des ruptures de câble. Mais ces réparations, par petite profondeur, sont plus faciles à effectuer que les travaux à grande profondeur. D'autres événements, naturels ceux-là, entraînent également des ruptures des câbles télégraphiques sous-marins : il s'agit des tremblements de terre, qui provoquent sur les pentes sous-marines de véritables avalanches de vase gorgée d'eau ; on nomme « courants de turbidité » ces avalanches sous-marines. On a pu mesurer la vitesse de ces courants de turbidité, à partir du temps écoulé entre l'instant du tremblement de terre et celui où le câble est rompu ; connaissant l'emplacement de la rupture, et par conséquent la distance parcourue, il est aisé de déterminer la vitesse de propagation de ces avalanches sous-marines, qui peuvent atteindre le bas de la marge continentale, à plus de 3 000 m de profondeur.

Jusqu'à la Seconde Guerre mondiale, les liaisons sous-marines à longue distance étaient limitées à la transmission de signaux télégraphiques. La téléphonie sous-marine à grande distance a pris son essor à partir du moment où les progrès technologiques ont rendu possible la construction de systèmes répéteurs immergés résistant aux fortes pressions qui règnent en grande profondeur, placés le long du câble tous les 50 à 100 km. Les répéteurs ont pour rôle de restituer au signal un niveau suffisant. Ces amplificateurs de ligne à haute fiabilité, équipés de lampes à longue durée de vie, sont alimentés en énergie électrique à partir de stations côtières à travers le câble principal. Dès 1943, les premiers essais réussis de répéteur sous-marin ont eu lieu par petite profondeur, en Angleterre. Le premier câble téléphonique profond à répéteurs a été posé en 1950, entre Key West et La Havane. Le développement des répéteurs sous-marins a permis une extension rapide des liaisons téléphoniques sous-marines intercontinentales, depuis le début des années 1950. En France, le développement de la téléphonie sous-marine est assuré par France Télécom, qui étudie et fait construire les nouveaux matériels et gère une flotte de navires câbliers modernes. Aux Etats-Unis, en Grande-Bretagne, le développement des télécommunications sous-marines est le fait du secteur privé ; des sociétés comme American Telegraph and Telephone (AT&T) et British Telecom International jouent un rôle important.

Le premier câble coaxial transatlantique, TAT-1, a été posé entre l'Ecosse et Terre-Neuve en 1956 par AT&T et le British Post Office. Les répéteurs équipés de tubes à vide, construits en même temps que le câble, étaient visibles sous forme de portions renflées d'une longueur d'un peu plus de 2 m, compatibles avec le diamètre des cuves et des daviers qui équipaient les navires câbliers existants. Les répéteurs, encore unidirectionnels, nécessitaient deux câbles coaxiaux pour une liaison en duplex indispensable pour permettre une conversation normale entre deux interlocuteurs. Ils étaient espacés de 70 km et pouvaient transmettre 36 communications simultanées en répartition de fréquence. Dès 1960, fut mis au point le répéteur bi-directionnel qui permettait une liaison en duplex avec un câble coaxial unique : cette technique a été utilisée pour deux autres câbles transatlantiques, TAT-3 et TAT-4. Les conteneurs rigides des répéteurs, de grande longueur, obligèrent à modifier le système de pose, et conduisirent au développement de câbliers d'un type nouveau. Sur les câbles TAT-3 et 4, les répéteurs étaient placés tous les 20 milles nautiques (37 kilomètres) et offraient 128 voies simultanées de communications avec une largeur de bande de 800 kHz. Le premier câble méditerranéen téléphonique Marseille-Alger posé en 1957, du type 60 + 60, avait une largeur de bande de 480 kHz et portait 28 répéteurs espacés d'une trentaine de kilomètres. Le câble Perpignan-Oran, posé en 1961, présentait les mêmes caractéristiques techniques.

Rapidement, des progrès considérables ont été faits pour accroître la capacité de transmission simultanée des câbles téléphoniques coaxiaux : la fiabilité des répéteurs s'améliore, la largeur de la bande des fréquences traitées est étendue et la qualité générale des liaisons accrue. Afin d'éviter d'avoir à poser deux câbles distincts pour assurer la liaison bilatérale et permettre les conversations, les transmissions sont assurées simultanément sur le même câble dans les deux sens, en utilisant deux gammes de fréquences bien différentes. Ce système d'exploitation, dit N + N, procure N circuits bilatéraux de conversation. Grâce à un circuit particulier, appelé « filtre d'aiguillage octopôle », qui fait appel à deux filtres passe-bas et deux filtres passe-haut, le répéteur peut amplifier les conversations dans les deux sens. Comme le câble, les répéteurs immergés doivent être capables de transmettre une largeur de bande de fréquence égale à 2N x 4 kHz = 8 NkHz.

A la même époque, l'apparition des transistors a permis de réaliser de considérables économies d'énergie par rapport aux répéteurs à lampes. Les premiers systèmes transistorisés ont été posés à la fin des années 1960. Le second câble sous-marin transpacifique, TPC-2, est un exemple de ces nouvelles réalisations. Les répéteurs, distants de 18 km environ, ont une largeur de bande de 4 MHz et une capacité de 720 voies téléphoniques simultanées.

En 1965, les câbliers français mettent en service l'atterrage de Saint-Hilaire de Riez pour la pose du câble transatlantique TAT-5. Les capacités du câble Continent-Corse, posé en 1966, sont portées à 96 + 96 voies de communication, celles du câble Marseille-Beyrouth posé en 1971 de 120 + 120 voies. Alors qu'il venait d'être posé par un navire câblier français et n'était pas encore entré en service, la malchance a voulu que ce câble soit endommagé par un navire océanographique français, le *Jean Charcot*, au cours d'une opération de dragages de roche sur le seuil sicilo-tunisien. Les puissantes dents d'acier spécial de la drague à roche avaient parfaitement retenu le câble sous-marin. Pendant la remontée, l'augmentation régulière de la tension sur le câble, atteignant près de 10 tonnes à proximité de la surface, ne laissait pas place au doute : il ne pouvait s'agir d'une croche sur le fond, la tension croissant au fur et à mesure de la remontée de la drague, mais d'un câble sous-marin, dont le poids augmentait régulièrement au fur et à mesure qu'une portion plus longue quittait le fond sous l'effort du treuil du *Jean Charcot*. Ironie du sort, ce navire était à cette époque armé par la Direction des câbles sous-marins, qui avait remis au commandant du navire, avant le départ en campagne, la position des câbles sous-marins de la zone d'opération du navire... Il faut dire à la décharge du commandant et des océanographes qui dirigeaient la mission que les positions de mouillage du câble fournies par le navire câblier ne correspondaient guère à la réalité. Heureusement, la profondeur était relativement faible et le tronçon de câble endommagé put être facilement réparé quelques mois plus tard.

Les plus récentes liaisons par câbles coaxiaux atteignent une capacité de 480 + 480 voies. Au cours des années 1970, une seconde génération de répéteurs transistorisés à plus large bande de fréquence apparaît. On a ainsi réalisé des liaisons comportant 2 000 voies bilatérales, ce qui implique une largeur de bande passante de 16 MHz. Une des dernières grandes liaisons téléphoniques intercontinentales posée en 1986 entre Marseille et Singapour, à travers la mer Rouge et l'océan Indien (câble Sea Me We-1), possède 2 500 voies de communications avec une largeur de bande passante de 25 MHz. Les câbles transatlantiques TAT-6 et TAT-7 fournissent des exemples caractéristiques de cette seconde génération de systèmes transistorisés. Les répéteurs, peu différents des répéteurs de première génération, sont espacés de 9 km seulement par suite de l'adoption d'une largeur de bande de 24 MHz, permettant une capacité de 4 000 communications simultanées. Le diamètre du câble approche quatre centimètres et demi. Le câble transatlantique TAT-7, posé en 1983, est un exemple parfait de câble téléphonique coaxial à large bande de fréquence.

Outre les conversations téléphoniques, certains câbles de télécommunication sous-marine assurent la transmission de fac-similés, de programmes sonores, de données, etc. On compte plusieurs centaines de câbles sous-marins en service dans le monde. Sur une carte de l'océan mondial, les grandes liaisons sous-marines transocéaniques sont concentrées dans l'Atlantique Nord, entre l'Afrique occidentale et le Brésil, d'Europe en Afrique du Sud, dans le Pacifique entre le continent nord-américain et le Pacifique occidental, au nord via Honolulu et Wake vers le Japon, la Chine, l'Indonésie, au sud, via Fidji, vers la Nouvelle-Zélande et l'Australie. Des liaisons très nombreuses sont concentrées dans le golfe des Caraïbes, en Méditerranée, dans le nord de l'Europe entre Angleterre, Scandinavie et Islande. Avec plus de 150 000 circuits-kilomètres sur une longueur largement supérieure à 150 000 km, les câbles sous-marins télégraphiques et téléphoniques représentaient, au début des années 1980, un réseau mondial performant.

Depuis le début des années 1960, le câble téléphonique sous-marin a rencontré un concurrent redoutable avec l'apparition du satellite de télécommunication. Le début de l'ère des télécommunications spatiales a été marqué en juillet 1962 par le lancement du satellite géostationnaire Telstar 1, qui, pour la première fois au monde, a permis la télévision en direct entre deux continents, grâce aux stations au sol de Pleumeur-Bodou en France et d'Andover aux Etats-Unis. Après l'échec du lancement du satellite Syncom 1 en février 1963, Syncom 2, puis Syncom 3, permettent de lever un certain nombre d'objections. En particulier, le temps de propagation entre les deux stations à terre via le satellite géostationnaire à 36 000 km de la terre, qui atteint environ une demi-seconde, était considéré par un certain nombre d'experts comme une gêne insupportable pour les utilisateurs. Malgré ces prévisions pessimistes, le succès des télécommunications spatiales est rapide et, dès 1964, il entraîne la création de l'organisation internationale Intelsat. Cette organisation, qui intéresse aujourd'hui plus d'une centaine de pays et en dessert près de 200, partage entre l'ensemble de ses membres la propriété du « segment spatial », c'est-à-dire le réseau de satellites de télécommunications. Les stations de réception, qui constituent ce que l'on appelle le « segment terrien », restent la propriété de chaque Etat membre. Un an après sa création, en 1965, Intelsat lance son premier satellite de télécommunications, Early Bird, capable d'acheminer un canal unique de télévision ou 240 voies téléphoniques bilatérales, soit plus du double que le plus puissant câble téléphonique sous-marin de l'époque.

L'accroissement de la puissance des lanceurs (versions successives des fusées Delta de 1960 à nos jours, puis Atlas-Centaur aux Etats-Unis, série des fusées Ariane 1, lancée en 1980, à Ariane 4, lanceur capable de placer sur orbite une charge utile de plus de 4 tonnes) allait permettre une croissance rapide de la masse des satellites opérationnels et par conséquent de leur charge utile. Les progrès réalisés sont extrêmement importants. Les satellites de la série Intelsat 3 (1968-1970) fournissent chacun 1 200 voies de communication, ceux de la série Intelsat 4 (1971-1975), 4 000 voies. Les satellites Intelsat 5, lancés à partir de 1980, comportent chacun 12 000 voies de communication bilatérale et la dernière génération de satellites, Intelsat 6, qui vient d'entrer en service, en comporte 36 000, ce qui représente l'équivalent de 120 canaux de télévision.

La masse des satellites s'est accrue dans des proportions comparables, passant de 38,5 kg pour les Intelsat 1 à un peu plus de 3 tonnes pour les plus récents Intelsat 6. La longévité nominale des satellites de télécommunications, sur la base de laquelle sont définies les conditions d'exploitation, s'améliore de façon considérable : alors que les premiers satellites avaient une durée de vie d'un an à peine, les satellites les plus récents atteignent une dizaine d'années. Actuellement, Intelsat exploite plusieurs centaines de transpondeurs en orbite.

Devant ce développement rapide, à la fin des années 1970, l'avenir des câbles sous-marins de télécommunications paraissait définitivement compromis, à terme plus ou moins rapproché. La spécificité de la liaison par câble, c'est-à-dire sa discrétion parfaite, ne constitue pas, pour les liaisons téléphoniques publiques, un argument décisif... Contrairement à toute attente, c'est pourtant à cette époque que les câbliers purent enfin tirer profit d'une prouesse technologique annoncée au début des années 1970 par les ingénieurs américains de la société Corning, qui venaient de construire des fibres de verre d'atténuation inférieure à 4 décibels par kilomètre. Près de deux siècles auparavant, la lumière avait servi de support au premier réseau de télécommunications digne de ce nom, le télégraphe des frères Chappe. Canalisée dans le guide d'onde circulaire que constitue la fibre optique, modulée par divers procédés physiques, elle permettait d'envisager des transmissions à très large bande (quelques centaines de MHz) sans régénération sur des distances de plusieurs dizaines de kilomètres. Encore fallait-il adapter le matériel aux contraintes du milieu sous-marin profond.

Le développement des câbles sous-marins à fibre optique a demandé plus d'une dizaine d'années de recherches et d'expérimentation, réalisées notamment par les Bell Laboratories dépendant du groupe américain AT&T. La fabrication de fibres à très faible coefficient d'atténuation constitue le premier pas : elles sont fabriquées dans différents verres à taux d'impuretés très faible, borosilicates ou silico-sodo-calciques. La méthode la plus employée pour produire les fibres est une technique utilisée antérieurement pour le silicium des semi-conducteurs, technique dite du « dépôt chimique en phase vapeur ». Les premières fibres optiques, dites monomodes, possèdent un cœur de petit diamètre (3 à 15 micromètres) ne permettant de propager qu'un seul mode. Ces fibres ont une bande passante extrêmement grande (quelques dizaines de GHz), mais les connexions sont difficiles à réaliser, compte tenu de leur diamètre.

D'autres fibres dites multimodes à saut d'indice ont un cœur de diamètre plus important (50 micromètres) entouré par une gaine constituée d'un verre à indice de réfraction différent de celui qu'on utilise pour le cœur. Dans ce type de fibres, la propagation suit les lois de l'optique géométrique avec réflexion totale des rayons le long de la frontière d'indices. Les progrès des techniques de fabrication et de dépôt de couches successives de verres de propriétés différentes ont permis de réaliser un troisième type de fibres, les fibres multimodes à gradient d'indice. Les dimensions sont les mêmes que celles des fibres multimodes à saut d'indice. L'indice de réfraction varie en fonction de la distance à l'axe de la fibre, de façon quasi continue ; si la loi de variation d'indice est parabolique, des rayons issus d'un même point de la fibre convergeront périodiquement aux mêmes endroits, réalisant ainsi un guidage parfait du signal lumineux. Pour accroître sa résistance mécanique et permettre les manipulations nécessaires à la fabrication du câble, la fibre est revêtue d'une couche de protection d'une dizaine de micromètres de diamètre. Les pertes dans les fibres optiques dépendent de la teneur en impuretés d'une part, et de la diffusion sur les hétérogénéités du verre d'autre part. Pour les longueurs d'onde utilisées, les records d'atténuation totale sont de 1,5 décibel par kilomètre à 0,85 micromètre et de moins de 0,2 décibel par kilomètre à 1,5 micromètre, pour des bandes passantes de 2 GHz.

Il fallait ensuite mettre au point une structure de câble étanche et capable de résister sans dommage aux pressions des grandes profondeurs océaniques. Au cours des premiers essais, on s'est aperçu que le gainage pouvait avoir des conséquences catastrophiques sur la propagation. Des phénomènes de microcourbures ou de pressions différentielles provoquent des pertes qui peuvent aller jusqu'à une centaine de décibels par kilomètre ! En outre, les contraintes subies par la fibre varient en fonction de la température. Dans le premier câble sous-marin, les fibres sont placées dans le cœur du câble, entourées d'une gaine de polyéthylène moyenne pression et d'une enveloppe protectrice. Sur cette première enveloppe sont enroulées en deux couches 24 fils d'acier de diamètre différent. Le tout est entouré d'une gaine extérieure métallique de cuivre rétreint revêtue d'une protection isolante de polyéthylène à moyenne pression, qui assure l'isolement électrique de la gaine métallique utilisée pour transporter le courant d'alimentation nécessaire aux répéteurs. Cette structure mécanique relativement rigide facilite les connexions. En effet, il faut aussi résoudre les difficiles problèmes de jonction entre deux câbles (la longueur maximale des fibres optiques, selon le procédé de fabrication, varie entre quelques kilomètres et une centaine de kilomètres) : les deux fibres à raccorder doivent être placées l'une par rapport à l'autre avec une précision de l'ordre du micromètre ; pour obtenir une telle précision, il a été nécessaire de construire des machines assurant de manière automatique le centrage des deux fibres à souder.

Enfin, il a fallu développer des régénérateurs de signal optique, utilisant soit des diodes lasers, soit des photodiodes à effet d'avalanche, capables de fonctionner dans des conditions de température et de pression déterminées avec une fiabilité satisfaisante. Les répéteurs amplifient les signaux lumineux reçus, les remettent en forme et les ré-émettent dans le câble. Ces répéteurs optiques, alimentés en énergie à travers l'enveloppe métallique du câble, sont placés tous les 30 à 50 km, alors que les câbles coaxiaux ont besoin d'un répéteur tous les 10 à 15 km. Ainsi, le premier câble sous-marin français à fibres optiques, Continent-Corse III, posé en 1988 entre Marseille et la Corse, d'une longueur de 400 km, compte neuf répéteurs de signaux optiques contre une quarantaine pour le précédent câble coaxial Continent-Corse II. Ces ensembles électroniques complexes sont également coûteux : chaque répéteur coûte 6 millions de francs !

Une difficulté tout à fait inattendue pour les techniciens, qui n'est pas totalement élucidée, est apparue lors des premiers essais réalisés par les câbliers américains dans la région des Bermudes, ainsi qu'aux Canaries, entre l'île de Grande Canarie et celle de Tenerife, avec le câble prototype Optican 1 : peu de temps après sa mise en service, l'isolement électrique s'est trouvé rompu ; la gaine métallique isolée, conduisant le courant continu sous une intensité de 1,6 A nécessaire à l'alimentation des répéteurs, était mise en court-circuit avec l'eau de mer. L'observation des fragments de câbles endommagés révéla l'origine de ces accidents : des traces de morsures étaient visibles sur la gaine de polyéthylène à moyenne pression, et des morceaux de dents brisées y étaient encore profondément enfoncés, atteignant la gaine de cuivre rétreint. De mémoire de câblier, jamais les câbles téléphoniques coaxiaux n'avaient été l'objet de telles attaques. A partir des dents entières et des fragments de dents récoltés, les biologistes purent assez rapidement identifier les agresseurs. Il s'agissait dans presque tous les cas de deux espèces de requins de profondeur, *Pseudocarcharias kamoharai*, également appelé le requin crocodile, et *Mitsukarina owstoni*, le requin « goblin » des spécialistes américains. Un comité international réunissant câbliers, exploitants de réseaux et fabricants de câbles fut créé pour étudier systématiquement ces phénomènes et rechercher les moyens propres à y remédier (International cable protection committee). Le programme de recherche comprenait quatre objectifs distincts :

– Constituer une banque de données des attaques d'animaux marins sur des câbles sous-marins coaxiaux et à fibre optique.

– Déterminer la cause des attaques, à partir de l'analyse des stimuli qui attirent les requins et provoquent leurs attaques et rechercher leur origine dans les deux types de câbles sous-marins, les câbles coaxiaux et les câbles à fibre optique.

– Etudier la distribution bathymétrique et l'abondance des requins, de façon à évaluer le risque d'attaque dans le cas précis du premier câble transatlantique à fibre optique, le câble TAT-8.

– Définir un câble à fibre optique protégé de manière efficace contre les morsures de requins.

On put rapidement confirmer que les câbles coaxiaux n'étaient pratiquement jamais endommagés par les attaques de requins. Sur un ensemble de câbles posés dans l'océan Pacifique, en mer de Chine du Sud et dans l'océan Indien, pour un total de 48 ruptures, 2 avaient été rapportées, sans autre précision, à des morsures de poissons. On connaissait en revanche des morsures de câbles de mouillage de bouées, mais ces attaques ont lieu en pleine eau, et, dans les premières centaines de mètres, elles sont le fait de grands requins appartenant à la famille des carcharhinidés ; plus profondément, des poissons osseux de grande taille, au corps aplati, s'attaquent volontiers aux câbles de mouillage des appareils océanographiques : dans l'Atlantique Nord-Est, il s'agit souvent du sabre noir *Aphanopus carbo*, qui fait l'objet d'une pêche artisanale à la palangre profonde au large de Madère, par plus de 1 000 m de profondeur ! Ce poisson est capable de couper totalement un câble en nylon tressé de 16 mm de diamètre tel qu'en utilisent les océanographes physiciens pour la pose de courantomètres ou de stations d'écoute ; il n'est pas rare de trouver des fragments de dents brisées, encore retenus dans les torons du câble. On a également signalé quelques attaques de requins sur des câbles remorquant des hydrophones et traînés par des navires. Dans les zones où abondent les attaquants, la solution consiste à protéger les câbles avec des armatures appropriées. Mais toutes ces attaques se produisent en pleine eau, plusieurs milliers de mètres au-dessus des fonds abyssaux.

Il était indispensable de comprendre ce qui attirait les requins de profondeur vers les câbles à fibre optique. Dans la zone éclairée (jusqu'à 250 m environ), les requins utilisent principalement les organes visuels pour comparer les objets qu'ils perçoivent avec l'image de leurs proies. A moins qu'il n'émette d'autres signaux, un objet inhabituel pour le requin, qui ne rappelle en rien ses proies habituelles, cesse rapidement d'intéresser l'animal. L'importance du facteur visuel dans cette zone explique que les requins soient davantage attirés par les câbles optiques dont la gaine externe de polyéthylène est blanche, que par les câbles coaxiaux dont la gaine extérieure est faite de polyéthylène haute pression de couleur noirâtre. Plus profondément, à plus de 500 m, les requins sont encore attirés par des éclairs lumineux de faible intensité, ce qui s'explique sans aucun doute par le nombre élevé d'animaux bioluminescents dans les grands fonds.

D'autre part, les requins sont attirés par le bruit. Quelques expériences, effectuées sur des animaux d'eau peu profonde, ont montré que les requins réagissent surtout aux sons émis dans la gamme de fréquence de 10 à 200 Hz, en particulier lorsque les signaux sont pulsés et non permanents. En outre, les signaux ne sont perçus que s'ils sont supérieurs de 20 dB environ aux bruits ambiants.

Mais ni les signaux lumineux, ni les signaux acoustiques, ne suffisent à déclencher l'attaque des requins. Ceux-ci sont également sensibles aux odeurs, et les stimuli olfactifs ont, eux, la double propriété d'attirer les animaux et de provoquer leurs attaques. Les requins, comme beaucoup d'autres animaux marins, sont sensibles à des concentrations très faibles, quelques parties par million.

Enfin, les requins, comme les poissons osseux, sont sensibles aux champs électriques. Expérimentalement, on a mesuré une réponse pour des gradients électriques très bas, d'un microvolt par mètre. Toutefois, l'océan est un milieu électriquement très « bruyant », et une perturbation locale du champ électrique produite par un organisme ou par un objet ne provoque l'attaque du requin que si ce dernier se trouve à proximité immédiate de la perturbation.

De manière schématique, on peut dire que les requins de profondeur sont attirés vers un objet par des signaux optiques, acoustiques et olfactifs. Seuls, les signaux olfactifs et les signaux électriques de proximité déclenchent l'attaque des animaux. La comparaison des câbles coaxiaux et des câbles à fibre optique permet de conclure qu'ils sont tout à fait semblables en ce qui concerne les facteurs olfactifs et acoustiques. En zone obscure, seuls les très faibles éclairements intermittents dus à la bioluminescence peuvent introduire une différence entre câbles coaxiaux noirs et câbles optiques blanchâtres ; mais il existe des câbles coaxiaux à gaine claire, et pas plus que les câbles à gaine sombre, ils ne sont l'objet d'attaques de requins. La différence entre les deux types de câbles doit donc concerner le champ électrique.

Les câbles coaxiaux transportent un courant relativement faible, dont l'intensité est de l'ordre de 0,1 A, sous des tensions assez basses. Ces courants sont insuffisants pour provoquer l'apparition de champs électromagnétiques. Les câbles optiques, au contraire, transportent des courants destinés à l'alimentation des répéteurs d'une intensité bien supérieure, qui atteint 1,6 A, sous des tensions nettement plus élevées. Les câbles optiques ont deux effets distincts : ils engendrent dans l'eau de mer un champ magnétique important produit par le courant continu d'alimentation des répéteurs de 1,6 A et créent en outre un champ alternatif à 50 Hz produit par un courant alternatif induit dans le système d'alimentation du câble.

Il est aujourd'hui certain que les requins perçoivent le champ électrique extrêmement faible engendré dans l'eau de mer par la plupart des organismes vivants. On pense même que les requins, comme d'autres animaux marins, utilisent pour leur navigation les caractéristiques du champ électrique produit par leur propre déplacement à l'intérieur du champ magnétique terrestre. Il était a priori raisonnable de penser que l'on pourrait définir de manière précise, par des expériences adéquates, le type de signal électro-magnétique produit par les câbles optiques et capable de stimuler l'attaque des requins.

Des essais en aquarium ont donc été entrepris. Ils n'ont pas permis d'établir de relations précises entre les champs électriques émis par un câble optique au cours des diverses opérations de pose, de récupération et d'exploitation normale, et les attaques par plusieurs espèces de requins d'eau peu profonde utilisées au cours de ces expériences. Malheureusement, il n'a pas été possible d'expérimenter sur les deux espèces de requins d'eau profonde identifiées comme responsables des attaques de câbles dans la nature, ce qui réduit considérablement la signification des résultats négatifs obtenus. En outre, ces expériences faites dans des aquariums de taille nécessairement limitée, dans un milieu artificiel dans lequel il est à peu près impossible de contrôler exactement les divers facteurs qui attirent les requins, ne sont pas concluantes.

Devant l'impossibilité d'expérimenter dans le milieu, les spécialistes ont préféré adopter une conclusion pragmatique : on ne peut négliger le risque d'attaques des câbles optiques par des requins de profondeur dans les zones où existe une population importante d'attaquants ; en revanche, les attaques en cours de pose causées par des requins de surface peuvent être négligées. Il fallait donc, d'une part, réaliser un câble protégé des morsures de requins pour le substituer, dans les zones à haut risque, à l'Optican-1, d'autre part, déterminer avec précision l'étendue de ces régions à risques.

Après de nouveaux essais, les fabricants ont mis au point un câble protégé des morsures, le Fish Bite Protected Cable. Le câble optique normal est conservé. Il est tout d'abord revêtu d'un double ruban d'acier, puis d'une enveloppe de polyéthylène moyenne pression. Alors que le câble optique ordinaire a un diamètre extérieur de 21 mm, le câble optique protégé des morsures de requins a un diamètre de près de 32 mm. Les premiers essais du câble protégé ont été faits en 1986, sur une liaison courte distance entre l'île de Grande Canarie et l'île de Tenerife, où avaient été enregistrées les premières attaques de requins : sur une distance de 100 km, la profondeur maximale atteint un peu plus de 3 000 m. Les attaques de requins s'étaient produites à des profondeurs comprises entre 1 100 et 1 500 m environ, et à faible distance des côtes de chacune des deux îles (une quinzaine de kilomètres). Des morceaux de câble optique protégé contre les morsures furent donc posés au début de l'année 1986 à partir de la terre, jusqu'à des profondeurs légèrement supérieures. En même temps, une expédition océanographique était organisée, pour déterminer l'importance des populations de requins de profondeur dans cette zone, ainsi que sur le trajet du futur câble transatlantique TAT-8, qui allait être le premier câble optique transatlantique.

Avec ces éléments, il devenait en effet possible d'envisager, sans prendre de risques excessifs, la pose du premier câble optique transatlantique. La décision a été prise en 1984. A l'époque, elle représentait un véritable pari technologique. Le câble TAT-8 contient six fibres de verre : deux paires acheminent les messages, la troisième sert de secours. Le trajet choisi pour TAT-8 a été soigneusement reconnu par des relevés bathymétriques précis réalisés avec les sondeurs multifaisceaux modernes. Le câble relie la ville de Tuckerton, dans le New Jersey, aux deux stations de Widemouth en Cornouailles anglaise et de Penmarc'h en France. Après un trajet de 5 800 km, le câble se sépare en deux segments de câble armé de longueur différente : 500 km pour rejoindre la côte anglaise, et

310 km pour atteindre la pointe de Penmarc'h. En dehors des atterrages et des parcours sur les plateaux continentaux, le trajet conserve une profondeur supérieure à 2 000 m, même au passage de la dorsale médio-atlantique. Les pêches de requins effectuées sur la région la plus élevée de la dorsale se sont avérées du même ordre de grandeur que celles qui avaient été effectuées à 3 000 m de profondeur, dans la région des Canaries, profondeur à laquelle aucune attaque n'avait été enregistrée. Du côté du continent américain, la limite atteinte par les requins est à 2 000 m, alors qu'elle s'étend jusqu'à 2 600 m environ du côté européen. Ces observations ont permis de définir les protections de TAT-8. De la côte jusqu'à 1 300 m de profondeur, un câble lourd à armature renforcée est utilisé. Sur le plateau continental, jusqu'à une profondeur d'une centaine de mètres, ce câble est enfoui dans le sol sous-marin à l'aide de charrues sous-marines qui creusent une tranchée dans laquelle le câble sera protégé contre les chaluts de fond et leurs panneaux massifs. Au-delà de 1 300 m, le câble optique protégé contre les morsures est utilisé jusqu'à 2 600 m. Plus profondément, on conserve le câble optique normal avec un minimum de risques.

La pose de TAT-8 a été réalisée par quatre câbliers : le navire canadien *John Cabot* a effectué l'enfouissement des 160 kilomètres de câble lourd spécial sur le plateau continental américain ; l'américain *Long Lines* a pris le relais pour poser les 5 700 km de câble optique de grande profondeur, protégé jusqu'à 2 600 m, puis simple au-delà ; l'anglais *Alert* a posé et partiellement enfoui les 500 km de dérivation armée vers l'atterrissement de Cornouailles ; le français *Vercors* a posé les 310 km conduisant à la pointe de Penmarc'h. Des vérifications soigneuses ont été faites après la pose à l'aide d'un engin télécommandé, équipé d'un bras télémanipulateur et d'une caméra de télévision. Cet engin, baptisé scarabée (de Scarab ou Submersible Craft Assisting Repair And Burial), a contrôlé la position du câble et la profondeur d'enfouissement dans les fonds chalutables. Dans certains cas, il a permis de remédier à des situations difficiles, en particulier les « suspensions », dans lesquelles le câble, sur une courte longueur entre deux points hauts, reste sous tension, suspendu à quelques décimètres au-dessus du fond. De tels robots sont développés surtout pour travailler sur le plateau continental. Il s'agit de creuser une tranchée dans laquelle le câble sera déposé par le robot, puis recouvert de sédiment. La traction exercée sur le câble doit demeurer acceptable, et certaines de ces machines sont remorquées par un câble métallique séparé, ce qui complique quelque peu les opérations de mise à l'eau. La tranchée peut être creusée au jet d'eau de mer sous pression (la profondeur ne dépasse guère une quarantaine de centimètres), avec des socs de charrue ou avec de véritables scies circulaires sous-marines qui parviennent à établir des tranchées dont la profondeur atteint un mètre dans des sédiments peu consolidés.

TAT-8 a été mis en service avec succès en décembre 1988. Grâce à des concentrateurs de voies, ce câble peut véhiculer 80 000 communications téléphoniques simultanées, soit le double du trafic assuré par un satellite Intelsat-6. Malgré son coût (TAT-8 a coûté deux milliards et demi de francs), le câble optique est actuellement compétitif par rapport au satellite. Les télécommunications téléphoniques connaissent d'ailleurs aujourd'hui un tel développement que les deux techniques, la communication dans l'espace relayée par satellite géostationnaire et la communication par câble optique sous-marin, peuvent se développer de façon complémentaire. Deux autres câbles transocéaniques identiques ont été posés à la suite de TAT-8 : HAW-4, reliant Hawaii au continent nord-américain, et TPC-3, à travers l'océan Pacifique. Dans le monde entier, les projets de câbles optiques se multiplient. L'Australie a récemment proposé un réseau couvrant l'immense ensemble du Pacifique. Un premier élément, reliant San Francisco à Honolulu, a été posé par le câblier français *Vercors* pour la partie profonde au début de l'année 1989. Le câble TAT-9, qui sera le second câble transatlantique à fibre optique, est actuellement en construction. Un appel d'offres a été lancé au début de l'année 1991 pour reconnaître le tracé d'un nouveau câble Marseille-Singapour (Sea Me We-2). Les câbliers français, anglais, américains et canadiens sont assurés d'un marché considérable. Les reconnaissances préalables deviennent de plus en plus rigoureuses : le prix du câble et des opérations de pose est tel que les consortiums n'hésitent pas à dépenser des dizaines de millions de francs pour obtenir des connaissances très précises sur la topographie du fond et la nature des dépôts rencontrés. Ces reconnaissances font appel aux techniques les plus modernes de l'océanographie : les sondages sont effectués avec des sondeurs multifaisceaux, qui mesurent la profondeur du fond le long de la route du navire sur une largeur qui représentait les trois quarts de la profondeur pour les premiers modèles de sondeurs multifaisceaux et atteint 2,5 à 3 fois la profondeur sur les derniers modèles comme le sondeur multifaisceaux grands fonds EM 12 de Simrad qui équipe un navire océanographique moderne de l'IFREMER, *L'Atalante*. La position du navire océanographique effectuant les relevés est connue avec une précision de quelques dizaines de mètres grâce au système de navigation par satellite GPS (Global Positioning System), développé par les Etats-Unis à des fins militaires, mais utilisable avec des performances légèrement dégradées par les navires océanographiques civils. D'une certaine façon, ces travaux de reconnaissance, outre leur finalité industrielle directe, fournissent des données intéressantes d'un point de vue scientifique : certes, les résultats de ces reconnaissances systématiques n'ont plus la même portée que la découverte de l'existence de la ride médio-atlantique à l'époque de la pose du premier câble télégraphique transocéanique ; ils sont néanmoins importants pour les progrès de nos connaissances sur les grandes profondeurs marines.

L'avenir du câble sous-marin à fibre optique est assuré pour une bonne dizaine d'années. On peut d'ailleurs s'attendre à de nouvelles améliorations de leur capacité. Il est vrai que l'on peut également craindre de nouveaux soucis avec les requins de profondeur ; s'il est vrai que ces animaux sont particulièrement fréquents le long des marges continentales, jusqu'à 1 500 à 2 000 m de profondeur, on sait qu'il existe également des populations plus clairsemées jusqu'à au moins 4 000 m de profondeur. Certaines formes de grande taille n'ont sans doute jamais été étudiées ; nous n'en connaissons encore que l'ombre gigantesque (jusqu'à 7 mètres de longueur pour un requin photographié en 1989 au large du Japon, par 1 500 m de profondeur, à côté du sous-marin *Nautile*) qui s'interpose soudainement sur une série de clichés, entre l'appareil photographique et l'appât utilisé pour les attirer. Ces grands requins se nourrissent essentiellement des grandes carcasses de mammifères marins et de poissons pélagiques qui tombent sur les grands fonds ; peut-être ont-ils, de ce fait, perdu leur comportement d'attaque vis-à-vis des signaux électriques ?

En même temps, les anciens câbles téléphoniques trouvent des applications inattendues : ainsi, un tronçon de câble transpacifique TPC-1 de plus de 2 000 km de longueur mouillé entre Tokyo et l'île de Guam, devenu inutile à la suite de la pose en 1988 d'un câble en fibre optique sur le même trajet (le câble TPC-3), va être utilisé par les géophysiciens pour l'écoute de l'activité sismique de la terre. Des stations sismométriques très sensibles ont été disposées le long du câble, ainsi qu'une série de détecteurs géomagnétiques et géoélectriques, des magnétomètres et un détecteur de *tsunamis*, ces puissants raz-de-marée déclenchés par des tremblements de terre ou des éruptions volcaniques sous-marines. Les données recueillies seront transmises en temps réel aux deux extrémités du câble. La zone choisie est spécialement intéressante, puisqu'elle comprend, dans sa portion occidentale, l'arc de la zone de subduction de la plaque Pacifique sous la plaque Philippines. Cette réutilisation scientifique inattendue d'un câble sous-marin a permis de compléter, dans cette région du Pacifique Nord, le réseau international d'observation de l'activité sismique terrestre. Des techniques comparables dans leur principe étaient déjà mises en œuvre dans un certain nombre de grands détroits par les marines militaires, afin de contrôler les mouvements des flottes de sous-marins. On peut affirmer qu'en l'état actuel des méthodes de détection acoustique (en particulier les émissions à très basse fréquence), électromagnétiques et magnétiques, voire chimiques, le passage d'un sous-marin même de tonnage relativement léger comme les sous-marins d'attaque à propulsion classique dans une zone instrumentée ne peut passer inaperçu... L'une des questions qui se posent est celle de la durée de vie des câbles téléphoniques abandonnés. Les compagnies estiment à 25 ans la durée de vie utile des câbles téléphoniques modernes. Le risque principal réside dans le fonctionnement des répéteurs ; des mesures effectuées en laboratoire sur un répéteur du câble TPC-1, immergé en grande profondeur pendant plus de vingt ans, ont révélé que le câble avait conservé ses caractéristiques nominales. Voilà qui augure bien de l'exploitation à des fins scientifiques de ce vaste réseau de câbles voué à l'abandon plus ou moins proche avec le développement de la fibre optique. Les applications dépassent d'ailleurs largement le cadre géophysique : des physiciens réfléchissent à l'utilisation de câbles pour effectuer des mesures de longue durée de la circulation générale profonde ou des caractéristiques de l'eau de mer (température, salinité). Les câbles pourraient aussi transmettre les données provenant de différents mouillages, économisant autant de temps de navire océanographique pour aller récupérer les appareils de mesure et recueillir les données enregistrées. Les biologistes pensent à utiliser les câbles pour disposer des systèmes acoustiques de détection des animaux de grande profondeur, afin d'évaluer les biomasses de ces organismes qui sont susceptibles de jouer un rôle important dans le cycle du carbone organique dans l'océan. Les océanographes chimistes voudraient connaître sur de longues périodes de temps la variabilité d'un certain nombre de paramètres chimiques de l'eau de mer, en particulier à proximité des sources hydrothermales sous-marines. On le voit, les objectifs ne manquent pas. L'intérêt principal de l'utilisation scientifique des câbles téléphoniques réside dans la possibilité d'accéder à peu de frais à la dimension temps ; l'expérience montre qu'il est très difficile d'utiliser des navires océanographiques pour revenir régulièrement sur un même point de l'océan mondial, et relever un mouillage profond : les contraintes de programmation, les aléas météorologiques, les durées de vie encore faibles de la plupart des systèmes autonomes, expliquent l'absence presque complète d'enregistrements de longue durée en plein milieu de l'océan. Les perspectives ouvertes par cette application sont importantes, et on ne peut que souhaiter un développement rapide de programmes de mesures géophysiques et océanographiques systématiques par des câbles téléphoniques désaffectés.

D'ici quelques années, peut-être pourra-t-on simplifier encore la structure même du câble à fibre optique, en remplaçant le conducteur isolé chargé de conduire le courant électrique nécessaire aux amplificateurs de signaux par la lumière cohérente véhiculée dans la fibre optique. Il devrait également être possible, avec les développements technologiques de ce qu'il est désormais convenu d'appeler l'« optronique », d'accroître très sensiblement le nombre de voies de communication des câbles optiques. Il ne fait plus de doute, en tout cas, que les télécommunications sous-marines constitueront longtemps encore un moyen de communication important et de qualité, complétant heureusement les satellites de télécommunications.

Chapitre 6

Les richesses
des grands fonds

Au cours des quarante dernières années, le monde a vécu une nouvelle conquête des océans : les mers n'offrent plus seulement des voies de navigation pour le commerce international et le déploiement des flottes militaires ; elles sont désormais considérées, à tort ou à raison, comme sources de richesses potentielles. Cette prise de conscience des potentialités économiques de l'océan, amorcée à la fin de la Seconde Guerre mondiale par les premiers conflits politiques pour la possession des ressources vivantes, s'est développée avec les progrès de l'exploitation des hydrocarbures off-shore et les perspectives minières offertes par les champs de nodules polymétalliques. Jusque-là, la pêche, qui représente la forme traditionnelle d'utilisation des ressources des océans, pouvait s'exercer librement au-delà des limites de la mer territoriale, dont on avait vainement cherché, dans le cadre de la Société des Nations, à fixer une limite uniforme. Mais une tendance à l'appropriation individuelle de portions de plus en plus grandes de la bande côtière par les Etats s'est manifestée dès la fin de la Seconde Guerre mondiale, directement liée à la motorisation des flottes de pêche, tendance qu'a singulièrement renforcée l'accession à l'indépendance d'un certain nombre de pays en voie de développement.

Aussi, l'Organisation des Nations Unies s'est-elle attachée à partir de 1958, avec la première Conférence sur le droit de la mer de Genève, à une tâche que beaucoup de spécialistes jugeaient impossible : mettre en place un ensemble de dispositions juridiques acceptables par tous les Etats membres. Trois Conférences internationales successives, près de vingt-cinq ans de travail assidu, de négociations officielles et officieuses, ont été nécessaires pour parvenir à une solution globale satisfaisante : le 10 décembre 1982, à Montego Bay (Jamaïque), la troisième Conférence des Nations Unies sur le droit de la mer a achevé ses travaux en ouvrant à la signature la Convention des Nations Unies sur le droit de la mer ; le texte de la Convention, aboutissement de plus d'une dizaine d'années de réunions officielles et de négociations officieuses, à l'élaboration duquel avaient participé plus de 150 pays représentant toutes les régions du monde, tous les systèmes politiques, tous les degrés de développement socio-économique, toutes les situations géographiques, a été signé le jour même de l'ouverture à la signature par 119 délégations nationales, dont 117 Etats. On pouvait donc s'attendre, devant un appui aussi massif manifesté dès le premier jour à la Convention, à son entrée en vigueur dans de courts délais : et de fait le texte prévoyait cette entrée en vigueur douze mois après le dépôt du soixantième instrument de ratification ou d'adhésion.

Or, à la fin de l'année 1991, 49 pays seulement ont ratifié la Convention sur le droit de la mer ; à l'exception de l'Islande, qui l'a fait le 21 juin 1985, et de la Yougoslavie, pays non aligné, qui a suivi le 5 mai 1986, ces états sont tous des pays en voie de développement. Cette constatation témoigne de manière particulièrement éloquente de la vigueur des conflits entre pays industrialisés et pays en voie de développement qui ont sous-tendu, de façon permanente, les travaux de la Conférence.

Durant les quarante dernières années, l'évolution du droit de la mer s'est faite de manière parallèle à la découverte de trois grandes catégories de ressources : ressources vivantes, ressources en hydrocarbures, enfin ressources minérales des grands fonds (nodules polymétalliques). Ces dernières, contrairement aux deux autres, n'ont pas encore fait l'objet d'exploitation industrielle ; plus précisément, les diplomates ont accompagné le mouvement de développement socio-économique, le plus souvent avec un certain retard, et se sont efforcés de trouver des solutions admissibles par tous, ce qui présuppose la prise en compte du ou des rapports de force existant entre les différents pays ou groupes de pays en présence. S'agissant des grands fonds marins, l'intrication entre le juridique et l'économique est telle qu'il est impossible de considérer ces deux ensembles de manière séparée. Dans une perspective historique, l'analyse comparée de l'évolution du droit de la mer, de la découverte et de la mise en exploitation des ressources marines et des relations politiques entre les Etats, est au contraire seule capable de mettre en évidence le jeu subtil des interactions entre ces trois domaines.

Pendant des siècles, l'horizon maritime de l'humanité est resté limité à l'activité quotidienne des pêcheurs et des navigateurs, civils et militaires, à l'exploitation de quelques fonds de pêche, à l'utilisation de routes de navigation empruntant quelques détroits, selon des règles, et surtout des coutumes, assez variées. L'océan, dans ses dimensions spatiale et politique, est encore ignoré. Les grandes découvertes portugaises du XVe siècle et la rivalité entre le Portugal et l'Espagne ont été à l'origine de l'un des premiers actes législatifs importants concernant l'océan ; il s'agit du partage des terres découvertes et à découvrir de part et d'autre d'une ligne de démarcation tracée d'un pôle à l'autre, objet de vives tensions entre le royaume du Portugal et le royaume d'Espagne. Le pape Alexandre VI Borgia, d'origine espagnole, avait en effet accordé à l'Espagne, quatre mois avant la découverte des îles du Cap-Vert, la propriété des pays non chrétiens à découvrir, par une Bulle datée 3 mai 1493. Or, un de ses prédécesseurs, plus connu pour la construction de la chapelle qu'allait décorer Michel-Ange, avait accordé une douzaine d'années auparavant au Portugal la possession de toutes les terres existant depuis le cap Bojador jusqu'aux Indes. A la suite des vives réactions du représentant du roi du Portugal, Alexandre VI publia une nouvelle Bulle, le 5 mai 1493, fixant une ligne nord-sud à 100 lieues à l'ouest des îles du Cap-Vert : au Portugal revenaient les terres à découvrir situées à l'est de cette ligne, à l'Espagne, celles situées à l'ouest. Le 25 décembre 1493, Alexandre VI confirma sa sentence, fixant la position du méridien frontière 100 lieues à l'ouest des îles du Cap-Vert. A la suite de cette décision pontificale, le roi du Portugal entreprit de négocier directement avec le roi d'Espagne, Ferdinand, et obtint satisfaction. Ferdinand accepta une rectification d'importance, en reportant le méridien frontière de 100 à 370 lieues à l'ouest des îles portugaises. Le célèbre Traité de Tordesillas signé le 7 juin 1494 entre le Portugal et l'Espagne est fondé sur le résultat de cette négociation, le méridien frontière étant placé à 370 lieues à l'ouest des îles du Cap-Vert ; cette concession de l'Espagne eut pour conséquence d'attribuer au Portugal la possession du Brésil ; à l'époque, officiellement tout au moins, le Brésil était inconnu des Portugais et des Espagnols...

Une nouvelle Bulle du pape Jules II, confirma l'accord auquel étaient parvenus les deux souverains.

Le principe de la liberté des mers, exprimé dès le début du XVII⁰ siècle par le juriste hollandais Hugo de Groot dans son *Mare liberum*, trouve son antithèse dans l'ouvrage *Mare clausum* publié vingt-six ans plus tard en 1635 par l'Anglais Selden. La vive opposition d'un certain nombre d'Etats européens au Traité de Tordesillas contribua certainement à la reconnaissance du principe fondamental du droit de la mer, celui de la liberté de navigation et de commerce. En dehors de la haute mer, on reconnaissait alors la souveraineté des Etats riverains sur une étroite bande côtière, la mer territoriale. Sa largeur était théoriquement fixée en fonction de la portée de l'œil humain ; en pratique, elle variait beaucoup selon les pays considérés : 21 milles en France et en Grande-Bretagne, 15 milles pour les Pays-Bas. Au XVIII⁰ siècle, l'acceptation du critère de la portée du canon établi par Bynkershoek *(« imperium terrae finiri ubi finitur armorum potestas »)* et un souci louable d'uniformisation conduisirent à la fixer à 3 milles, soit 5,5 km, un peu plus que la portée des canons de l'époque...

Dans la mer territoriale, considérée comme une partie du territoire national, la souveraineté de l'Etat s'exerçait à la surface et dans la masse des eaux, sur le sol et dans le sous-sol. Seule exception, révélatrice de la principale finalité du système juridique, les navires étrangers pouvaient traverser la mer territoriale d'un autre Etat, à condition de pas porter atteinte à la sécurité ou à l'ordre public de ce dernier : c'est ce que l'on appelle le « droit de passage inoffensif ». Au-delà de la mer territoriale, la haute mer était libre et ouverte à toutes les nations, la seule obligation des navires étant de porter le pavillon national et de se soumettre à la juridiction de leur pays. Les océans étaient alors essentiellement considérés par les juristes et les politiques comme une « surface de navigation », selon le terme de G. Chouraqui. Progressivement, on a mis fin à la piraterie, qui a sans doute été le phénomène maritime le plus constant pendant deux millénaires, comme l'observent L. Lucchini et M. Voelckel ; la guerre de course, théoriquement réglementée par des lettres de marque, dégénérait souvent dans les pires abus. Au début du XIX⁰ siècle, à la suite de la proposition du président Monroe, visant à l'adoption d'une Convention internationale pour la neutralité maritime et commerciale, il fallut attendre la Déclaration du Congrès de Paris, en avril 1856, pour que soit abolie la guerre de course et que soient adoptées des règles favorables à la navigation des navires neutres. La pêche en haute mer, dont l'importance ira croissant au cours du XXe siècle avec la motorisation des navires de pêche, s'exerçait librement ; dans quelques cas, cette liberté engendrait des conflits armés entre les Etats, comme les véritables batailles navales que se livrèrent, au cours du XVIIIe siècle, les flottes des baleiniers français, anglais et hollandais autour des côtes du Spitzberg.

Ce schéma s'est perpétué jusqu'au début du XXe siècle. Entre les deux guerres, avec le développement des pêches lointaines, quelques pays étendirent la largeur de leurs eaux territoriales jusqu'à 6 à 12 milles, en vue d'un meilleur contrôle des ressources halieutiques de ces eaux. Néanmoins, les Etats les plus développés prenaient conscience de la nécessité d'aborder les problèmes d'exploitation des ressources vivantes dans un cadre international, réflexion qui conduisit notamment dès 1902 à la mise en place du Conseil permanent international pour l'exploration de la mer, auquel appartiennent toutes les nations maritimes de l'Atlantique Nord et des mers adjacentes, mer du Nord et mer Baltique.

En 1930, la Société des Nations tenta d'élaborer une doctrine internationale sur la largeur des eaux territoriales, et convoqua à La Haye une conférence à laquelle participèrent 36 Etats. Il s'avéra impossible de trouver un terrain d'accord : sur les 36 Etats participants, 18 étaient partisans du maintien de la largeur de 3 milles ; les 18 autres défendaient l'adoption d'une largeur de 12 milles. Or, les premiers possédaient à eux seuls les quatre cinquièmes de la flotte marchande mondiale : la liberté de la navigation constituait pour eux une préoccupation majeure. Après cette première tentative, l'extension des législations nationales se poursuivit, jusqu'à 6, 9 ou 12 milles.

Après la Seconde Guerre mondiale, la largeur de la mer territoriale a été remise en cause de manière unilatérale par un certain nombre d'Etats. Paradoxalement, c'est un pays industrialisé, les Etats-Unis, qui prit l'initiative de ce mouvement d'appropriation des fonds du plateau continental ; par une déclaration du président Harry Truman, le 28 septembre 1945, les Etats-Unis étendaient unilatéralement leur juridiction sur l'ensemble du plateau continental américain ; dans sa déclaration, le président américain déplorait « l'insuffisance des accords existant pour la protection et la préservation des ressources de la pêche à proximité des côtes ». Certes, il ne s'agissait pas d'une revendication de souveraineté, mais de l'extension de la juridiction américaine sur les ressources du plateau continental adjacent ; par cette décision, les Etats-Unis se réservaient l'exclusivité de l'exploitation de plusieurs millions de kilomètres carrés. Les ressources potentielles en hydrocarbures, dont on commençait à mesurer l'importance dans le golfe du Mexique, étaient à l'origine de cette prise de position, que n'auraient pas justifiée, à elles seules, les ressources halieutiques. Pourtant, les Etats-Unis étaient, à cette époque, le seul pays possédant la capacité technique d'exploiter le pétrole sur le plateau continental, et n'avaient donc pas intérêt à provoquer, avec cette déclaration, un mouvement national d'appropriation ; mais les compagnies pétrolières américaines pensaient alors qu'il était préférable de mener des négociations bilatérales avec les Etats, plutôt que de négocier avec une autorité à caractère international.

La décision des Etats-Unis suscita rapidement un même mouvement de la part de plusieurs pays d'Amérique latine, qui décidèrent ainsi, pour s'assurer le contrôle exclusif de zones de pêche où leurs flottes se trouvaient en concurrence avec les flottes de pays voisins, et notamment de flottilles américaines, de porter à 200 milles la largeur de leur mer territoriale. Entre 1945 et 1951, une trentaine de revendications, comme celles du Chili (proclamation en 1947), du Pérou (proclamation en 1947, avec date d'entrée en vigueur en 1977), du Salvador (proclamation et application immédiate en 1950) ou de l'Equateur (proclamation en 1951), suivirent l'initiative américaine. Le Chili et le Pérou revendiquèrent la zone des 200 milles marins adjacente à leurs côtes afin d'y exercer leur souveraineté sur les ressources biologiques qui y seraient contenues. Le Chili et le Pérou, qui ont un plateau continental très étroit, compensaient en quelque sorte cette situation en choisissant la limite des 200 milles ; d'ailleurs, par suite d'un phénomène océanographique majeur, l'*upwelling* ou résurgence des côtes du nord du Chili et du Pérou, qui amène en surface des eaux océaniques profondes riches en sels nutritifs, les eaux côtières de cette région, jusqu'à une distance de 100 à 150 milles du rivage, sont parmi les plus poissonneuses du monde. Certains pays proclamèrent la souveraineté sur le plateau continental au large de leur côte ; d'autres se contentèrent d'une extension de leurs eaux territoriales. Ces revendications aboutiront quelques années après à la notion de Zone de Pêche Exclusive, et conduiront, beaucoup plus tard, à la reconnaissance de la Zone Economique Exclusive.

Par la suite, entre 1965 et 1978, une centaine de pays décidèrent eux aussi de porter la largeur de leurs eaux territoriales à 12, 16,

25, 30, 50, 100 ou 200 milles nautiques. Pour les pays en voie de développement, les motivations étaient claires : il s'agissait d'écarter de leurs côtes les navires de pays tels que l'URSS, le Japon, certains pays de l'Est, dont les flottes de grands chalutiers industriels n'hésitaient pas à traverser les océans à la recherche de nouvelles pêcheries. En ce qui concerne l'exploitation des ressources vivantes marines, quelques chiffres-clés permettent d'apprécier l'importance économique de ces motivations : en 1938, la production mondiale de la pêche atteignait une quinzaine de millions de tonnes ; en 1958, vingt ans plus tard, grâce à la motorisation des flottes de pêche, les prises dépassaient 27 millions de tonnes ; avec le développement des pêcheries lointaines, l'expansion s'est poursuivie pour atteindre 70 millions de tonnes en 1970. Or plus de 90 % des captures mondiales ont lieu sur les plateaux continentaux, par des profondeurs d'eau de moins de 200 m ; on conçoit donc bien l'importance, pour les Etats riverains disposant dans leurs eaux côtières de ressources halieutiques importantes, de se protéger contre l'intervention de flottes étrangères. D'autres pays, notamment ceux qui possèdent au large de leurs côtes un plateau continental important susceptible de receler des ressources en hydrocarbures, souhaitaient, eux aussi, soit étendre la largeur de leur mer territoriale, soit faire reconnaître leur souveraineté sur les ressources du sol et du soussol.

Au plan international, la situation ainsi créée fut très tôt ressentie comme une insupportable anarchie, source de tensions politiques exacerbées. L'Assemblée générale des Nations Unies invita au début des années 1950 la Commission du droit international, instituée en 1947, à étudier le statut juridique de la mer. Après neuf ans de travaux, la Commission acheva plusieurs projets de conventions, qui furent soumis à une conférence diplomatique, la première Conférence internationale sur le droit de la mer, réunie à Genève ; quatre-vingt-six Etats y participèrent, et adoptèrent quatre conventions internationales concernant la mer territoriale, la haute mer, le plateau continental, la pêche et la conservation des ressources biologiques. Les principes affirmés dans ces quatre conventions donnèrent largement satisfaction aux pays industrialisés : ils garantirent la liberté des mers, pour autant qu'elle concerne la masse des eaux, la navigation et la pêche ; en revanche, ils consacrèrent le droit pour tout Etat côtier d'établir sa souveraineté sur le plateau continental adjacent à ses côtes, justifiant ainsi la démarche unilatérale des Etats-Unis. Par contre, en ce qui concerne les ressources biologiques, loin de soutenir la position des Etats d'Amérique latine, comme il eût été logique de le faire, la Conférence de Genève refusa de reconnaître des droits préférentiels à l'Etat riverain, se contentant de mentionner son « intérêt spécial » pour la conservation des ressources vivantes situées au-delà de sa mer territoriale. Elle confirma le régime traditionnel de la mer territoriale, sans pour autant parvenir à un accord sur sa largeur ; elle s'opposa par contre aux demandes des Etats archipélagiques (Indonésie, Philippines), qui désiraient soumettre à leur souveraineté les eaux situées entre les îles composant leur territoire, quelle que fût la distance de ces zones à la côte la plus proche. Enfin, la Conférence adopta une définition du plateau continental particulièrement ambiguë, qui fut reprise dans la Convention particulière. Deux critères de nature différente furent utilisés pour définir le plateau continental : la Convention définit en effet comme limite extérieure du plateau continental, soit l'isobathe des 200 m, soit, au-delà de cette limite, le « point où la profondeur des eaux surjacentes permet l'exploitation des ressources naturelles » ; en d'autres termes, cette définition oppose un critère bathymétrique, immuable à l'échelle de temps du droit international, et un critère technologique, susceptible d'évoluer rapidement, en fonction des capacités technologiques propres à chaque Etat...

Certes, les grandes puissances maritimes du moment pouvaient s'estimer satisfaites de ces Conventions : des pays comme l'URSS et le Japon pourraient continuer de développer leurs flottilles de pêche lointaine ; d'autres, comme les Etats-Unis, le Canada, la Grande-Bretagne, la Norvège, pourraient envisager en toute sérénité l'exploitation des ressources en hydrocarbures de leurs plateaux continentaux. En revanche, les pays en voie de développement, encore peu nombreux à cette époque et qui n'avaient pas su unir leurs efforts durant la Conférence, furent particulièrement déçus de ces résultats. La conclusion ne se fit pas attendre : alors que la plupart des pays industrialisés ratifièrent les Conventions, très rares furent les pays du Tiers monde à le faire. L'échec était patent ; encore fallait-il prendre conscience des raisons de cet échec.

Deux ans plus tard, une seconde Conférence des Nations Unies sur le droit de la mer, convoquée en 1960, tenta sans plus de succès de parvenir à un accord de fond sur la largeur de la mer territoriale (il s'en fallut d'une voix !) et sur la reconnaissance des droits de pêche. Entre-temps, de nombreux pays, notamment en Afrique, accédèrent à l'indépendance et se trouvèrent immédiatement confrontés au même problème que les Etats latino-américains de la côte du Pacifique quinze ans auparavant : comment contrôler l'activité d'importantes flottes de pêche étrangères opérant non loin de leurs côtes, sur leurs plateaux continentaux, et débarquant leurs captures dans des ports étrangers, et tirer quelque avantage de leur présence ?

Au cours des années qui suivirent l'échec de la seconde Conférence sur le droit de la mer, les tensions s'aggravèrent entre les Etats, en particulier entre les pays en voie de développement et les pays industriels pratiquant les pêches lointaines, pour l'exploitation des ressources vivantes marines des plateaux continentaux. On se souvient encore des épisodes tragi-comiques de la « guerre de la langouste », entre le Brésil et la France, ou de la « guerre du crabe » entre le Japon et l'Union soviétique, au cours des années soixante. Dans les deux cas, la question se posait de la même manière : où vivent ces crustacés ? S'ils vivent en permanence sur le fond, ils appartiennent de plein droit au propriétaire du plateau continental ; en revanche, s'ils nagent entre deux eaux, ils peuvent être capturés par n'importe quelle nation... Les enjeux économiques étaient tels que certains experts n'hésitèrent pas, niant toute évidence biologique, à soutenir que les langoustes du plateau continental du nord-est du Brésil et les grands crabes du détroit de Behring passaient la plus grande partie de leur vie en pleine eau ; ils le font, certes, pendant quelques mois, au cours de leur vie larvaire, mais les animaux adultes, trop lourds pour nager, ne quittent plus le sol sous-marin...

D'autres conflits, plus graves, apparurent au fur et à mesure que les Etats, prenant conscience des richesses économiques que représentaient les ressources halieutiques, décidaient la création unilatérale de zones de pêche. L'Islande institua ainsi, en 1972, une zone de pêche d'une largeur de 50 milles. Les chalutiers britanniques, qui traditionnellement pêchaient la morue sur le plateau continental islandais, refusèrent d'en être chassés, et réclamèrent l'assistance de leur gouvernement. Le conflit dégénéra rapidement. De nombreux navires de pêche anglais furent saisis, des engins de pêche confisqués ; mais de son côté, le gouvernement britannique ne resta pas indifférent à la revendication de ses professionnels, et envoya des navires de guerre pour les protéger. Entre les petits garde-côtes islandais et les frégates de la Royal Navy, la lutte était inégale ; plusieurs navires islandais furent éperonnés. Le conflit s'envenima, et, au début de l'année 1976, aboutit à la rupture des relations diplomatiques entre Londres et Reykjavik. Quelques mois plus tard, un accord limitait le nombre de chalutiers britanniques autorisés à pêcher dans les eaux islandaises. Cette aventure, dont la portée économique, pour un petit pays comme l'Islande, est extrêmement importante, est significative d'une évolution mondiale à laquelle n'échappèrent pas les pays occidentaux. On comprend mieux, à la lumière de ces événements, les raisons qui poussèrent l'Islande à ratifier en 1985, trois ans seulement après la signature, la Convention des Nations Unies sur le droit de la mer.

Dès 1976, la France, premier pays européen à le faire, décida de créer une Zone économique exclusive d'une largeur de 200 milles, pour l'ensemble des ressources. Un an plus tard, le Canada, la Norvège, les Etats membres de la Communauté européenne, puis les Etats-Unis (en réaction à la décision canadienne), le Japon, l'Australie, la Nouvelle-Zélande, l'Espagne, le Portugal, se dotèrent, qui de zones de pêche exclusives, qui de zones économiques exclusives, toutes d'une largeur de 200 milles. La répartition des captures à l'échelle mondiale illustre amplement les intérêts socio-économiques en jeu : près de 95 % des prises sont effectuées à moins de 200 milles des côtes ; seuls, les grands poissons pélagiques (thons, marlins, voiliers, espadons), les calmars et les cétacés sont capturés, pour la plus grande partie des prises, dans les eaux internationales.

Parallèlement, l'exploitation du pétrole et du gaz off-shore se développait rapidement sur les plateaux continentaux d'un certain nombre de pays industrialisés. L'exploration sismique de ces plateaux continentaux avait montré l'importance des ressources en hydrocarbures. Dès 1965, les forages de prospection atteignaient une profondeur de 200 mètres ; les puits en exploitation les plus profonds approchaient une centaine de mètres ; l'off-shore produisait 18 % environ de la consommation mondiale d'hydrocarbures. Les techniques évoluèrent rapidement : les premières plates-formes de forage reposant sur le sol marin étaient limitées à 150 à 180 m de profondeur environ. Pour aller plus profondément, des plates-formes semi-submersibles furent inventées : l'engin flotte, tout en conservant, grâce à un tirant d'eau très important, une stabilité suffisante ; l'ancrage est assuré par des câbles fixés au fond, ou bien la plate-forme dispose d'un système d'ancrage dynamique, des propulseurs agissant en permanence pour corriger tout écart d'une position déterminée par rapport au fond. Ces plates-formes semi-submersibles peuvent opérer jusqu'à plus de 500 m de profondeur. Les plates-formes construites au début des années soixante-dix en acier ou en béton pour équiper notamment les champs pétroliers de la mer du Nord pèsent jusqu'à 200 à 300 000 tonnes ; le premier réservoir de béton support de production mis en place en 1973 sur le champ pétrolier d'Ekofisk dépasse les 300 000 tonnes. Les économies d'énergie et la réduction de la consommation d'hydrocarbures, qui furent recherchées par les pays importateurs à la suite de la crise pétrolière d'octobre 1973, ralentirent sérieusement les développements de l'exploitation off-shore en eau profonde. Grâce à la flexibilité du critère d'exploitabilité, les pays industriels purent néanmoins étendre les limites de leur plateau continental au-delà de l'isobathe des 200 m.

Un dernier élément a contribué de manière décisive à l'ouverture de la troisième Conférence des Nations Unies sur le droit de la mer ; il s'agit des perspectives minières représentées par les champs de nodules polymétalliques. Ces potentialités déterminèrent par la suite les principales orientations de la Convention concernant l'exploitation des fonds marins en eaux internationales.

La découverte des nodules polymétalliques est ancienne, puisqu'elle a été faite par le chimiste Buchanan à bord du HMS *Challenger* en 1874, dans l'Atlantique, au cours de la célèbre circumnavigation du navire britannique, de 1872 à 1876. Ces concrétions noirâtres, en forme de boules ou de galettes plus ou moins aplaties de 2 à 10 centimètres de diamètre, sont longtemps demeurées une curiosité minéralogique digne des cabinets d'histoire naturelle du XIXe siècle, ignorée du public. Les ouvrages de vulgarisation de la fin du siècle dernier, qui décrivent avec force détails les découvertes des premières grandes campagnes océanographiques, les étranges animaux de profondeur, les dépôts sédimentaires variés récoltés au cours des dragages, ou s'attardent longuement sur les résultats des sondages bathymétriques réalisés par les navires, ne font pratiquement jamais mention de ces concrétions pulvérulentes.

Seuls, les océanographes chimistes s'intéressèrent à ces nodules ; ils analysèrent leur composition, et constatèrent qu'ils sont constitués pour l'essentiel d'oxydes de fer et de manganèse, accompagnés de silicium et d'un cortège d'éléments en plus faible proportion, dont trois métaux intéressant l'industrie moderne, le nickel, le cuivre et le cobalt. La section d'un nodule révèle la présence de couches concentriques irrégulières, avec ou sans noyau visible, correspondant à des variations dans la composition en oxydes de fer et de manganèse, avec une trame diffuse d'impuretés et de silicates. Les couches riches en manganèse sont bien cristallisées ; la grande surface spécifique de ces cristaux favoriserait l'absorption du nickel et du cuivre. La porosité des nodules est de 50 %, et la teneur en eau de nodules égouttés atteint 30 % du poids sec. Un mètre cube de nodules humides pèse environ une tonne. Les océanographes savaient qu'il existe des nodules dans pratiquement tous les océans, mais ils sont particulièrement abondants dans le Pacifique. On les trouve habituellement à des profondeurs comprises entre 3 000 et 5 000 m. Selon les régions de l'océan mondial, les teneurs cumulées en cuivre, nickel et cobalt varient dans de grandes proportions, entre 0 et 3 %. La teneur cumulée en cuivre et en nickel des nodules de l'océan Indien et du Pacifique Sud ne dépasse guère 1 % ; ces nodules contiennent le plus souvent une teneur moitié moindre en métaux intéressants. Au contraire, dans le nord du Pacifique, la teneur cumulée en cuivre et nickel peut atteindre 2 à 3 %, en particulier dans la région comprise entre les zones de fracture Clarion et Clipperton, entre 5 et 20° de latitude Nord et 110 à 160° de longitude Ouest. La teneur en cobalt est généralement de l'ordre de 0,25 %.

Pendant des décennies, les campagnes océanographiques accumulèrent les résultats ponctuels, au hasard des stations étudiées, avec les moyens de prélèvement disponibles. Les minéralogistes s'intéressaient aux variations de teneurs en métaux de ces nodules, et découvraient fréquemment, au centre de la concrétion, des dents de requins ou des fragments osseux ayant servi de noyau. Personne n'imaginait que ces curieuses concrétions pussent être suffisamment abondantes pour constituer une véritable ressource. Il faudra attendre les années 1960 pour que l'utilisation systématique de la photographie sous-marine profonde apporte une information essentielle, donnant un élan inattendu aux recherches sur les nodules : il s'agit de leur densité sur les grands fonds de l'océan Pacifique. Jusqu'alors, on ne disposait que de renseignements qualitatifs ; la photographie sous-marine profonde, mise au point au milieu des années 1950 par l'Américain Harold Edgerton, permit d'obtenir des clichés de bonne qualité des fonds sous-marins : l'appareil photographique, équipé d'un film permettant plusieurs centaines de prises de vue successives sans recharge, est déclenché par le contact d'un poids avec le fond. Rapidement, les collections de photographies des fonds abyssaux s'accumulèrent dans les laboratoires des institutions océanographiques américaines. Sur nombre de ces photographies, les océanographes découvrirent le revêtement parfois continu formé par les nodules polymétalliques en partie enfouis dans le sédiment.

Il revint à l'océanographe américain John Mero, qui consacra la plus grande partie de sa carrière à l'étude des nodules, de révéler au grand public dès 1959 les densités extrêmement élevées de nodules polymétalliques observées sur certaines photographies prises dans le Pacifique Nord : à partir du poids unitaire d'un nodule, il détermina sur les photographies des concentrations moyennes de quelques kilos à quelques dizaines de kilos par mètre carré dans ces grands fonds. Extrapolant, fort imprudemment d'ailleurs, les données obtenues à partir d'un nombre relativement réduit de prises de vue à l'ensemble des grands fonds du Pacifique, Mero annonçait la découverte des futures mines sous-marines où le monde entier viendrait, un jour prochain, s'approvisionner en métaux stratégiques. Les chiffres qu'il avançait à cette époque étaient en effet impressionnants : à partir des densités de 5 à 10 kg de nodules par mètre carré, mesurées sur les surfaces de quelques mètres carrés d'une photographie sous-marine, soit 5 à 10 000 tonnes de nodules au kilomètre carré, Mero généralisa à l'ensemble des grands fonds du Pacifique ces résultats ponctuels et annonça en 1965 qu'il pouvait y avoir dans cette zone de l'océan mondial entre 1 000 et 2 000 milliards de tonnes de nodules polymétalliques, soit, en retenant une combinaison particulièrement favorable du couple cuivre-nickel, 30 à 60 milliards de tonnes de ces deux métaux. Mero affirmait que les nodules polymétalliques représentaient des ressources en métaux capables de satisfaire les besoins de l'humanité pendant des milliers d'années, en se fondant sur les taux de consommation annuelle de son époque ; de telles affirmations ne manquèrent pas de susciter l'intérêt de groupes industriels de différents pays. En réalité, les évaluations de Mero, fondées sur une série d'extrapolations des meilleures données obtenues, étaient très fortement exagérées. Elles étaient d'ailleurs supérieures à certains chiffres annoncés auparavant par d'autres océanographes : ainsi, deux auteurs soviétiques, Zenkelevitch et Skornyakova, avaient avancé dès 1961 un chiffre de cent milliards de tonnes seulement de nodules pour l'ensemble du Pacifique, soit dix à vingt fois moins que les évaluations de Mero.

Quoi qu'il en soit, l'élan fut donné par les Etats-Unis, où se formèrent les premiers consortiums industriels intéressés par l'exploration des grands fonds riches en nodules polymétalliques en vue d'estimer l'importance de ces ressources potentielles et surtout de déterminer les conditions de leur récupération (International Nickel, Deep Sea Ventures Inc., filiale du géant pétrolier Tenneco,

Kennecott Copper, Ocean Management Inc., etc.). Cuivre, nickel, cobalt et manganèse jouent en effet un rôle important dans l'économie des pays industrialisés ; or, d'un point de vue global, ces pays dépendent d'importations en provenance de plusieurs pays en voie de développement. Ainsi, les Etats-Unis ne possèdent pratiquement aucun gisement de manganèse et de cobalt, et ne disposent que de très peu de nickel ; ils importent 70 % de leurs besoins en nickel, et la quasi-totalité en manganèse et en cobalt ; on conçoit l'importance économique et stratégique de la question. Inversement, pour les pays en voie de développement exportateurs de ces métaux, la possibilité de voir les pays développés rechercher dans des mines sous-marines profondes la satisfaction de leurs besoins constituait une perspective inquiétante pour leur économie, contre laquelle il était important de se prémunir.

Les recherches se focalisèrent sur la bande est-ouest du Pacifique Nord comprise entre les zones de fracture Clarion et Clipperton. Au début des années soixante-dix, il était possible de tirer un premier enseignement des reconnaissances systématiques effectuées par les chercheurs américains. Dans cette région, la quantité totale de nodules polymétalliques serait comprise entre 4 et 15 milliards de tonnes, représentant 8 à 25 millions de tonnes de nickel, 6 à 23 millions de tonnes de cuivre, 0,9 à 3,5 millions de tonnes de cobalt et 144 à 530 millions de tonnes de manganèse. Sur la base d'une teneur minimale cumulée de cuivre et de nickel de 2,2 % et d'une densité de nodules de 10 kilos par mètre carré, les surfaces exploitables représenteraient 3,4 millions de kilomètres carrés entre les zones de fracture Clarion et Clipperton, 0,8 million de kilomètres carrés pour la zone située au sud-ouest d'Hawaii, et 1 million de kilomètres carrés dans le Pacifique Sud, avec quelques zones plus réduites dans l'océan Indien et l'Atlantique. Il y avait là de quoi susciter bien des espoirs ; mais ces richesses reposaient sous 5 à 6 km d'eau, dans une zone qu'aucune nation ne revendiquait, une *res nullius* en terme de droit.

La prise de conscience internationale des perspectives offertes par les nodules polymétalliques de l'océan profond, le développement de l'exploitation pétrolière à des profondeurs croissantes expliquent que l'Assemblée des Nations Unies, insatisfaite des résultats des deux premières Conférences, ait considéré à la fin des années soixante que les progrès techniques survenus dans le monde exigeaient que la communauté internationale se penche à nouveau sur la question du droit régissant les mers au-delà des limites de la juridiction nationale. Il fallait également remettre sur le métier la difficile question de la définition de la limite extérieure du plateau continental, tant la Convention de Genève de 1958 était inutilisable sur ce point, et remise en cause par les pays en voie de développement.

Au moment où s'ouvrit l'Assemblée générale des Nations Unies de 1967, on ne disposait pas encore de chiffres très précis sur les tonnages de métaux contenus dans les champs de nodules. Les données que commençaient à recueillir les sociétés industrielles demeuraient confidentielles ; seul J. Mero vantait avec un optimisme excessif le fabuleux Eldorado des grandes profondeurs et les responsables politiques, comme il se devait, retenaient les hypothèses les plus enthousiasmantes. On comprend alors mieux pourquoi, lorsque l'Assemblée générale discuta pour la première fois de la notion de patrimoine commun de l'humanité dans le contexte de la question de la réservation du fond des mers et des océans à des fins exclusivement pacifiques, l'opposition entre pays industrialisés et pays en voie de développement était devenue inéluctable. Cette notion de patrimoine commun de l'humanité n'était pas totalement nouvelle : elle avait déjà été mentionnée en 1958 par le président de la première Conférence sur le droit de la mer. Huit ans plus tard, en juillet 1966, le président des Etats-Unis, Johnson, avait déclaré qu'il convenait de veiller à ce que le lit des mers et des océans devienne et demeure le patrimoine commun de l'humanité. Cependant, jamais cette notion n'avait fait l'objet d'un débat dans une instance internationale. Il revint au représentant de Malte à l'Assemblée générale, Arvid Pardo, de proposer, dans une allocution historique, que les fonds marins situés au-delà des limites existantes des juridictions nationales fussent réservés à des fins exclusivement pacifiques et exploités au bénéfice de l'humanité tout entière. Cette proposition, qui constituait aux yeux de certains une véritable déclaration de guerre des pays pauvres aux pays les plus riches, reçut le soutien inconditionnel de la plupart des pays du Tiers monde.

L'Assemblée générale, à la suite de ces débats, créa en 1967 un Comité spécial de trente-cinq Etats chargé d'étudier les utilisations pacifiques du lit des mers et des océans au-delà des limites de la juridiction nationale. Un an plus tard, en 1968, ce comité fut remplacé par un organisme permanent de 42 membres, le Comité des fonds marins, chargé de formuler les principes et de préciser les concepts et les normes qui devaient former la base du nouveau régime international. Le Comité des fonds marins fut ensuite élargi,

Le Kraken.

et comptait 91 membres en 1971. Ces deux comités, déjà conscients des préoccupations qui devaient aboutir au concept de globalisation des problèmes, travaillèrent sur la base du consensus.

Un des premiers points de discussion fut de savoir quelle limite on allait assigner aux grands fonds marins : devait-on retenir l'isobathe de 200 m, comme le proposait en 1970 le président Nixon, la zone située entre cette profondeur et le rebord externe de la marge continentale étant placée sous tutelle internationale, ou limiter l'extension des grands fonds marins aux profondeurs abyssales supérieures à 3 500 m ? Les membres du Comité des fonds marins ne parvinrent pas à se mettre d'accord.

En 1970, trois ans après la création du Comité des fonds marins, l'Assemblée générale adopta une déclaration de principe où il était solennellement proclamé que « le fond des mers et des océans ainsi que leur sous-sol, au-delà des limites de la juridiction nationale... et les ressources de la zone sont le patrimoine commun de l'humanité » et ne pourront « par quelque moyen que ce soit faire l'objet d'appropriation par des Etats ou des personnes physiques ou morales ». Il y était également précisé que cette zone « devrait être utilisée à des fins exclusivement pacifiques par tous les Etats... sans discrimination ». A partir des problèmes politiques, juridiques et économiques liés aux ressources minérales potentielles des grands fonds marins, cette déclaration conduisait à remettre en cause l'ensemble du droit de la mer. Les pays en voie de développement qui avaient accédé à l'indépendance après la première Conférence de Genève refusaient de se sentir engagés par un texte rédigé par et pour les pays industrialisés. Ils contestaient, de manière systématique, la liberté de navigation et la liberté de pêche, qui ne bénéficiaient, faisaient-ils remarquer, qu'aux pays industrialisés et aboutissaient à une mise en coupe réglée des ressources vivantes. Ces pays proposaient au contraire l'instauration d'une Zone Economique Exclusive d'une largeur de 200 milles, reprenant à leur compte les revendications des pays latino-américains qui, les premiers, s'en étaient dotés.

Tenant compte des réalités politiques et économiques, du développement des connaissances et des progrès techniques, et considérant que nombre des Etats membres n'avaient pu participer aux deux précédentes Conférences sur le droit de la mer, l'Assemblée générale des Nations Unies décida de convoquer une troisième Conférence sur le droit de la mer et chargea le Comité des fonds marins de servir de comité préparatoire de la future conférence.

Entre 1970 et la fin de l'année 1973, ce comité reçut un certain nombre de propositions des Etats membres, propositions dont les divergences montraient la profondeur du fossé séparant la position des nations industrielles de celle des pays en voie de développement. Dans le même temps, les consortiums industriels qui s'intéressaient à la prospection des nodules polymétalliques commencèrent à aborder la conception et la mise au point des techniques de ramassage des nodules et de leur traitement minéralurgique et métallurgique. Deux méthodes principales de ramassage étaient envisagées à cette époque. La première, mise au point par les Japonais et par les Français, est celle de la drague à godets continue (Continuous Line Bucket ou CLB) : un câble, d'une quinzaine de kilomètres de longueur, forme une immense boucle, sur laquelle sont accrochées à intervalles réguliers des bennes de ramassage. Les ingénieurs avaient d'abord imaginé installer cette boucle à bord d'un seul navire, mais les premiers essais effectués en 1970 démontrèrent qu'il était extrêmement difficile dans ces conditions de contrôler la géométrie de la boucle de câble. Une solution à deux navires s'avéra beaucoup plus efficace. Néanmoins, le procédé avait un rendement relativement faible : un tiers seulement des nodules présents sur le fond étaient récupérés. Une seconde méthode, mise au point par le groupe américain Deep-Sea Ventures, consiste à aspirer les nodules par une longue tuyauterie d'acier terminée par un système de collecte d'une largeur de quelques dizaines de mètres qui se déplace sur le fond. L'aspiration des nodules est assurée soit par un système exhausteur comparable, toutes proportions gardées, aux exhausteurs d'aquariums d'amateur, avec injection d'air sous pression à mi-hauteur, soit par des pompes immergées entraînant le mélange diphasique eau/nodules.

Aux Etats-Unis, les milieux industriels et politiques intéressés par l'exploitation des nodules entreprirent, dès 1970, de faire pression sur le gouvernement pour que les Etats-Unis se dotent, sans attendre l'instauration d'un régime juridique internationalement reconnu, d'une législation nationale susceptible de protéger les investisseurs privés. Un projet de loi, le *Deep Seabed Hard Mineral's Bill* fut ainsi déposé à l'automne 1971 devant le Congrès. Bien qu'il ne fût pas retenu par l'exécutif américain, il contribua néanmoins à aviver l'inquiétude des pays du Tiers monde.

Ces derniers ne restaient pas inactifs, et se préparaient activement à définir une position commune pour la troisième Conférence. Les réunions régionales se succédèrent à un rythme rapide.

En 1970, les neuf Etats latino-américains se réunirent à Montevideo et approuvèrent l'idée que les Etats riverains peuvent fixer « les limites de leur souveraineté et de leur juridiction maritime conformément aux caractéristiques géographiques et géologiques et en fonction des facteurs qui conditionnent l'existence des ressources marines et les besoins de leur exploitation rationnelle » ; en d'autres termes, l'Etat riverain pourrait décider de la largeur de sa mer territoriale ou de sa Zone de pêche exclusive. En 1972, les quatorze Etats de la région des Caraïbes se réunirent à Saint-Domingue et proposèrent de limiter les eaux territoriales à une mer territoriale de 12 milles de largeur, suivie, au-delà, d'une « mer patrimoniale » dont la largeur devrait faire l'objet d'un accord international et ne devrait pas, ajoutée aux eaux territoriales, dépasser 200 milles de largeur. De leur côté, les pays africains se rassemblèrent en 1972 à Yaoundé et adoptèrent à l'unanimité des recommandations très proches de celles de la conférence de Saint-Domingue ; en particulier, le concept d'une Zone économique exclusive susceptible de s'étendre jusqu'à 200 milles des côtes se rapprochait beaucoup de la notion de « mer patrimoniale » défendue par les pays de la Caraïbe. Fait original, l'exploitation de cette Zone économique exclusive devait être faite dans l'intérêt de tous les pays africains et en particulier des pays sans littoral ou géographiquement désavantagés. Enfin, les Etats archipels du Tiers monde défendirent dès 1970 au sein du Comité des fonds marins leurs revendications spécifiques.

Convoquée à la fin de l'année 1973 en session d'organisation à New York, la troisième Conférence procéda à l'élection des membres des Bureaux et fixa son règlement intérieur ; neuf ans plus tard, sa onzième et dernière session, organisée en deux parties au printemps et à l'automne de 1982 à New York, conduisit à l'adoption du texte final de la Convention et de l'acte final, proposés à la signature des Etats membres à la fin de la même année.

Les pays en voie de développement s'étaient retrouvés dans le « groupe des 77 », créé lors de la première Conférence des Nations Unies sur le commerce et le développement tenue à Genève, en 1964. Ce groupe des 77, qui comprenait en réalité 120 pays, soit près des deux tiers des Etats membres, tira une grande partie de sa force au cours des négociations de son unité de vue sur les problèmes d'exploitation des ressources vivantes et non vivantes et de l'application de la règle majoritaire. De leur côté, les pays industrialisés, numériquement beaucoup plus faibles que le groupe des 77, bénéficièrent de leurs connaissances océanographiques et de leur capacité à mettre au point les technologies d'exploitation. Les Etats-Unis, l'URSS et ses satellites de l'Est, les pays d'Europe occidentale constituèrent trois sous-ensembles dont les positions ne furent pas toujours homogènes mais qui se trouvèrent toutefois d'accord pour réclamer que les prises de décision soient faites au consensus et non à la majorité, qui ne leur laissait à dire vrai guère de chances...

Il importe de rappeler les grandes étapes du processus qui devait conduire à l'adoption de la Convention. Comment allait-on travailler, quelle procédure allait-on adopter pour mettre sur pied des pratiques susceptibles de maintenir la cohérence globale du nouveau droit de la mer ? L'existence d'intérêts divergents, pour ne pas dire opposés, sur des questions d'importance capitale, conduisit à rechercher de manière systématique la prise de décision par consensus. En termes diplomatiques, le consensus exprime le fait qu'au cours d'une prise de décision, au moins une délégation ne s'oppose pas à son adoption. Le règlement prévoyait en outre qu'avant de procéder à un vote, l'Assemblée devait adopter une décision confirmant que tous les efforts pour parvenir à un accord général avaient été entrepris ; le même règlement imposait alors un délai de réflexion avant de passer au vote, dans l'espoir qu'une solution de conciliation serait trouvée entre-temps.

On se rendit rapidement compte que les débats officiels n'étaient pas le cadre le plus propice aux négociations, et qu'il serait plus efficace, face au grand nombre des participants et aux intérêts en jeu, de créer des groupes de travail restreints, dont les conclusions, plus ou moins officieuses, seraient entérinées sur la base du consensus par la Conférence. Ces groupes de travail, ou groupes de négociation, étaient composés sur la base de l'intérêt suscité par telle ou telle question ; ainsi, au lieu d'aboutir à de véritables coalitions d'Etats selon les alignements traditionnels, les groupes de travail eurent à traiter de problèmes concrets, pour protéger des intérêts spécifiques clairement identifiés. Les Etats côtiers souhaitaient un régime juridique leur permettant de gérer et de conserver les ressources vivantes et non vivantes relevant de leur juridiction nationale ; les Etats sans littoral voulaient voir reconnaître le droit de transit jusqu'à la mer, et le droit d'accès aux ressources vivantes des Etats voisins ; les Etats archipels voulaient voir reconnaître le nouveau régime des eaux archipélagiques ; certains pays industrialisés désiraient que fût garanti dans un cadre juridique prévisible l'accès aux ressources minérales des grands fonds ; les Etats produisant ces mêmes minéraux sur leur territoire souhaitaient obtenir l'assurance que la production des futures mines sous-marines ne porterait pas préjudice à leur économie ; les pays en voie de développement voulaient que les sciences et les techniques océanographiques, apanage d'un petit nombre de grandes nations industrialisées, fussent désormais mises au service de tous ; les Etats riverains des détroits demandaient que le libre passage n'ait pas pour conséquence des atteintes à leur environnement ou à leur sécurité ; tous les Etats souhaitaient préserver les libertés de navigation, de commerce et de communication.

Enfin, pour la première fois, l'ensemble des Etats désirait que le nouveau régime juridique protège le milieu marin contre les rejets et les immersions de substances nocives, l'utilisation anarchique des ressources non renouvelables, voire des expériences « scientifiques » qui risqueraient de compromettre l'équilibre biologique des mers. On le voit, il y avait là matière à de longues et difficiles négociations...

Une seconde décision marquante fut prise en 1977, lors de la sixième session de la Conférence : l'adoption d'un document de travail unique encore très imparfait, résultant des travaux des quatrième et cinquième sessions de la Conférence qui avaient établi un texte unique de négociation révisé ; ce texte, connu sous le nom de « Texte de négociation composite officieux », marqua une étape décisive vers la réalisation d'un régime international général unique ; il reconnaissait et mettait en relief les graves points de divergence pour la résolution desquels, lors de la septième session, sept groupes de négociation furent créés. A l'issue de la dixième session de 1981, la Conférence décida de réviser le texte officieux, d'où résulta le projet de convention officiel. La quasi-totalité des éléments du compromis global étaient dès lors en place, seules restaient à trancher les questions politiques en apparence insolubles ; en particulier, les règles relatives au statut des investisseurs pionniers (groupes privés ou Etats) dans la zone des grands fonds marins avant l'entrée en vigueur de la Convention devaient être négociées. En avril 1982, la Conférence estima que tous les efforts en vue d'aboutir à un consensus avaient été épuisés, et dut recourir au vote pour l'adoption du texte global de la Convention du droit de la mer. Les résultats du vote – 130 voix pour, 4 voix contre et 17 abstentions – étaient attendus. Ils représentaient une nouvelle affirmation des principes et des buts du nouvel ordre international des mers, en même temps qu'ils consacraient le poids politique du « groupe des 77 ». Ouverte à la signature le 10 décembre 1982 à la Jamaïque, la Convention fut signée le premier jour par 119 délégations, soit 117 Etats plus les îles Cook (territoire associé autonome) et le Conseil des Nations Unies pour la Namibie ; une ratification, celle de Fidji, fut déposée simultanément. La majorité des Etats abstentionnistes ont d'ailleurs signé la Convention par la suite.

Au plan juridique comme au plan politique, en ce qui concerne les grands fonds marins, la portée de la Convention est considérable ; ce texte transforme de manière fondamentale le droit international de la mer en introduisant la notion de « patrimoine commun de l'humanité », dont l'exploitation doit se faire au profit de l'ensemble des pays. Une Autorité internationale est créée, qui dispose d'un bras séculier, l'Entreprise. A côté de ces novations importantes, les tendances traditionnelles d'appropriation de l'espace marin au profit des Etats riverains se sont amplement manifestées, comme on peut s'en rendre compte à travers l'extension considérable des Zones économiques exclusives dont la limite vers le large peut, dans certains cas, dépasser la distance de 200 milles de la côte. L'analyse détaillée du texte de la Convention met en évidence ces différents aspects.

La Convention est formée de 17 parties comprenant 320 articles et de 9 annexes ; ses dispositions régissent notamment les limites de la juridiction nationale sur l'espace marin, l'accès aux mers, la navigation, la protection et la préservation du milieu marin, l'exploitation et la conservation des ressources biologiques, la recherche scientifique, l'exploitation minière des fonds marins et autres formes d'exploitation des ressources non biologiques, et le règlement des différends. Le principe général sur lequel elle se fonde est que la jouissance de droits et d'avantages suppose l'acceptation de devoirs et d'obligations, de façon que puisse s'instaurer un ordre général équitable.

— Les six premières parties traitent de la question des zones soumises à la juridiction nationale. La Convention autorise l'établissement d'une mer territoriale d'une largeur maximale de 12 milles, avec reconnaissance du droit traditionnel de passage inoffensif. Dans le cas de la navigation dans les détroits situés en mer territoriale, la Convention introduit le concept de passage en transit, qui implique une notion de nécessité. La souveraineté des Etats archipels sur les eaux archipélagiques situées à l'intérieur d'un ensemble d'îles est reconnue, ainsi qu'un droit de passage par les voies de circulation dans ces eaux. Enfin, la Convention prévoit que, dans une zone contiguë à la mer territoriale qui ne peut s'étendre au-delà d'une largeur de 24 milles à partir des lignes de base, l'Etat côtier peut prévenir ou réprimer les infractions à ses lois et règlements douaniers, fiscaux, sanitaires ou d'immigration, confirmant ainsi des dispositions antérieures.

Au-delà des eaux territoriales, la Convention permet la création d'une Zone économique exclusive dont la largeur peut aller jusqu'à 200 milles marins des lignes de base à partir desquelles est établie la mer territoriale. L'Etat côtier dispose de droits souverains concernant la pêche et l'exploitation des ressources non biologiques et peut donc revendiquer juridiction sur cette zone ; en revanche, il a obligation d'autoriser l'accès aux ressources de la Zone économique exclusive qu'il n'exploite pas lui-même aux Etats voisins sans littoral ou désavantagés, et de maintenir dans la zone les libertés traditionnelles de la haute mer. En matière de conservation des ressources biologiques de la Zone économique exclusive, la Convention entérine les thèses défendues par les pays latino-américains et reprises par la suite par de nombreux pays : l'Etat côtier a autorité pour fixer le volume admissible des captures. Prenant en considération les données scientifiques les plus fiables, il adopte les mesures appropriées pour éviter la surexploitation et maintenir ou rétablir les stocks exploités à des niveaux qui assurent leur rendement constant maximum, eu égard aux facteurs écologiques et économiques pertinents, y compris les besoins des collectivités côtières vivant de la pêche et des besoins des Etats en voie de développement. Les informations scientifiques disponibles, les statistiques relatives aux captures et à l'effort de pêche, doivent être diffusées et échangées régulièrement par l'intermédiaire des organisations internationales compétentes (principalement l'Organisation des Nations Unies pour l'Alimentation et l'Agriculture, plus connue sous son acronyme anglais de FAO). L'Etat côtier se fixe pour objectif l'exploitation optimale des ressources biologiques. Si sa capacité d'exploitation est inférieure au volume des captures admissibles, il peut autoriser d'autres Etats à exploiter le reliquat disponible, par voie d'accords ou d'arrangements ; les ressortissants de ces Etats doivent se conformer aux lois et aux règlements de l'Etat côtier, notamment en ce qui concerne la délivrance de licences et le paiement de droits ou de toute autre contrepartie pouvant consister, dans le cas des pays en voie de développement, en une contribution adéquate à l'équipement et au développement technique des industries de la pêche, et l'obligation de déchargement de tout ou partie des captures dans les ports de l'Etat côtier. Les responsabilités de l'Etat côtier à l'égard des poissons migrateurs anadromes (comme les saumons, qui remontent en rivière au moment de la reproduction) et catadromes (comme les anguilles, qui, à l'inverse, gagnent la mer au moment de la reproduction) visent à garantir une exploitation optimale de ces espèces par différents Etats. L'ensemble de ces règles garantit à l'Etat côtier l'entière gestion des stocks exploités, tout en reconnaissant aux Etats sans littoral ou géographiquement désavantagés le droit de participer, selon une formule équitable, à l'exploitation d'une part du reliquat des ressources biologiques des Zones économiques exclusives des Etats côtiers. La création de ces zones entraîne deux conséquences fondamentales : elle introduit une inégalité dans la répartition entre les Etats en faveur des pays industrialisés (parmi les 34 Etats qui tirent avantage de la création de la Zone économique exclusive, près de la moitié sont des pays industrialisés), et surtout elle permet l'appropriation par les Etats riverains de plus du tiers de la surface de l'océan mondial, dans des régions où se trouvent concentrés plus de 90 % des richesses biologiques et plus de 85 % des gisements de pétrole et de gaz.

Sur les plateaux continentaux, et en dehors des limites de la Zone économique exclusive, les dispositions de la Convention varient selon le domaine considéré. Les activités qui s'exercent à la surface ou dans la masse des eaux (par exemple la pêche thonière, la recherche scientifique) sont régies par les dispositions relatives à la haute mer, pour lesquelles prévaut le principe de la liberté des mers. Les activités menées sur les fonds marins et dans le sous-sol du plateau continental relèvent éventuellement de la juridiction nationale de l'Etat côtier si sa conformation répond à des critères précis. La Convention définit ainsi le plateau continental : « le plateau continental d'un Etat côtier comprend les fonds marins et leur sous-sol au-delà de la mer territoriale, sur toute l'étendue du prolongement naturel du territoire terrestre de cet Etat jusqu'au rebord externe de la marge continentale, ou jusqu'à 200 milles marins des lignes de base à partir desquelles est mesurée la largeur de la mer territoriale, lorsque le rebord externe de la marge continentale se trouve à une distance inférieure ». La marge continentale est « le prolongement immergé de la masse terrestre de l'Etat côtier ; elle est constituée par les fonds marins correspondant au plateau, au talus et au glacis ainsi que leur sous-sol ». Le plateau continental peut par conséquent dépasser la limite des 200 milles ; dans ce dernier cas, il appartient à l'Etat côtier de définir le rebord externe de la marge continentale. La Convention prévoit deux méthodes : l'une consiste à établir cette limite là où l'épaisseur des roches sédimentaires est égale au centième au moins de la distance entre le point considéré et le pied du talus continental ; la seconde, d'emploi plus pratique, consiste à tracer la limite à 60 milles marins au plus du pied du talus continental. Quant au pied du talus continental, on admet, sauf preuve du contraire, qu'il coïncide avec la rupture de pente la plus marquée à la base du talus. Dernière contrainte, la limite du plateau continental ne peut dépasser 350 milles de large à partir des lignes de base, ou une distance de 100 milles comptée à partir de l'isobathe 2 500 m. Les marges continentales, jusqu'à 3 000 m de profondeur au moins, recèlent des gisements d'hydrocarbures : d'où ces précisions qui peuvent paraître, au premier abord, très techniques. Les droits souverains de l'Etat côtier sur le plateau continental aux fins de son exploration et de l'exploitation de ses ressources naturelles [1] n'affectent évidemment pas le régime juridique des eaux surjacentes ou de l'espace aérien au-dessus de ces eaux ; de même, tous les Etats ont le droit de poser des câbles et des pipe-lines sur le plateau continental. En cas d'exploitation des ressources non biologiques du plateau continental au-delà des 200 milles, l'Etat côtier acquitte des contributions par le canal de l'Autorité, qui les répartit entre les Etats parties de la convention, selon des critères de partage équitables.

— La septième partie de la Convention traite de la haute mer : elle est ouverte à tous les Etats, qu'ils soient côtiers ou sans littoral. La liberté de la mer s'applique à la navigation, la pose des câbles et des pipe-lines sous-marins, la construction d'îles artificielles, la pêche et la recherche scientifique, et au survol aérien. La haute mer est affectée, précise la Convention, à des fins pacifiques, ce qui, on l'a vu, est loin d'être le cas, à moins d'admettre que l'exercice de la dissuasion nucléaire constitue une activité pacifique... Les Etats doivent coopérer à la conservation et à la gestion des ressources biologiques en haute mer ; si besoin est, ils s'accordent pour créer des organisations de pêche sous-régionales ou régionales, et fixent le volume admissible en se fondant sur les données scientifiques les

---

1. Par ressources naturelles, il faut entendre « les ressources minérales et autres ressources non biologiques des fonds marins et de leur sous-sol, ainsi que les organismes vivants qui appartiennent aux espèces sédentaires, c'est-à-dire les organismes qui, au stade où ils peuvent être pêchés, sont soit immobiles sur le fond ou au-dessous du fond, soit incapables de se déplacer autrement qu'en restant constamment en contact avec le fond ou le sous-sol ».

plus fiables dont ils disposent pour obtenir le rendement constant maximum. Enfin, ils veillent à ce que les mesures de conservation et leur application n'entraînent aucune discrimination de droit ou de fait à l'encontre d'aucun pêcheur, de quelque Etat qu'il soit ressortissant. Ce point ne constitue pas une nouveauté : les premières commissions internationales pour la conservation des ressources biologiques en haute mer ont été créées entre 1947 et 1950, et la plupart de ces commissions, souvent suscitées par la FAO, l'ont été avant 1970.

— Les parties huit, neuf et dix de la Convention traitent du régime des îles, du cas des mers fermées ou semi-fermées, entièrement ou principalement constituées par les mers territoriales et les Zones économiques exclusives de plusieurs Etats, enfin du droit d'accès des Etats sans littoral à la mer et depuis la mer. Ces questions n'ont pas de conséquence directe sur l'exploitation des ressources des grands fonds marins.

— La onzième partie de la Convention concerne la Zone, c'est-à-dire l'ensemble des fonds marins et de leur sous-sol situés au-delà des limites de la juridiction nationale. Les ressources qu'elle contient sont déclarées « patrimoine commun de l'humanité... Aucun Etat ne peut revendiquer ou exercer de souveraineté ou de droits souverains sur une partie quelconque de la Zone ou de ses ressources... L'humanité tout entière, pour le compte de laquelle agit l'Autorité, est investie de tous les droits sur les ressources de la Zone ». On entend par ressources toutes les ressources minérales solides, liquides ou gazeuses, présentes sur les fonds marins ou dans leur sous-sol. L'Autorité internationale des fonds marins comprend tous les Etats parties à la Convention : c'est l'organisation par l'intermédiaire de laquelle les Etats parties organisent et contrôlent les activités menées dans la Zone, notamment l'administration de ces ressources. Dans la Zone, les Etats et l'Autorité peuvent effectuer des recherches scientifiques à des fins pacifiques et dans l'intérêt de l'humanité tout entière. L'Autorité s'efforce de diffuser les résultats des recherches lorsqu'ils sont disponibles.

L'Autorité comporte une Assemblée (tous les membres de l'Autorité), un Conseil de 36 membres élus par l'Assemblée et un Secrétariat (le Secrétaire général est élu par l'Assemblée, sur proposition du Conseil, pour un mandat de 4 ans) ; elle a son siège à la Jamaïque. La Convention prévoit parallèlement la création d'une Entreprise, organe exécutif de l'Autorité qui mène des activités dans la Zone. L'Autorité administre le patrimoine commun de l'humanité, et en réglemente l'exploration et l'exploitation ; elle peut se livrer elle-même, par l'intermédiaire de son bras commercial, l'Entreprise, à des opérations d'exploitation minière. L'Autorité est également chargée de prendre les mesures nécessaires pour protéger efficacement le milieu marin des effets nocifs que pourraient avoir ces activités ; les caractéristiques transfrontalières des pollutions marines conduisent logiquement à confier à l'Autorité le soin de prévenir, réduire et maîtriser la pollution du milieu marin, y compris le littoral, de protéger et conserver les ressources naturelles de la Zone et de lutter contre les dommages causés à la flore et à la faune marines.

Les conditions prévues pour financer l'Entreprise et faire en sorte qu'elle soit technologiquement à même d'engager des activités font partie intégrante de la Convention, qui précise également selon quelles modalités et suivant quels critères l'Autorité choisit entre les demandeurs désirant mener des activités minières, quel volume de production sera autorisé pour une période donnée, etc. Cette partie du texte est particulièrement détaillée et complexe : jamais encore des juristes et des diplomates n'avaient eu à mettre en pratique cette notion de patrimoine commun de l'humanité, et les tensions politiques entre les Etats n'ont certainement pas simplifié leur tâche... Le texte prévoit un examen périodique du fonctionnement du régime international de la Zone tous les cinq ans à compter de l'entrée en vigueur de la Convention. Quinze ans après le début de l'année de démarrage de la première production commerciale au titre d'un plan de travail approuvé, une conférence de révision examinera en détail les conditions d'application des dispositions de la Convention, notamment en ce qui concerne le principe du patrimoine commun de l'humanité et son exploitation équitable au bénéfice de tous les pays.

La douzième partie de la Convention aborde les questions de la protection et de la préservation du milieu marin ; elle ne compte pas moins de onze sections. La prise de conscience par la communauté internationale de l'importance des questions de pollution du milieu marin remonte à la conférence des Nations Unies sur l'Environnement planétaire, organisée en 1972 à Stockholm ; jusque-là, on admettait implicitement que l'océan constitue un exutoire quasi infini, capable d'absorber et de faire disparaître les déchets de notre civilisation ; en réalité, comme l'atmosphère, l'océan accumule les polluants chimiques et biologiques. La Conférence de Stockholm avait souligné dans ses conclusions que les Etats ont obligation de protéger et de préserver le milieu marin ; de façon plus précise, elle stipulait que « les Etats doivent prendre toutes les mesures possibles pour empêcher la pollution des mers par des substances qui risquent de mettre en danger la santé de l'homme, de nuire aux ressources biologiques et à la vie des organismes marins, de porter atteinte aux agréments naturels ou de nuire à d'autres utilisations légitimes de la mer ». En pratique, la Conférence de Stockholm avait conduit à la création du Programme des Nations Unies pour l'Environnement (PNUE), dont plusieurs programmes d'action concernent le milieu marin, en particulier la Méditerranée. La Convention sur le droit de la mer reprend la totalité des conclusions de Stockholm ; elle souligne l'importance de la coopération mondiale et régionale et de l'assistance technique entre les Etats, leur demande de s'efforcer d'observer, mesurer et analyser les risques de pollution du milieu marin et les effets de cette pollution, recommande une harmonisation entre le droit national qui s'applique dans la Zone Economique Exclusive et le droit international, traite des pollutions par immersion de déchets, précise les pouvoirs de l'Etat côtier vis-à-vis de navires qui causent ou risquent de causer des pollutions notables, notamment en ce qui concerne l'intervention matérielle, le tout dans le respect des obligations particulières qui incombent aux Etats en vertu de conventions conclues antérieurement. Toutefois, ces dispositions ne s'appliquent ni aux navires de guerre, ni aux autres navires appartenant à un Etat lorsque celui-ci les utilise à des fins non commerciales de service public : c'est le principe de l'immunité souveraine.

La Convention du droit de la mer fournit ainsi un cadre général dans lequel s'inscrivent sans difficultés les principales conventions régionales issues des travaux du Programme des Nations Unies pour l'Environnement : celles d'Helsinki (1974) pour la mer Baltique, Barcelone (1976) pour la Méditerranée, du Koweit (1978) pour le golfe Arabo-Persique, de Nairobi (1985) pour l'océan Indien, de Nouméa (1986) pour le Pacifique Sud et Traité de Carthagène (1983) pour les Caraïbes. Elle reprend également, dans leurs principes généraux, les conventions spécifiques : celles de Londres de l'Organisation Maritime Internationale (1972) pour les opérations d'immersion effectuées à partir des navires et aéronefs, de Paris (1974) pour les pollutions d'origine tellurique, de Londres (1977) pour les dommages de pollution par hydrocarbures résultant de la recherche et de l'exploitation des ressources marines, etc. Dans un certain nombre de cas, ces textes ont eu des conséquences pratiques importantes ; des progrès substantiels ont été réalisés concernant le contrôle des opérations d'immersion de produits polluants à partir des navires ou la lutte contre les pollutions accidentelles. Fondée sur les dispositions de nombreux textes déjà entrés en application, la Convention fournit un cadre général intéressant. On doit cependant regretter, du point de vue écologique, que son ambition se limite à la protection et la préservation « des écosystèmes rares ou délicats ainsi que (de) l'habitat des espèces et autres organismes marins en régression, menacés ou en voie d'extinction », comme si les écosystèmes les plus communs et les plus robustes ne méritaient pas un égal intérêt ; pourtant, ce sont justement les niveaux de production terminaux des écosystèmes les plus répandus et les plus robustes qui fournissent à l'homme la plupart des espèces exploitées par la pêche sur le plateau continental...

Quelles que soient les mesures proposées pour réduire les pollutions en vue de protéger et de préserver le milieu marin, une question fondamentale se pose à propos des déchets solides. Avec l'accroissement de la population mondiale, la gestion de ces déchets est en effet devenue un des problèmes majeurs de notre temps. Les quantités de déchets à évacuer deviennent considérables : à partir de chiffres établis sur près d'un milliard d'êtres humains, et extrapolés en tenant compte des différences de niveau de vie et d'industrialisation, la production mondiale de déchets représente annuellement 10 milliards de tonnes de déchets d'origine industrielle, 1,5 milliard de tonnes de déchets d'origine ménagère, 220 millions de tonnes de boues résiduaires provenant des stations de traitement des eaux usées. Si l'on tient compte du fait qu'un tiers au moins de la population mondiale habite une bande littorale de moins de 50 km de largeur, on doit s'attendre dans un avenir proche à une pression économique croissante pour rejeter dans l'océan une certaine partie de ces résidus solides.

En réalité, l'océan est déjà largement utilisé pour l'évacuation de déchets solides. Le rejet en mer de déblais de dragage de ports et de chenaux de navigation ou de boues résiduaires est pratiqué par différents pays. Les boues résiduaires produites en zone littorale, qui peuvent contenir des concentrations importantes de métaux et de polychlorobiphényles, sont fréquemment rejetées en zone littorale, avec des conséquences parfois importantes vis-à-vis de la pêche et plus généralement de la qualité du milieu. On s'interroge actuellement sur les possibilités de rejets dans l'océan profond et des expériences à grande échelle, considérées comme indispensables pour apprécier exactement leur impact, sont en cours dans différents pays. Les Américains étudient ainsi différentes techniques de rejets de déchets solides sur le plateau continental et envisagent actuellement les conséquences d'un rejet localisé de 25 millions de tonnes de boues résiduaires par 2 400 m de profondeur au large de New York. Le choix de la technique de dépôt est essentiel : faut-il opter, comme on l'a fait jusqu'à présent sur le plateau continental, pour une stratégie de confinement, consistant à recouvrir les déchets accumulés ponctuellement d'une épaisseur de sédiment peu perméable et non pollué, comme on le fait dans les décharges terrestres, ou bien faut-il chercher à tirer parti des capacités de l'océan pour disperser les déchets dans un très grand volume d'eau ? La question demeure ouverte. Or, ce choix déterminera la technologie à mettre en œuvre : dans le premier cas, des systèmes de conteneurs autonomes ou de tuyauteries, qui n'existent pas actuellement, seront nécessaires ; dans le second cas, on utilise déjà des barges dont le fond peut s'ouvrir pour libérer dans l'eau les déchets, technique infiniment moins coûteuse dans l'océan profond que le rejet ponctuel.

On a également utilisé les grands fonds océaniques pour y déposer des substances dangereuses. Après la Première Guerre mondiale, des stocks d'explosifs et de gaz de combat ont été immergés dans la zone centrale du golfe de Gascogne, par 4 400 m de profondeur environ. Depuis l'avènement de l'ère nucléaire, de nombreuses nations ont utilisé l'océan profond pour y déverser des déchets radioactifs faiblement toxiques et à vie courte. Ainsi, par 46°N et 17°W, les pays européens ont rejeté entre 1948 et 1982, par des profondeurs variant entre 3 700 et 4 600 m, plus de 100 000 fûts de déchets radioactifs. Dans les premiers temps, on a utilisé des fûts métalliques renfermant des mélanges de déchets liquides et de produits solidifiants ; puis, les déchets liquides ont été utilisés pour fabriquer du ciment moulé en forme de fût. Cette dernière technique est particulièrement satisfaisante, dans la mesure où le débit de fuite des produits radioactifs dans le milieu environnant est déterminé par la vitesse de dissolution du ciment au contact de l'eau de mer. Les fûts ont tendance à s'enfoncer dans les sédiments, ce qui pourrait favoriser des concentrations localement importantes de substances radioactives. Jusqu'à présent, les observations faites sur cette zone d'immersion de déchets radioactifs ont révélé dans un seul cas une radioactivité anormalement élevée chez une actinie. Néanmoins, depuis une dizaine d'années, ces rejets ont été interrompus, à la suite de plusieurs conférences internationales. La France avait renoncé la première à cette technique impossible à contrôler de manière rigoureuse.

Il ne s'agissait pourtant jusque-là que de déchets radioactifs faiblement toxiques. L'utilisation de l'océan profond pour y évacuer des déchets radioactifs à vie longue et à forte toxicité a été récemment envisagée par différents pays industrialisés dont la France, les Etats-Unis, le Royaume-Uni, le Canada et le Japon. Les sites potentiels recherchés devaient présenter une stabilité tectonique suffisante à l'échelle du million d'années ; plusieurs sites répondant à cette condition ont été explorés dans l'océan Atlantique. Les produits radioactifs hautement toxiques devaient être enfermés dans des conteneurs profilés en forme de torpille ; lâchés en surface, les conteneurs devaient atteindre le fond à une vitesse suffisante pour pénétrer dans les sédiments jusqu'à une cinquantaine de mètres, contrainte supplémentaire apportée au choix du site en ce qui concerne les propriétés mécaniques des sédiments. Une des questions posées était de modéliser le flux de chaleur dégagé par les substances radioactives à travers les parois de conteneur et dans l'épaisseur des sédiments gorgés d'eau. A l'heure actuelle, cette hypothèse a été abandonnée au profit de sites terrestres souterrains, seule solution permettant un contrôle permanent et surtout une intervention éventuelle sur les déchets accumulés.

Va-t-on assister, au cours des prochaines décennies, au développement des rejets en mer de déchets solides, en complément du stockage à terre ? La montée dans l'opinion publique des préoccupations environnementales constituera vraisemblablement un élément modérateur. Pour des raisons qui tiennent à la fois aux propriétés dispersives de l'eau et à l'image plus ou moins consciente que chacun de nous forme de l'océan, source de toute vie, on peut s'attendre à de vives réactions de la part de l'opinion publique. Mais aurons-nous véritablement le choix, ou bien faudra-t-il admettre que l'océan apporte une réponse parmi d'autres à l'élimination des déchets de nos civilisations industrielles ?

— La treizième partie de la Convention précise les conditions d'exercice de la recherche scientifique, en particulier dans les Zones économiques exclusives. La recherche scientifique, menée à des fins exclusivement pacifiques et conformément aux règlements adoptés en application de la Convention, utilise des méthodes et des moyens compatibles avec la Convention et ne doit pas gêner de façon injustifiable les autres utilisations légitimes de la mer. Elle ne constitue le fondement juridique d'aucune revendication sur le milieu marin ou ses ressources. La coopération bilatérale et internationale en matière de recherche est recommandée. En mer territoriale et en Zone économique exclusive, la recherche scientifique ne peut être menée qu'avec le consentement de l'Etat côtier, selon une procédure assez lourde, puisqu'elle prévoit un délai d'étude des demandes de six mois ; cet Etat peut en outre participer aux opérations en mer, et a accès à tous les échantillons et toutes les données recueillies au cours des campagnes, sous réserve cependant que les données puissent être reproduites et les échantillons fractionnés sans que cela nuise à leur valeur scientifique. En haute mer, tous les Etats ont le droit d'effectuer des recherches dans la colonne d'eau ; sur le fond, les dispositions prévues pour la Zone garantissent également l'exercice de la recherche au profit de l'humanité tout entière.

— La quatorzième partie de la Convention traite du développement et du transfert des techniques marines entre les Etats, selon des modalités et à des conditions justes et raisonnables ; elle prévoit par exemple la création de centres nationaux et régionaux de recherche scientifique et technique marine et souligne l'importance des organisations internationales compétentes, c'est-à-dire principalement la Commission océanographique intergouvernementale et la FAO.

— La quinzième partie précise les conditions de règlement des différends et le rôle du Tribunal international du droit de la mer. Le Tribunal reçoit égalité de compétence avec d'autres pour toutes les questions relatives au droit de la mer, mais sa chambre spéciale, dite Chambre pour le règlement des différends relatifs aux fonds marins, a compétence exclusive, même à l'égard du reste du Tribunal, pour tous les différends intéressant la Zone. Autrement dit, cette Chambre spéciale est seule compétente à l'égard des activités d'exploitation minière des fonds marins et autres activités connexes.

— La seizième et avant-dernière partie est consacrée à certaines dispositions générales, et à l'obligation de protéger les objets de caractère archéologique ou historique découverts en mer.

— La dix-septième et dernière partie traite des dispositions finales ; elle prévoit la signature par les Etats [2] pendant une période de deux ans suivant l'adoption de la Convention, puis la ratification des Etats signataires, l'adhésion d'Etats non signataires, enfin l'en-

---

2. A la notion habituelle d'Etat, la Convention ajoute explicitement des entités telles que la Communauté économique européenne.

trée en vigueur de la Convention, douze mois après la date de dépôt du soixantième instrument de ratification ou d'adhésion. Des amendements pourront être proposés à l'expiration d'une période de dix ans après l'entrée en vigueur par tout Etat partie, pour tout ce qui ne concerne pas la Zone ; pour cette dernière, la procédure est plus lourde et fait intervenir une Conférence de révision.

Ce texte de cent vingt pages est suivi d'une série de neuf annexes, en une cinquantaine de pages. La première annexe donne la liste des espèces de poissons et de cétacés classées parmi les grands migrateurs. La seconde définit la composition et les fonctions d'une commission des limites du plateau continental, chargée d'examiner les dossiers présentés par les Etats désireux de fixer la limite extérieure de leur plateau continental au-delà des 200 milles marins. Les troisième et quatrième exposent successivement les dispositions de base qui régissent la prospection, l'exploration et l'exploitation des minéraux de la Zone et le statut de l'Entreprise. Les annexes suivantes concernent les procédures de conciliation et d'arbitrage, la participation d'organisations internationales à la Convention et le statut du Tribunal international du droit de la mer.

L'Acte final de la troisième Conférence rappelle le déroulement chronologique des travaux, l'organisation des sessions, la participation des Etats aux travaux, la composition des bureaux, etc. Enfin, quatre résolutions sont annexées à l'Acte final : deux d'entre elles, à caractère déclaratoire, concernent les territoires dont les peuples n'ont pas accédé à la pleine indépendance ou les territoires sous domination coloniale, ainsi que les questions concernant les mouvements de libération nationale ; les deux autres, particulièrement importantes, traitent respectivement de la Commission préparatoire de l'Autorité internationale des fonds marins et du Tribunal international du droit de la mer, et des investissements préparatoires dans des activités préliminaires relatives aux nodules polymétalliques.

Cette énumération succincte du contenu de la Convention et de l'Acte final montre toute l'importance accordée aux questions concernant la Zone et l'exploitation de ses ressources au bénéfice de l'humanité tout entière : la nouveauté de la notion, les conflits d'intérêt, le poids des investissements déjà réalisés par les grands consortiums industriels, la justifient amplement.

La Convention doit entrer en vigueur un an après le dépôt du soixantième instrument de ratification ou d'adhésion. On en est encore loin : à la fin de l'année 1990, quarante-cinq pays seulement avaient ratifié la Convention sur le droit de la mer ; parmi eux, une seule nation occidentale, l'Islande, le 21 juin 1985, et une nation d'Europe de l'Est, la Yougoslavie, le 5 mai 1986 ; les autres Etats appartiennent tous aux pays en voie de développement d'Afrique, d'Asie et d'Amérique latine et centrale.

Plusieurs années seront sans doute encore nécessaires pour atteindre le seuil des soixante ratifications. Heureusement, des procédures transitoires ont été prévues par la seconde résolution annexée à l'Acte final de la Convention elle-même, en particulier en ce qui concerne le règlement des différends territoriaux et les activités d'exploration des fonds à nodules polymétalliques de la Zone ; ce texte à caractère plus politique que juridique, fruit d'un compromis destiné notamment à garantir, durant cette période transitoire qui devait normalement être brève, l'acquis des investissements déjà réalisés par les pays industrialisés, vise à régir les activités préliminaires des Etats et des entreprises ayant investi dans l'exploration et l'exploitation des nodules polymétalliques avant l'entrée en vigueur de la Convention, à la seule condition qu'ils aient été enregistrés comme investisseurs pionniers par la Commission préparatoire.

Conscients de l'urgence des questions en suspens, les négociateurs de la Convention avaient en effet décidé, dans la première résolution à l'Acte final, de créer une Commission préparatoire de l'Autorité internationale des fonds marins et du Tribunal international du droit de la mer que le Secrétaire général de l'ONU peut convoquer dès lors que cinquante Etats auront signé ou auront adhéré à la Convention : or, dès le premier jour de l'ouverture du texte à la signature, 117 signatures ont été recueillies, permettant la convocation deux mois plus tard de la Commission préparatoire. Composée des représentants des Etats signataires et dotée de pouvoirs étendus pour installer l'Autorité, conformément aux dispositions de la Convention, la Commission préparatoire fonctionnera jusqu'à l'entrée en vigueur de la Convention ; alors, les biens et les archives de la Commission seront transférés à l'Autorité.

La Commission préparatoire a tenu sa première session en mars-avril 1983. Avec une session annuelle, composée de deux demi-sessions de près d'un mois chacune, les travaux de la Commission se sont déroulés à un rythme plus lent que ne le prévoyaient les dates fixées pour le règlement des conflits de chevauchement de zones revendiquées par les investisseurs pionniers. En effet, les demandes d'enregistrement en qualité d'investisseur pionnier auraient dû être déposées avant la fin de l'année 1984. Or, ce n'est que près de trois ans plus tard, le 17 août 1987, que la Commission préparatoire a fait droit à la demande indienne d'attribution d'un secteur d'activités préliminaires au titre d'investisseur pionnier. Ce délai est la manifestation concrète des tensions qui ont persisté au cours des sessions de la Commission préparatoire et qui ont leur origine dans la seconde résolution. En effet, les Etats industrialisés, qui pour la plupart estimaient quelques mois avant la signature de la Convention avoir perdu la partie vis-à-vis du « groupe des 77 », s'étaient efforcés d'introduire dans le fonctionnement de la Commission préparatoire des garanties suffisantes pour préserver les investissements parfois considérables déjà effectués ; il était donc essentiel, pour ces pays, de voir reconnaître les droits acquis, et la résolution précise dans son treizième paragraphe que « l'Autorité et ses organes reconnaissent et respectent les droits et obligations découlant de la présente résolution et se conforment aux décisions prises par la Commission en application de celle-ci » ; on ne saurait être plus clair...

La seconde résolution arrête dans le détail le régime intérimaire pour les fonds marins, définissant ses bénéficiaires, les investisseurs pionniers, les conditions à remplir pour obtenir cette qualification, le partage en deux parties de valeur commerciale estimative égale des zones revendiquées, l'une des deux parties revenant à l'Autorité, l'autre à l'investisseur pionnier, les procédures de l'enregistrement autorisant les activités préparatoires, les obligations qui accompagnent l'exercice de ces activités. Tout Etat ayant signé la Convention peut présenter, en son nom propre ou au nom de toute entité ou entreprise d'Etat ou de personnes physiques ou morales définies (il s'agit en pratique de quatre consortiums internationaux), une demande d'enregistrement en qualité d'investisseur pionnier. La France, l'Inde, le Japon et l'URSS, ou l'une de leurs entreprises d'Etat ou toute personne physique ou morale ayant la nationalité d'un de ces Etats, à condition que ces pays signent la Convention et aient investi avant le 1ᵉʳ janvier 1983 l'équivalent d'au moins 30 millions de dollars, dont 10 % au moins au titre de la localisation, de l'étude topographique et de l'évaluation du secteur revendiqué, sont spécifiés comme investisseurs pionniers. Il appartient aux Etats signataires qui envisagent de présenter une demande de s'assurer que les secteurs géographiques retenus ne se chevauchent pas où n'empiètent pas sur des secteurs déjà attribués en tant que secteurs d'activités préliminaires. Les Etats concernés doivent tenir la Commission informée des tentatives faites pour régler les différends. Dans la pratique, la localisation des secteurs explorés par les investisseurs pionniers était restée confidentielle, et il fallut faire appel à une procédure d'ouverture simultanée des demandes et d'accord amiable entre les Etats concernés. Paradoxalement, il revint donc aux Etats intéressés de définir les bases d'un système dont la finalité avouée était l'avènement d'un régime international d'exploitation des ressources au bénéfice de l'humanité tout entière.

En réalité, les pays industriels intéressés par l'exploitation des nodules polymétalliques n'avaient pas attendu la signature de la Convention pour prendre conscience de la complémentarité de leurs intérêts et pour rechercher la solution des conflits de chevauchement des zones explorées. Dès le mois d'août 1979, une première rencontre des représentants des consortiums industriels avait eu lieu à Genève. Rapidement, deux autres participants comprenant chacun un Etat signataire de la Convention, le consortium français AFERNOD [3] représenté par le CNEXO et le japonais Deep Ocean Resources Development [4], s'associèrent aux discussions. Les négociations entre ces divers partenaires aboutirent à un accord définissant les règles d'arbitrage en cas de chevauchement de zones qui fut conclu en février 1982 ; AFERNOD entra dans l'accord un mois plus tard et DORD début 1983. Un second accord de confidentialité et d'échange de coordonnées des sites fut signé en juillet 1982 entre cinq consortiums dont le français AFERNOD. Ces deux textes permettent aux consortiums de se mettre d'accord sur les revendications de zones, accord manifesté par le *Final Settlement Agreement* de mai 1983 réglant les conflits entre les cinq premiers groupes et son complé-

---

3. L'Association Française d'Etudes et de Recherches des Nodules (AFERNOD) a été créée en novembre 1974 pour effectuer des travaux portant sur les nodules polymétalliques afin d'obtenir un titre minier d'exploration et d'exploitation et en vue d'étudier les solutions permettant leur exploitation. La convention du 28 novembre 1985 qui régit AFERNOD est conclue entre l'Institut Français de Recherche pour l'Exploitation de la Mer (IFREMER), le Commissariat à l'Energie Atomique (CEA), la société IMETAL et la société Chantiers du Nord et de la Méditerranée (NORMED). L'IFREMER, qui a pris la suite du CNEXO dans AFERNOD, assure la gestion de l'Association. Seul connu des tiers, c'est à lui qu'incombe l'exécution des formalités nécessaires auprès des autorités nationales et internationales compétentes afin d'obtenir les titres miniers nécessaires pour l'exploration et l'exploitation des nodules polymétalliques.

4. Le consortium DORD (en japonais *Kabushiki Kaisha*) est une filiale de Overseas Mineral Resources Development (OMRD), qui regroupe une soixantaine d'organismes et de sociétés industrielles japonais. Le principal actionnaire d'OMRD est la Metal Mining Agency of Japan, organisme gouvernemental créé en 1963, placé sous la tutelle du ministère de l'Industrie et du Commerce International, le MITI. La MMAJ détenait, en 1983, 67 % des parts du consortium.

ment de septembre de la même année pour tenir compte des sites revendiqués par le japonais DORD.

Les Etats non signataires de la Convention continuèrent d'utiliser leurs législations nationales pour l'examen des demandes d'attribution des titres miniers, alors que les Etats signataires — la France, le Japon, l'Inde et l'URSS — cherchèrent à réunir les conditions exigées par la Convention pour l'instruction de leurs demandes. Pour donner une légitimité internationale à une telle procédure, huit Etats concernés par l'exploitation des nodules polymétalliques signèrent un « Arrangement provisoire concernant les questions relatives aux grands fonds marins » en août 1984, arrangement évoquant les accords privés antérieurs et notamment les superficies obtenues par chacun des groupes signataires [5]. Le jour même de la signature de cet Arrangement, le gouvernement français déposa sa demande d'enregistrement auprès de la Commission préparatoire, soulignant « l'éventualité d'un conflit » de chevauchement de zones avec l'URSS. Le Japon fit de même pour DORD.

Au cours des travaux de la Convention, l'URSS avait en effet critiqué la possibilité offerte aux Etats non signataires de la Convention de bénéficier des dispositions du régime intérimaire, dès lors qu'ils participaient à un consortium multinational comportant au moins un Etat signataire de la Convention. Signataire de la Convention, l'URSS présenta dès la première session de la Commission préparatoire une demande d'attribution d'un secteur d'activités préliminaires, en souhaitant un enregistrement rapide et en soulignant l'absence de réponse des investisseurs pionniers signataires, en particulier la France et le Japon, à ses offres de négociation. De son côté, l'Inde, déposant une demande semblable, déclarait n'avoir aucun conflit avec l'URSS. Rapidement, l'URSS se trouva isolée, aussi bien vis-à-vis des pays industriels que du Groupe des 77, et elle fut bientôt obligée d'accepter d'examiner les conflits de chevauchement possibles avec les autres demandeurs.

L'opposition entre la France et l'URSS sur la question de l'enregistrement, qui s'est développée à partir de 1984, a abouti à une médiation du président de la Commission préparatoire. Les Soviétiques refusaient tout arbitrage, alors que la seconde résolution prévoit le recours à l'arbitrage en cas d'échec des négociations. Ils faisaient notamment remarquer que, les dates limites pour l'ar-

---

5. Cet accord a été signé par la Belgique, les Etats-Unis, la France, l'Italie, le Japon, les Pays-Bas, la République Fédérale d'Allemagne et le Royaume-Uni.

bitrage étant dépassées, c'est l'ensemble du processus qui devenait caduc... La France et le Japon, à la condition d'obtenir l'accord de la Commission préparatoire, acceptèrent finalement de renoncer à l'arbitrage au profit d'une procédure spéciale prévoyant des concessions équivalentes. Le président de la Commission préparatoire entérina cette proposition dans une Déclaration datée du 31 août 1984 qui mit fin à l'obligation de recourir à l'arbitrage. En même temps, la Déclaration reconnut l'existence d'un groupe d'investisseurs pionniers, comprenant tous les demandeurs ayant déposé une demande au plus tard le 9 décembre 1984, date de clôture de la signature de la Convention sur le droit de la mer. Ce groupe comprenait la France, l'Inde, le Japon et l'URSS, qui bénéficiaient ainsi d'une priorité vis-à-vis des autres demandeurs potentiels. Ainsi confortés dans leurs revendications internationales, ces pays organisèrent, dès la fin de 1984, à Genève, l'échange des coordonnées sur les zones revendiquées, en vue d'identifier les conflits à résoudre. Cet échange confirma l'absence de chevauchement de la demande indienne, la seule située dans l'océan Indien, et révéla l'existence de deux conflits d'importance inégale, entre la France et l'URSS d'une part et entre le Japon et l'URSS d'autre part. Le conflit franco-soviétique ne put trouver de solution entre les parties, compte tenu de l'ampleur du chevauchement constaté. Le constat d'échec des négociations franco-soviétiques précisait qu'il n'avait pas été possible de régler le différend sur la base d'un partage équitable de la zone de chevauchement, cette procédure aboutissant à des « demandes n'ayant pas une superficie totale et une valeur commerciale estimative suffisantes pour permettre deux opérations d'extraction minière, l'une des deux revenant à l'Autorité internationale des fonds marins ». Devant cette situation de blocage, le président de la Commission préparatoire proposa la révision des mécanismes prévus originellement : l'accord d'Arusha [6], soumis à la Commission préparatoire qui l'adopta le 5 septembre 1986, redéfinit la procédure d'enregistrement des demandes et le cadre d'exercice des activités préliminaires ; en même temps, la Commission préparatoire devint partie prenante du règlement des différends. L'innovation fondamentale réside dans le fait que la Commission préparatoire n'exerce plus la totalité de ses compétences pour faire le choix du secteur dévolu à l'Autorité internationale et de celui attribué à l'investisseur

---

6. Arusha, ville de Tanzanie dont le Premier ministre, M. Warioba, était à l'époque président de la Commission préparatoire.

pionnier ; ce dernier, dans sa demande, indique son choix pour un secteur d'une superficie de 52 300 km² sur un total de 75 000 km², choix qui n'est pas susceptible d'être discuté par la Commission préparatoire ; au-delà de ce choix, la Commission préparatoire retrouve ses droits pour désigner le reliquat complétant la superficie du secteur attribué à 75 000 km² ; cette modification a fortement contribué à la solution du différend franco-soviétique. Une seconde modification porte sur les restitutions de superficie du secteur d'activités préliminaires attribué à l'investisseur pionnier (150 000 km² au plus dont le bénéficiaire doit rendre la moitié par fractions successives à l'Autorité internationale). La restitution par anticipation s'effectue au moment de l'enregistrement de la demande, alors que la non-restitution, appliquée au différend franco-soviétique, prévoit que les restitutions anticipées, pour ce qui concerne la France, ont déjà été effectuées au cours des négociations avec le Japon et les consortiums. Cette Déclaration a ainsi permis de résoudre certains différends et d'accélérer par conséquent la concrétisation du patrimoine commun de l'humanité. En même temps, elle a créé les conditions d'un règlement rapide des conflits de chevauchement opposant l'URSS et les consortiums multinationaux représentés par les Etats certificateurs potentiels : en août 1987, les délégations belge, canadienne, italienne, néerlandaise et soviétique purent informer la Commission préparatoire qu'elles étaient parvenues à un règlement global des problèmes pratiques qui les opposaient.

A la fin de l'année 1987, la Commission préparatoire accepta comme « investisseurs pionniers », en plus de l'Inde, la France, le Japon et l'URSS. Trois ans plus tard, la Chine se vit reconnaître à son tour une zone minière. Parallèlement, la superficie des fonds dévolus aux activités de l'Entreprise s'est considérablement accrue : la notion de « patrimoine commun de l'humanité » se matérialise sans pour autant que la valeur économique réelle de ce patrimoine puisse être appréciée. Entre 8 et 16° de latitude Nord et 123 à 158° de longitude Ouest, une longue mosaïque de parcelles aux formes géométriques représente désormais, au milieu de l'océan Pacifique, les zones attribuées aux investisseurs pionniers (Chine, France, Japon et URSS), celles réservées à l'Autorité internationale des fonds marins, enfin celles, résultant de la procédure de restitution anticipée, susceptibles d'être attribuées à de nouveaux demandeurs. Simultanément, les règles administratives prévues par la Convention se mettent en place, notamment ce qui concerne le règlement des droits annuels que les investisseurs pionniers doivent verser à l'Autorité internationale, qu'il y ait ou non exploitation ; ces droits, initialement fixés à 1 million de dollars par an, ont été ramenés à la moitié de cette somme, avec, en compensation, des apports en nature (exploration dans les zones de l'Autorité internationale, formation technique au profit des Etats membres). Toutefois, des investisseurs potentiels privés, appartenant à des Etats ayant ou non signé la Convention, mais n'ayant pas accepté le régime intérimaire, échappent aux charges et obligations financières qui en découlent. Il s'agit des consortiums visés par la seconde résolution sous le nom d'entités ; en effet, les quatre consortiums identifiés sont juridiquement immatriculés aux Etats-Unis, pays non signataire de la Convention.

Durant toute la durée de la troisième Conférence, les Etats-Unis ont cherché à s'opposer à la création d'une Autorité internationale chargée d'exploiter la Zone au bénéfice de l'humanité, choisissant l'adoption de législations nationales destinées à protéger les intérêts industriels et commerciaux de leurs ressortissants. Jusqu'à présent, ce pays refuse toujours de signer la Convention, et a été suivi dans sa démarche par l'Allemagne et la Grande-Bretagne. Pourtant, les négociateurs de la Convention avaient escompté que les groupes multinationaux intéressés par l'exploitation des nodules polymétalliques, juridiquement immatriculés aux Etats-Unis, pourraient participer au régime intérimaire. Malheureusement, les Etats-Unis ne peuvent, ni ne veulent, jouer le rôle d'Etat certificateur, garantissant pour l'un de ses ressortissants le respect des conditions requises pour les demandeurs ; d'autres pays occidentaux signataires de la Convention (Canada, Pays-Bas, Portugal, Suède, dès 1982, Belgique et Italie un peu plus tard) pourraient jouer ce rôle, sous réserve d'immatriculation des consortiums : leurs dirigeants ne l'ont pas souhaité, accordant à tort ou à raison une plus grande sécurité aux titres miniers d'exploration qui leur avaient été délivrés antérieurement à la signature de la Convention, en application des législations nationales.

On peut d'ailleurs se demander si les Etats-Unis n'envisagent pas actuellement d'obtenir de nouveaux amendements au régime des grands fonds marins, avec le concours de tel ou tel Etat certificateur potentiel d'un consortium international intéressant l'industrie américaine ; en outre, depuis 1990, les Etats-Unis ont obtenu du Secrétaire Général de l'Organisation des Nations Unies qu'il reprenne en leur présence un certain nombre de discussions visant à rendre la Convention sur le droit de la mer acceptable par tous :

la conjoncture économique actuelle et les faibles cours des métaux contenus dans les nodules polymétalliques constituent sans doute des circonstances favorables à une telle opération, qui pourrait contribuer à terme à rompre l'isolement politique actuel des Etats-Unis et à instaurer d'un meilleur équilibre international.

Depuis l'engouement des pays industrialisés pour les nodules polymétalliques du début des années soixante-dix et les longues négociations de la troisième Conférence des Nations Unies sur le droit de la mer, plus de vingt ans se sont écoulés. Pour autant, les premières exploitations industrielles des gisements de nodules polymétalliques paraissent aujourd'hui plus éloignées qu'elles ne l'étaient à cette époque. L'exemple de la France, qui a participé dès 1970 à l'effort international d'exploration des fonds à nodules polymétalliques et qui figure parmi les cinq Etats signataires de la Convention bénéficiant du statut d'investisseur pionnier, illustre bien l'évolution suivie par la plupart des nations industrielles qui se sont intéressées aux ressources minérales des grands fonds.

Notre pays a marqué pour la première fois un intérêt pour l'exploitation des minéraux contenus dans les nodules polymétalliques à la suite de la création en 1967 du Centre National pour l'Exploitation des Océans ; dans son Programme d'orientation « Océan » publié en août 1968, la jeune agence souligne l'importance des grands fonds abyssaux et retient, au titre des études prospectives d'exploitation, une opération concernant les procédés de ramassage de nodules et la valorisation des minéraux contenus. Rapidement, l'idée d'un programme « Nodules » s'impose aux dirigeants du CNEXO. Réalisé dans le cadre d'une association entre le CNEXO, le CEA et la Société Le Nickel (1970-1974), puis du groupement AFERNOD à partir de 1974, le programme français a débuté par une phase de prospection menée grâce à un échantillonnage statistique à mailles régulières, en utilisant des engins de prélèvement et de photographies libres munis d'un lest largable et de flotteurs, lâchés à partir de la surface. Dans une première partie du programme, l'effort a porté autour de la Polynésie française, pour des raisons de proximité d'un territoire national et avec l'espoir que des ressources exploitables existaient dans la future Zone Economique Exclusive (1971-74). Plus de 2 000 échantillons ont été recueillis dans près d'un millier de stations. La surface reconnue, à raison d'une station pour 8 600 km^2 en moyenne, dépasse 2 millions de km^2, dont 40 % situés dans la Zone Economique Exclusive de Polynésie française ; quelques opérations dans le Pacifique Nord avaient, en même temps, montré l'intérêt majeur de cette région.

Dans une seconde étape, avec les mêmes techniques et la même densité d'échantillonnage, 2 500 000 km² ont été reconnus dans le Pacifique Nord (1974-75). Enfin, dans une troisième phase, une zone d'un peu moins de 50 000 km² a été choisie pour sa richesse entre les zones de fracture de Clarion et de Clipperton, et explorée à raison d'un prélèvement tous les 1 500 km² (1976-77). Deux décisions importantes ont marqué l'évolution de ce programme d'exploration : tout d'abord, en 1974, la décision d'abandonner les eaux polynésiennes au profit du Pacifique Nord, puis, deux ans plus tard, celle de concentrer les efforts sur une zone dite Noria sur laquelle sera déposée, quelques années plus tard, la demande de permis français. Dans la région étudiée, plusieurs zones totalisant une superficie de 150 000 km² furent choisies : les densités moyennes de nodules polymétalliques y dépassent 7 kg/m², les teneurs en métaux exploitables sont de 1,38 % pour le nickel, 1,18 % pour le cuivre, 29,1 % pour le manganèse et 0,25 % pour le cobalt. Après une reconnaissance géophysique, la prospection fut reprise selon une maille rectangulaire de 17,5 sur 25 milles marins, tenant compte de l'orientation nord-sud de séries de collines abyssales d'altitude moyenne de 200 m. Les résultats de cette prospection plus fine montrèrent la remarquable homogénéité chimique sur le plan statistique et la corrélation forte entre les teneurs cumulées en cuivre et nickel et la teneur en manganèse ; en revanche, la densité des nodules se révéla assez variable.

Il fallait donc, pour intégrer cette hétérogénéité des densités, poursuivre l'exploration des gisements à une tout autre échelle, et avec d'autres techniques. L'utilisation d'engins remorqués près du fond, équipés de télévision et d'appareils photographiques, puis de l'engin autonome *Epaulard*, couplée avec les données du sondeur bathymétrique multifaisceaux dont fut équipé le NO *Jean Charcot* en 1977, permit de dresser des cartes plus précises. Les nouvelles techniques d'exploration révélèrent l'importance des reliefs (crêtes orientées nord-sud, de 150 à 200 m d'altitude, espacées de 2 à 10 km), l'existence de petites falaises dépassant une dizaine de mètres de hauteur et formant des obstacles importants. Plusieurs années plus tard, après dépôt de la demande de permis, des campagnes de plongée du *Nautile* sur cette zone confirmèrent ces observations préliminaires, et permirent de vérifier certaines propriétés des sédiments sur lesquels reposent les nodules.

A la fin des années soixante-dix, on pensait disposer de données suffisantes sur les gisements de nodules polymétalliques, alors que la question du ramassage apparaissait beaucoup moins avancée. La technique de ramassage par godets de drague fixés sur une grande boucle de câble (CLB) s'était avérée délicate et imposait en pratique l'utilisation de deux navires ; elle n'avait pas un rendement suffisant pour les besoins de l'exploitation, estimés à l'époque entre 3 et 10 millions de tonnes de nodules par an. D'autres projets avaient vu le jour, notamment le concept de navettes autonomes assurant le ramassage des nodules et leur remontée à la surface proposé par le CEA, et le système hydraulique consistant à remonter les nodules (ou des nodules finement concassés) par pompage ou injection d'air dans une conduite verticale expérimenté quelques années auparavant par les Américains.

A cette époque, on estimait généralement en France que le choix de la filière de ramassage restait à faire, et allait demander de nombreuses années de recherches technologiques. Les groupes industriels consultés par les responsables gouvernementaux n'étaient pas prêts à s'engager dans des investissements massifs sur telle ou telle filière de ramassage, considérant à juste titre que les conditions technico-économiques n'étaient pas remplies. Devant cette situation, le gouvernement français, qui aurait pu décider de lancer un projet pilote de récupération et de traitement des nodules polymétalliques dans le cadre des grands programmes de développement techno-logique, se borna à recommander la poursuite des études en cours, notamment en ce qui concerne les technologies de ramassage. Pour leur part, les scientifiques jugeaient indispensable d'approfondir le travail d'exploration des gisements, notamment grâce à l'observa-tion directe. Cette réflexion contribua fortement à la décision du gouvernement français d'autoriser le CNEXO à entreprendre, dès 1979, la construction d'un submersible habité capable d'atteindre 6 000 mètres de profondeur : ce fut le *Nautile*, déjà mentionné, construit entre 1980 et 1984 et dont les essais eurent lieu au début de l'année 1985.

A la suite des changements politiques majeurs de l'année 1981, le nouveau gouvernement estima nécessaire de procéder à une éva-luation de l'ensemble du dossier nodules et confia à l'Académie des Sciences le soin d'effectuer cette analyse ; par lettre du 11 mars 1982, le professeur François Gros, alors Conseiller du Premier ministre, demanda aux Secrétaires perpétuels de l'Académie des Sciences de dresser un bilan de l'acquis et de faire au gouvernement des propositions, « avec le double objectif d'informer le public et d'éclairer les choix du gouvernement sur la politique à adopter vis-à-vis de cette ressource potentielle de matières premières ». Plus précisément, il était demandé à l'Académie des Sciences d'approfondir les trois points suivants : genèse des nodules, répartition des champs et guides de prospection, programmes de développement technologique. La plus grande confidentialité était demandée, afin « que des concurrents étrangers ne puissent avoir accès à des informations qu'ils pourraient utiliser aux dépens des entreprises françaises travaillant sur ce sujet ». Le rapport de l'Académie des Sciences a été publié au début de l'année 1984 [7], et ses principales conclusions ont servi de guide à la poursuite de l'effort français. Le rapport souligne que « ce ne sont ni sa rentabilité économique ni ses retombées techniques qui peuvent justifier la poursuite d'un programme industriel d'exploitation des nodules polymétalliques, mais la seule nécessité d'être présents le jour où les conditions l'imposeront, à la suite d'une cartellisation croissante des produits des mines ou de modifications de l'attitude politique de certains Etats. Et c'est pourquoi nous nous sommes gardés de proposer des dates (avant ou après l'an 2000) pour le commencement d'opérations minières ». Pour le moment, les événements, en France comme chez nos principaux concurrents, donnent raison à cette affirmation fondée sur une étude technico-économique approfondie. Il est cependant permis de s'interroger sur des conclusions qui paraissent, avec le recul du temps, assez négatives ; notamment, les perspectives ouvertes par une coopération industrielle au niveau européen, qui constituent vraisemblablement une condition importante pour l'aboutissement d'un projet industriel d'une telle ampleur, ne paraissent pas avoir été véritablement analysées. Evoquant l'exemple des activités spatiales, le rapport recommande de constituer une communauté scientifique et technique organisée, compétente, vigilante sur laquelle reposera, le jour venu, la solidité de notre position. En même temps, un effort limité, en vue notamment de conforter les positions françaises au niveau international, devait être consacré au programme industriel. Des recommandations précises ont été également émises vis-à-vis d'un certain nombre de questions techniques et juridiques qui se posaient à court et moyen terme ; ces recommandations ont

---

7. Préparé par un groupe de travail comprenant des membres de l'Académie des Sciences et des spécialistes de l'industrie minière présidé par Jacques-Emile Blamont, ce rapport de 180 pages intitulé « Les nodules polymétalliques : faut-il exploiter les mines océaniques ? », édité par les Editions Gauthier-Villars, a été publié en 1984.

été, pour la plupart, suivies d'effet. Toutefois, et malgré des efforts couronnés de nombreux résultats de quelques scientifiques français qui, comme Guy Pautot, ont poursuivi avec ténacité les recherches en mer, seuls ou en collaboration avec des équipes japonaises et américaines, il n'a pas été possible de constituer la communauté scientifique organisée et compétente souhaitée par l'Académie des Sciences. En revanche, le Groupement d'Intérêt Public entre le CNEXO et le CEA recommandé par l'Académie des Sciences pour l'étude du système de ramassage le plus rentable a été créé : le décret portant création du GIP GEMONOD [8] a été publié le 7 février 1984 et le groupement a pu immédiatement commencer ses travaux.

De 1984 à 1988, le groupement GEMONOD effectua un travail considérable en vue d'évaluer et de définir les moyens nécessaires à l'exploitation des nodules polymétalliques. Il sut également nouer des relations étroites avec un partenaire privilégié, la société allemande Preussag, et, dès 1985, ouvrir des négociations avec l'URSS [9] qui s'intéressait au système de récupération hydraulique et avec les Japonais pour des essais à échelle pilote de récupération sur la zone japonaise. Au cours de cette période, on prit conscience de l'importance d'une autre forme de minéralisation de l'océan profond, les croûtes cobaltifères : quelques campagnes ont été organisées par le groupement dans la région des Tuamotu. Enfin, GEMONOD développa avec ses partenaires étrangers des études sur l'impact dans le milieu marin d'une éventuelle exploitation des nodules.

L'apport essentiel du travail du groupement est la définition d'une filière complète de ramassage, fondée sur le principe de la remontée hydraulique, et de traitement des nodules, ainsi que son évaluation économique selon divers scénarios d'évolution des prix des métaux exploitables. L'engin de dragage retenu par les ingénieurs de GEMONOD est constitué d'un lourd châssis de plus de 300 tonnes dans l'air pour moins de 80 tonnes dans l'eau, capable de se déplacer sur le fond à une vitesse de 0,65 mètre par seconde. Ce châssis est équipé de six collecteurs de nodules à convoyeur ; la séparation des nodules et du sédiment est effectuée dans un sépa-

---

8. Le Groupement d'Intérêt Public GEMONOD comprenait trois partenaires : l'IFREMER (créé en juin 1984 par la fusion du CNEXO et de l'ISTPM) pour 50 %, le CEA pour 35 % et Technicatome pour 15 %.

9. Dans le cadre de ses revendications pour obtenir le statut d'investisseur pionnier, l'URSS a créé une entreprise, Yuzhmorgeologiya (Géologie des mers du Sud) chargée du programme nodules, qui reçoit la plus grande partie de son budget du ministère de la Géologie. Cette entreprise, qui occupe près de 3 000 personnes, a son siège à Guelendzhik, sur la côte orientale de la mer Noire.

rateur, puis les nodules sont concassés et la pulpe de nodules est pompée dans une conduite flexible reliée à une conduite verticale rigide d'une quarantaine de centimètres de diamètre, pourvue d'un lest à sa base, qui conduit la pulpe de nodules jusqu'à un support de surface (on a choisi une plate-forme semi-submersible dérivée de l'industrie pétrolière). Des pompes, fixées sur la conduite verticale, permettent la circulation rapide de la pulpe. Le système de ramassage a une largeur d'une quinzaine de mètres. Sa capacité maximum est de 600 tonnes de nodules par heure, ce qui correspond à une densité moyenne de plus de 18 kg/m² de nodules. La remontée de la pulpe de nodules dans la conduite verticale peut se faire selon deux techniques : l'exhausteur à air, consistant à injecter de l'air sous pression à la base de la conduite verticale, et la pompe hélico-centrifuge dont l'axe de rotation se confond avec celui de la conduite ; l'exhausteur à air est plus fiable, mais plus délicat à piloter, notamment lors des changements de régime de pompage. Le rapport fourni par GEMONOD à la fin de l'année 1988 aborde également les deux autres aspects de l'exploitation des nodules, c'est-à-dire le transport et le traitement. Il est évidemment impossible de dissocier ces trois termes dans une étude des conditions technico-économiques de rentabilité de l'exploitation des nodules.

Le système de ramassage produirait environ 1,5 million de tonnes de nodules secs par an. Le choix du système hydraulique permet une économie globale supérieure à celle qui avait été appréciée pour la technique du chantier à navettes autonomes : pour un investissement de 300 millions de dollars en 1988, et un coût d'exploitation de 54 millions de dollars par an, le taux de rentabilité interne serait de 12 % pour une vingtaine d'années de production à pleine capacité. L'exploitation annuelle de 1,5 million de tonnes de nodules secs permettrait de produire 19 730 tonnes de nickel (soit 32 % du marché français), 17 810 tonnes de cuivre (soit 4 % du marché français), 3 525 tonnes de cobalt (soit 12 % du marché du monde occidental) et 382 500 tonnes de manganèse (25 % du marché de la CEE).

Sur ces bases, l'IFREMER et les membres du groupement GEMO-NOD ont proposé en 1988 au gouvernement français la réalisation d'un pilote de ramassage et de traitement des nodules polymétalliques. L'évaluation du dossier par les différents ministères intéressés a requis un certain délai. Il faut préciser ici que GEMONOD, dans le cadre des collaborations engagées au niveau européen, avait recherché en vain la possibilité de constituer un groupe d'investisseurs européens capables de mener à bien la réalisation et l'exploitation d'un pilote de ramassage et de traitement des nodules. La question se posait donc, pour le gouvernement français, dans les termes suivants : fallait-il engager au plan national une opération de cette ampleur ? Si les quelques groupes industriels français intéressés (soit en tant que producteurs de ces métaux, soit par leurs compétences techniques) par un tel dossier avaient répondu positivement aux sollicitations dont ils furent l'objet, il est probable que le programme nodules français aurait pu enfin prendre une direction concrète. La conjoncture économique aidant, les groupes consultés confirmèrent la validité des options techniques et s'affirmèrent prêts à s'engager dans des réalisations concrètes à l'échelle des pilotes. En revanche, aucun d'entre eux n'était disposé à investir dans le projet. Le gouvernement tira les conséquences de cette position des industriels en renonçant à financer sur crédits publics la construction du pilote de ramassage. Le groupement GEMONOD fut dissous, et le programme français sur les nodules est maintenu au niveau d'une veille technologique menée en collaboration avec différents partenaires étrangers, en particulier avec les Allemands d'une filiale spécialisée du groupe Preussag, qui poursuivent activement les recherches technologiques. Cette position comporte un risque non négligeable de perdre une grande partie de l'intérêt des acquis français.

Une collaboration tripartite (Allemagne, France et URSS) a également vu le jour à cette époque pour mener des recherches en vue d'évaluer l'impact des exploitations de nodules sur le milieu marin. On se souvient que des études d'impact sont prévues dans la Convention sur le droit de la mer. De leur côté, les Japonais ne restent pas inactifs, et envisagent actuellement des essais à la mer de systèmes de remontée des nodules. La Chine, qui vient d'obtenir le statut d'investisseur pionnier, se soucie d'établir des coopérations internationales concernant l'exploration des champs de nodules. La question qui se pose aujourd'hui, pour les experts, est moins de savoir si l'on exploitera un jour les champs de nodules polymétalliques que de dire quand seront ouvertes les premières mines sous-marines profondes. L'échéance de l'an 2000 est désormais largement dépassée ; faudra-t-il attendre 2010, 2020, 2050, pour voir le démarrage de ces exploitations ? La réponse est d'autant plus difficile à donner qu'elle dépend moins des aspects technologiques que des facteurs politiques et économiques mondiaux.

En guise de conclusion à ce chapitre, on ne résistera pas à la tentation de comparer la situation actuelle avec les proclamations qui ont salué la signature de la Convention sur le droit de la mer, en décembre 1982. A cette époque, le Secrétaire général de l'ONU, Javier Pérez de Cuellar, déclarait que le droit international était désormais irrévocablement transformé par cette Convention, soulignant que le nouveau droit de la mer ne résultait plus seulement du jeu de l'action et de la réaction des pays les plus forts, mais de la volonté d'une majorité écrasante de nations de toutes les régions du monde, de niveaux de développement différents, ralliées autour d'un courant novateur de portée universelle.

Pourtant, une dizaine d'années après sa signature, la Convention sur le droit de la mer n'est toujours pas formellement entrée en vigueur, bien que nombre des dispositions qu'elle contient aient largement déterminé l'évolution du droit national ; il se crée ainsi une sorte de droit coutumier conforme aux orientations générales de la Convention. Dix ans après sa signature, il n'existe encore aucune forme d'exploitation des grands fonds marins susceptible de se traduire par des retombées financières directes auprès des pays en voie de développement, au titre de l'exploitation du patrimoine commun de l'humanité. Certes, la notion perdure, mais déjà certaines des orientations initiales de la Convention ont été modifiées dans le cadre du règlement des conflits apparus pour l'attribution de zones aux investisseurs pionniers. D'autres évolutions, plus substantielles, sont peut-être déjà à l'étude dans certains pays.

Dans une certaine mesure, on peut légitimement se demander si le point le plus important effectivement réglé par la Convention n'a pas été l'adoption généralisée de la notion de Zone économique exclusive, qui a eu pour conséquence finale l'appropriation au profit des Etats riverains de plus du tiers de la surface des océans et de la totalité des ressources énergétiques fort importantes que contiennent les plateaux et les marges continentales.

Chapitre 7

Les oasis
des profondeurs

A la fin des années soixante-dix, l'écosystème abyssal était considéré comme l'un des très rares de la planète à être totalement dépourvu de production primaire locale (caractéristique commune avec les peuplements cavernicoles et souterrains) ; on savait qu'il présentait la particularité de contenir deux groupes trophiques adaptés aux ressources en matière organique d'origine allochtone disponibles dans les grands fonds, formées de deux classes de particules, des micro-particules à vitesse de transfert faible, régulièrement réparties, et des macro-particules à vitesse de transfert rapide ; ces deux groupes trophiques n'entretiennent d'ailleurs que peu ou pas de relations fonctionnelles, tout en cohabitant à l'interface eau-sédiment profond. Ce paradigme d'un océan profond très pauvre, d'autant plus pauvre que la profondeur est grande, s'était imposé depuis la célèbre expédition du navire danois *Galathea* qui avait réussi en 1951 le premier chalutage à plus de dix kilomètres de profondeur. Au cours des années soixante-dix, les résultats des premières mesures du flux de carbone organique micro-particulaire parvenant en grande profondeur apportèrent les premiers éléments factuels importants, et des observations concordantes démontrèrent le mode de vie si particulier des grands organismes charognards des profondeurs abyssales. Fortement contraint par la disponibilité en matière organique venue des couches éclairées, l'écosystème profond s'est adapté aux rigoureuses conditions physico-chimiques de l'océan profond : ni l'obscurité complète, ni la température très basse, ni les très fortes pressions, ne constituent des obstacles insurmontables à la puissance colonisatrice du vivant ; seul le flux de matière organique allochtone disponible détermine l'abondance des peuplements animaux.

Ce paradigme était universellement admis en 1976, au moment où le géophysicien américain Peter Lonsdale dépouillait dans son laboratoire de la Scripps Institution of Oceanography, à San Diego, des milliers de photographies obtenues à partir d'un engin inhabité remorqué à quelques dizaines de mètres au-dessus du fond, sur la ride des Galapagos et la dorsale du Pacifique oriental, par 3° de latitude Nord environ. Les clichés révélaient la présence, à proximité immédiate de l'axe de la dorsale, d'accumulations ponctuelles de grands coquillages dont les dimensions et la densité contredisaient de la manière la plus spectaculaire le dogme des océanographes biologistes. L'appareil de prises de vues était monté sur un engin équipé d'une thermistance permettant la mesure en continu de la température ; or, les clichés présentant des accumulations anormales de coquillages étaient toujours associés à de légères anomalies positives de la température de l'eau de mer. En outre, on pouvait observer sur quelques photographies, à proximité des accumulations de coquillages, des orifices à peu près circulaires à la surface tourmentée des laves basaltiques.

Si les biologistes n'avaient à cette époque aucune explication satisfaisante à apporter, les géophysiciens, en revanche, s'attendaient à découvrir, à l'axe des dorsales océaniques, des manifestations hydrothermales. Les premières observations de dépôts ferro-manganeux d'origine hydrothermale dans l'océan profond avaient été faites dès 1974, par 2 700 m environ de profondeur sur la dorsale médio-atlantique, au sud-ouest des Açores, au cours d'une expédition franco-américaine [1]. D'autres indications étaient venues de forages pratiqués par le *Glomar Challenger* entre les Galapagos et la côte américaine : la présence dans les puits de forage d'une véritable saumure riche en éléments métalliques apportait la preuve de l'existence d'une circulation hydrothermale profonde. Y avait-il une relation entre la présence de ces amas de coquillages et l'existence de ces orifices ? L'élévation de température traduisait-elle

---

1. Conçue par des géophysiciens et des géologues français et américains, cette expédition, baptisée FAMOUS (French American Mid Ocean Underwater Survey) avait réuni sur un même site de la vallée centrale de la dorsale trois sous-marins : l'*Alvin* américain, le bathyscaphe *Archimède* et le sous-marin *Cyana*, qui effectuait là sa première campagne de recherche.

l'écoulement en mer d'un fluide à température plus élevée ? Enfin, comment expliquer une telle abondance animale à cette profondeur ?

Avant de tenter de répondre à ces questions, il est indispensable d'évoquer brièvement la révolution qu'ont subie les sciences de la terre depuis la fin des années soixante, avec le développement de la théorie généralisée de la tectonique des plaques. Cette théorie est désormais bien connue : la surface de la terre est constituée d'un ensemble de sept grandes plaques principales rigides et d'une série de plus petites plaques qui se déplacent constamment les unes par rapport aux autres sous l'influence des mouvements de convection du magma de l'asthénosphère [2]. Les plaques sont principalement constituées par de la croûte océanique jeune, c'est-à-dire ayant moins de 180 millions d'années, qui représente plus de la moitié de la surface de la terre. Tels d'immenses radeaux, les continents formés de roches plus légères sont intimement soudés à la partie profonde des plaques, dont ils suivent passivement les mouvements. Aux frontières entre deux plaques, divers processus peuvent se produire ; de manière schématique, on peut rencontrer trois situations différentes.

Lorsque deux plaques se rapprochent l'une de l'autre, la plaque océanique plus lourde s'enfonce progressivement sous la plaque continentale plus légère avec laquelle elle entre en collision, puis regagne le manteau supérieur où elle disparaît : c'est le phénomène de subduction, qui explique l'âge relativement jeune (moins de deux cents millions d'années) du fond des océans. Ce mouvement d'enfoncement entraîne la création d'un profond fossé aux flancs dissymétriques : du côté de la plaque continentale, un immense bourrelet de sédiments charriés forme un prisme d'accrétion sédimentaire ; du côté de l'océan, la plaque océanique s'incurve régulièrement et s'enfonce dans le manteau. Les plus grandes profondeurs de l'océan (onze kilomètres environ) ont été mesurées dans les fosses de subduction : sur le flanc océanique, elles s'étendent entre 6 000 et 10 000 m environ ; du côté du continent (ou de l'archipel, dans le cas du Japon), leur influence se fait sentir jusqu'à

---

2. Les géophysiciens s'accordent actuellement pour reconnaître l'existence des sept plaques principales suivantes : plaque Pacifique, plaque Eurasienne, plaque Africaine, plaque Australienne, plaque Nord-Américaine, plaque Sud-Américaine et plaque Antarctique ; de nombreuses petites plaques existent au large de l'Amérique du Sud (plaque des Cocos), de l'Amérique Centrale (plaque des Caraïbes) et du nord-ouest de l'Amérique du Nord (plaque de Farallon), ainsi que dans la région méditerranéenne.

une profondeur de 1 000 à 2 000 m, à travers les structures du prisme d'accrétion formé par une partie des sédiments qui recouvraient la plaque océanique.

Au contraire, lorsque deux plaques s'écartent l'une de l'autre, il y a montée de magma visqueux du manteau supérieur, et création de nouvelle croûte océanique : c'est le phénomène d'« accrétion », qui se produit à l'axe des dorsales océaniques. Les zones d'accrétion sont, pour leur majeure partie, situées sous les océans ; elles forment un système de chaîne de montagnes sous-marines qui s'étend sur quelque 70 000 km de longueur. Ces dorsales océaniques sont généralement constituées d'une série de segments linéaires mesurant quelques centaines de kilomètres de longueur, séparés par des failles transverses ou failles transformantes de quelques kilomètres de longueur. Segments de dorsale et failles transformantes forment un dessin très caractéristique en zigzags aux branches inégales. L'axe des dorsales est marqué par la présence d'une vallée d'effondrement axiale, ou *graben*, dont la largeur varie entre quelques centaines de mètres et quelques kilomètres. Le fond de la vallée axiale des dorsales varie entre 1 500 et 4 500 m ; dans quelques cas, la vallée axiale peut émerger : c'est le cas de l'Islande, traversée par la dorsale médio-atlantique. La jonction entre plusieurs dorsales produit parfois des points triples, où trois dorsales distinctes se rejoignent : le point triple de Rodriguez, dans l'océan Indien, est particulièrement net. Dans d'autres cas, la dorsale d'accrétion peut être masquée par d'importantes accumulations de sédiments : dans le golfe de Californie, la dorsale du Pacifique oriental est recouverte par plusieurs centaines de mètres de sédiments hémipélagiques, provenant en partie des apports du Colorado qui se jette à l'extrémité nord du golfe.

Enfin, deux plaques océaniques peuvent s'affronter sur de grandes longueurs, séparées par un système de failles transformantes presque continu. C'est par exemple le cas de la frontière de plaques qui s'étend depuis le seuil de Gibraltar jusqu'aux Açores.

A partir de l'analyse des inversions du champ magnétique terrestre conservées dans les laves solidifiées [3], les géophysiciens sont parvenus à déterminer le taux d'écartement moyen de deux plaques séparées par une dorsale : ces taux sont très variables, entre 1-2

---

3. On explique mal les raisons de ces inversions à 180° du champ magnétique ; au cours des derniers 75 millions d'années, près de 170 inversions du champ magnétique terrestre se sont produites. Figées dans les laves solidifiées, elles fournissent un excellent repère pour estimer les vitesses d'écartement des différentes dorsales océaniques.

et 15-17 centimètres d'écartement moyen annuel, auxquels correspondent des types de dorsales différents. La dorsale médio-atlantique a un taux d'écartement compris entre 1 et 2 centimètres par an ; elle se présente comme une véritable chaîne de montagnes, qui s'élève à près de 3 000 mètres au-dessus des plaines abyssales adjacentes. Au contraire, la dorsale du Pacifique oriental a un taux d'écartement élevé, de 6 à 17 centimètres par an en moyenne, avec un maximum entre l'Equateur et l'île de Pâques ; elle forme un bombement du sol sous-marin assez peu marqué. Les centaines de forages océaniques effectués depuis plus de vingt ans par les deux navires américains *Glomar Challenger* (de 1968 à 1983) et *Joides Resolution* (à partir de 1985) ont apporté un faisceau cohérent de preuves de la théorie de la tectonique des plaques et de l'hypothèse du renouvellement continu du fond des océans. Au fur et à mesure que l'on s'éloigne de la zone d'accrétion, la croûte océanique se refroidit, s'alourdit et s'enfonce. On a pu établir une loi liant l'âge de la croûte et le flux de chaleur dégagé par conduction par unité de surface ; de même, la profondeur à laquelle se trouve la croûte océanique et l'épaisseur de sédiment qui la recouvre sont fonction de l'âge de cette croûte. La plus vieille croûte océanique, que l'on rencontre dans le Pacifique occidental, est âgée de 180 millions d'années seulement ; par rapport aux 4,5 milliards d'années de notre planète, elle est par conséquent relativement jeune.

Les découvertes les plus spectaculaires pour les biologistes ont été effectuées dans les zones d'accrétion ; l'étude de ces exubérantes oasis de vie, dont Lonsdale avait rapporté les premières photographies en 1976, n'aurait pas été possible sans l'existence des sous-marins profonds habités. Chronologiquement, les premières découvertes ont été faites sur la ride des Galapagos, au printemps 1977, puis sur la dorsale du Pacifique oriental, par 21° de latitude Nord, en 1978 et 1979. Quelques années plus tard, des peuplements moins variés, mais fondés sur des mécanismes biochimiques identiques ou très voisins, ont été découverts dans les zones de subduction, ainsi que dans d'autres contextes géologiques (escarpements carbonatés, éventail sédimentaire profond).

Sur l'axe des dorsales actives, le magma, constitué de roches à l'état visqueux à la suite de la fusion du manteau à des profondeurs de quelques centaines de kilomètres, monte vers la surface ; sa température avoisine 1 200°C. En se rapprochant de la surface, il se refroidit et se solidifie progressivement, formant la nouvelle croûte océanique ; des coulées de lave se produisent fréquemment dans la vallée axiale, dont la topographie est particulièrement compliquée. Il est difficile de comprendre comment cette topographie se réalise à partir des mouvements tectoniques et des grands épisodes volcaniques au cours desquels se mettent en place les coulées de lave. Les géologues ont imaginé une dizaine de modèles différents pour rendre compte de la structure de la vallée axiale ! Ces modèles se rattachent à trois types fondamentaux :

– les modèles fondés sur la notion de stabilité morphologique de l'axe de la dorsale (modèles statiques) qui postulent que la dorsale océanique et sa vallée axiale sont en équilibre permanent au cours du temps. Par conséquent, la formation de croûte océanique nouvelle de part et d'autre de la vallée se fait de manière continue ;

– les modèles fondés sur l'évolution cyclique des structures de petite dimension, de l'ordre de quelques kilomètres en largeur et quelques dizaines de kilomètres en longueur ;

– enfin, les modèles fondés sur l'évolution cyclique de structures de grande dimension, de l'ordre de quelques centaines de kilomètres en largeur de part et d'autre de l'axe de la dorsale.

Les modèles statiques sont de loin les plus nombreux et peuvent être rangés dans plusieurs sous-catégories selon le mécanisme retenu : modèle tectonique, modèle viscodynamique, modèle d'accrétion-extension, modèle reposant sur le concept de l'intrusion mantélique, modèle faisant intervenir l'élasticité crustale. Les deux types de modèles cycliques diffèrent essentiellement par l'échelle spatiale à laquelle s'exercent les phénomènes moteurs, volcanisme et tectonique : quelques kilomètres à plusieurs centaines de kilomètres de part et d'autre de la dorsale. Dans la plupart des cas, ces modèles ont été élaborés à partir de quelques exemples concrets seulement, et la généralisation des résultats à d'autres cas est difficile.

En revanche, la comparaison entre des structures très contrastées, comme les dorsales lentes à taux d'expansion de l'ordre de quelques centimètres par an et les dorsales rapides à taux d'expansion supérieur à 10 centimètres par an, peuvent conduire à de fructueuses comparaisons. Les dorsales lentes possèdent une vallée axiale profonde, qui peut atteindre 2 000 m de dénivelé entre le bord supérieur des murs et le fond de la vallée ; à l'opposé, les dorsales rapides présentent une morphologie en dôme médiocrement bombé, entaillé au sommet par une vallée axiale (ou *graben*) peu profonde, quelques dizaines de mètres au maximum. On a longtemps pensé que les manifestations hydrothermales à haute température étaient limitées aux dorsales moyennes et rapides ; on sait désormais que des fumeurs noirs à haute température existent également sur la dorsale médio-atlantique, un exemple typique de dorsale lente.

Les modèles dits cycliques, dans lesquels alternent épisodes volcaniques de mise en place de dômes de laves noyant les reliefs antérieurs sous quelques dizaines de mètres d'épaisseur et épisodes tectoniques durant lesquels la vallée axiale se reforme par subsidence, puis s'élargit et s'approfondit jusqu'au prochain épisode volcanique, paraissent intuitivement mieux rendre compte des observations. Dans ces modèles, les phénomènes hydrothermaux sont également soumis au rythme général : ils ne peuvent apparaître qu'en l'absence de phénomènes volcaniques, lorsque la vallée axiale se forme par subsidence du sommet du dôme de laves, et que se développe en profondeur le réseau de fissures indispensable à l'apparition de la circulation hydrothermale. Cette activité cyclique se manifesterait de manière indépendante sur des segments élémentaires de dorsale de quelques dizaines de kilomètres de longueur. Les phénomènes hydrothermaux semblent débuter au milieu du segment de dorsale et se propagent ensuite vers ses extrémités. Quel est le temps nécessaire pour que s'accomplisse un cycle complet ? La phase volcanique est sans doute très brève, la phase tectonique comportant la destruction du dôme de lave à l'emplacement de la vallée axiale doit durer beaucoup plus longtemps. Cela explique en même temps pourquoi les zones de dorsale où la vallée axiale n'est pas encore formée sont très rares, bien que l'on en connaisse quelques exemples.

Quoi qu'il en soit, la circulation hydrothermale prend naissance dans le réseau de fissures et de crevasses qui se développe dans le magma en cours de refroidissement. L'eau de mer pénètre dans ce réseau, jusqu'à plusieurs centaines de mètres de profondeur, voire quelques kilomètres ; au contact des laves basaltiques en voie de solidification, cette eau de mer s'échauffe, perd ses propriétés initiales et se transforme en un fluide dont la composition chimique est profondément différente. Cette véritable alchimie est à l'origine des extraordinaires oasis de vie frileusement groupées autour des sorties de fluide hydrothermal, dont la découverte constitue pour les biologistes marins l'événement majeur de la fin du XXe siècle.

Lorsqu'il n'est pas dilué secondairement, le fluide hydrothermal atteint des températures très élevées. A partir de la mesure du rapport des isotopes de l'oxygène contenus dans les minéraux qui se déposent dans les fissures et qui ont pu être prélevés par forages, on a pu estimer à 350 à 370°C la température du fluide hydrothermal à quelques centaines de mètres de la surface. D'autres méthodes fondées sur la disparition de certains éléments présents dans l'eau de mer, tels que le magnésium, indiquent des valeurs plus élevées, de l'ordre de 450°C. Dans de telles conditions de température et de pression, l'eau de mer réagit au contact des laves basaltiques. Le magnésium contenu dans l'eau de mer se combine avec les silicates du basalte pour former un hydroxysilicate insoluble, qui précipite ; les ions H^+ libérés par la réaction acidifient fortement le milieu, et prennent la place du calcium et du potassium dans la trame cristalline du basalte. Le calcium ainsi libéré se combine à son tour avec les sulfates contenus dans l'eau de mer, pour former du sulfate de calcium, qui précipite sous forme d'anhydrite dès que la température le permet. Les sulfates de l'eau de mer réagissent également sur les métaux contenus dans le basalte, pour former des sulfures de différents métaux, qui précipiteront ensuite à la faveur d'un refroidissement du fluide. La réduction des sulfates et la dissociation des carbonates entraînent la libération dans le fluide hydrothermal d'importantes quantités d'hydrogène sulfuré et de gaz carbonique. Lorsque l'acidité est suffisamment élevée, le basalte libère de la silice qui passe à l'état dissous dans le fluide hydrothermal ; certaines de ces réactions ont pu être reproduites expérimentalement, en soumettant en caisson l'eau de mer et un basalte frais à des températures et des pressions élevées. Il existe quelques exceptions à cette situation typique : ainsi, les fluides hydrothermaux rejetés par les cheminées d'anhydrite du bassin d'extension situé au nord-ouest des îles Fidji sont translucides, dépourvus de sulfures métalliques, bien que leur température dépasse 270°C ; on a également trouvé récemment des fluides hydrothermaux basiques dans le bassin de Lau, dont la température à l'émission avoisine 400°C.

Il est possible d'évaluer de manière indirecte l'importance du flux d'eau de mer qui, à l'échelle de l'océan mondial, traverse le réseau souterrain existant sous les dorsales océaniques ; la méthode est fondée sur la mesure du flux de chaleur provenant de l'intérieur du globe et passant dans l'océan. Les géophysiciens ont appris à mesurer les pertes de chaleur par conductibilité à travers les sédiments qui recouvrent la croûte basaltique. A proximité des dorsales océaniques, ces pertes par conductibilité diminuent, alors que c'est le contraire qui devrait se produire, en l'absence de tout autre phénomène : en effet, la croûte océanique jeune est plus chaude que la croûte âgée, et le flux de chaleur résultant devrait être plus élevé à proximité des dorsales que dans les parties profondes les plus âgées de la croûte océanique. Ce paradoxe s'explique par la circulation hydrothermale : elle entraîne par convection une partie de la chaleur des laves et la libère dans l'océan. Les géophysiciens évaluent à 5.10^{19} calories la quantité de chaleur transférée chaque année par convection grâce à la circulation hydrothermale ; en admettant que la température maximale atteinte au cours de cette circulation soit de 350° C, l'équivalent du volume total de l'océan ($1,37.10^{21}$ litres) passe tous les 6 à 10 millions d'années environ à travers le réseau hydrothermal. La circulation hydrothermale a vraisemblablement été encore plus intense au cours des premiers âges de la terre ; on admet qu'elle était cinq fois plus élevée au moment de la formation de l'océan primitif, il y a trois milliards huit cents millions d'années. On mesure ainsi l'importance de la circulation hydrothermale vis-à-vis de la composition chimique de l'eau de mer.

Le fluide hydrothermal chaud, à plus de 400°C, acide, riche en métaux et en hydrogène sulfuré, est entraîné vers la surface par l'intense circulation convective établie dans le réseau de fissures. Au cours de l'ascension, plusieurs événements peuvent encore se produire et venir modifier sensiblement les propriétés physico-chimiques du fluide. Dans certains cas, il peut parvenir à la surface sans rencontrer d'apports d'eau de mer fraîche et par conséquent sans dilution ; il donne alors naissance aux célèbres fumeurs noirs, hautes cheminées de sulfures polymétalliques d'où jaillit un puissant panache vivement coloré en noir par la précipitation du sulfure de fer sous forme de particules lors du refroidissement au contact de l'eau de mer. Dans d'autres cas, plus fréquents, le fluide hydrothermal non dilué rencontre au cours de son ascension des arrivées d'eau de mer fraîche avec lesquelles il se mélange dans des proportions variables ; sa température diminue, en même temps que les teneurs en composés d'origine hydrothermale ; au contraire, les teneurs en magnésium et en sulfates, nulles dans le fluide non dilué, augmentent au fur et à mesure de sa dilution avec l'eau de mer. Ces phénomènes de dilution secondaire plus ou moins intense expliquent la diversité des sources hydrothermales et des dépôts minéralogiques qui leur sont associés : depuis les sorties de fluide tiède à 15-20°C, qui ne contiennent pratiquement pas de minéraux à l'état dissous, sulfures métalliques ou anhydrite, jusqu'aux fumeurs noirs dont le fluide est émis à une température comprise entre 350 et 400°C, en passant par les fumeurs blancs chargés d'anhydrite, on rencontre une gamme continue de sources hydrothermales caractérisées par leur température et leurs teneurs en sulfures. Ce point est particulièrement important dans l'hypothèse discutée plus loin selon laquelle la vie aurait pris naissance, il y a plus de trois milliards six cents millions d'années, à proximité de sources hydrothermales profondes.

Lorsqu'il y a dilution secondaire du fluide hydrothermal avant émission, dans le cas des fumeurs blancs et des sources tièdes à eau moirée, il est impossible de préciser à quelle profondeur sous le plancher basaltique s'effectue ce mélange : à quelques centaines de mètres sous la surface, ou à quelques mètres seulement ? Les écoulements de laves en coussin, les lacs de lave figée, peuvent constituer d'importants réservoirs souterrains communiquant largement avec la mer. Le fait que l'on rencontre fréquemment à quelques centaines de mètres de distance, les trois principaux types d'émissions hydrothermales va dans le sens de réseaux de dilution secondaire superficiels.

Quand il parvient sans dilution à la surface du basalte et entre en contact avec l'eau de mer froide, le fluide hydrothermal édifie des cheminées en forme de hautes termitières percées de conduits verticaux, qui peuvent atteindre une vingtaine de mètres de hauteur. Les différents minéraux contenus à l'état dissous dans le fluide hydrothermal précipitent en fonction de la température ; le sulfate de calcium, ou anhydrite, précipite le dernier, et forme ainsi le front de croissance de la cheminée, en contact direct avec l'eau de mer ; plus profondément, les sulfures polymétalliques précipitent à leur tour, à des températures plus élevées qui entraînent une redissolution partielle des dépôts d'anhydrite. Les cheminées ont une croissance verticale rapide, mais s'épaississent à un rythme beaucoup plus lent. La croissance des dépôts entraîne une redissolution partielle du front de croissance principalement formé de sulfate de calcium, dès que la température du fluide retrouve localement une valeur suffisamment élevée. La durée de vie d'une cheminée est relativement brève : elle serait comprise entre 50 et 100 ans, d'après les datations effectuées. Cette brièveté s'explique par la précipitation permanente de sulfures polymétalliques à l'intérieur des conduits ; ces dépôts de sulfures polymétalliques finissent par colmater totalement les conduits de fluide, dans la masse de la cheminée ou en profondeur sous le plancher basaltique et provoquent la mort du fumeur. Par la suite, ces édifices de sulfures polymétalliques se recouvrent en surface d'une couche d'oxydes superficiels, souvent colorés en ocre et en vert sombre, qui protège la masse des sulfures. Relativement fragiles, en particulier lorsqu'ils sont très élevés, ces édifices sont progressivement détruits par les phénomènes tectoniques. Sur la dorsale du Pacifique oriental, entre 11° et 13° de latitude Nord, le nombre de cheminées inactives est quatre à cinq fois plus important que le nombre de cheminées actives. Cette proportion suggère que les cheminées inactives disparaissent en un demi-millénaire.

La composition chimique des fluides hydrothermaux primaires émis à des températures comprises entre 350 et 400°C est caractérisée par l'abondance des métaux [4], un pH inférieur à 3, et une teneur très élevée en hydrogène sulfuré, comprise entre 4 et 8 millimol/hg, alors que l'eau de mer n'en contient pas (en dehors de cas particuliers comme le fond de la mer Noire ou quelques bassins océaniques anoxiques). Ces concentrations extrêmement élevées en composés toxiques ont pour conséquence des teneurs également élevées dans les tissus des animaux qui ont réussi à s'adapter à ces conditions rigoureuses. Ainsi, les concentrations observées chez un grand bivalve blanc caractéristique de la dorsale du Pacifique oriental, *Calyptogena pacifica*, sont plus de trente fois supérieures aux teneurs observées chez les moules de nos côtes, dont on connaît par ailleurs la résistance aux pollutions de toutes sortes. A elle seule, la teneur en hydrogène sulfuré est suffisante pour entraîner la mort de la plupart des organismes, par empoisonnement chimique : l'hydrogène sulfuré est en effet capable de bloquer de manière irréversible le fonctionnement des systèmes enzymatiques qui assurent la respiration au niveau cellulaire. Chez les animaux supérieurs qui possèdent des pigments respiratoires comme l'hémoglobine, la respiration prolongée d'un air chargé en hydrogène sulfuré entraîne la mort par asphyxie, l'hydrogène sulfuré formant avec l'hémoglobine du sang un composé stable, incapable d'assurer le transport de l'oxygène depuis les alvéoles pulmonaires jusqu'aux cellules consommatrices : les symptômes de la « maladie des égoutiers » rappellent les asphyxies par respiration de monoxyde de carbone.

Dans ce contexte en apparence parfaitement hostile à la vie,

---

4. Sur la dorsale du Pacifique oriental, par 21° N, les fluides hydrothermaux à haute température contiennent jusqu'à 1 000 μ mol/kg de manganèse, 2 400 μ mol/kg de fer, 40 μ mol/kg de cuivre, 100 μ mol/kg de zinc, 350 nmol/kg de plomb, 180 nmol/kg de cadmium, 450 nmol/kg d'arsenic... et 40 nmol/kg d'argent. Ces teneurs très élevées en métaux toxiques comme le cuivre, le zinc, le cadmium, le plomb ou l'arsenic sont du même ordre de grandeur que les concentrations de certains rejets industriels polluants en zone littorale. De ce point de vue, l'étude des mécanismes physiologiques permettant aux animaux hydrothermaux de survivre dans ces milieux fortement agressifs présente un intérêt qui dépasse largement le cadre des communautés hydrothermales.

à plus de 2 500 m de profondeur, on a découvert des peuplements animaux et microbiens extraordinairement denses, très variés, formant autour des sources de fluide hydrothermal de véritables ceintures exubérantes de vie parfaitement inattendues et qui ont longtemps laissé plus d'un biologiste sceptique. C'est au cours du printemps 1977 qu'une série de plongées de l'*Alvin* à proximité des Galapagos révéla au monde scientifique l'extraordinaire beauté de ces oasis sous-marines. Les géologues et les géochimistes qui, les premiers, purent admirer ces peuplements intensément colorés de rouge vermillon et de blanc nacré, donnèrent libre cours à leur imagination pour nommer les sites découverts : quatre sources hydrothermales réparties sur une distance d'une vingtaine de kilomètres ont été baptisées le Jardin des Roses, le Banc de Moules, le Jardin du Paradis et le Menu Fretin. Tous ces sites appartiennent au type des sources tièdes dont la température à l'émission demeure inférieure à 25°C.

Le Jardin des Roses est certainement le site qui présentait, au moment de sa découverte, la biomasse la plus élevée. Autour d'une large crevasse d'où sort le fluide hydrothermal moiré sont groupés d'épais buissons animaux, hauts de 2 mètres, constitués par un grand ver tubicole vivant dans un tube blanc nacré et pourvu d'un panache terminal rouge vif en forme de lame de sabre ; ce ver, baptisé *Riftia pachyptila*, appartient à un embranchement nouveau pour la science, celui des vestimentifères, embranchement dont l'établissement remonte à 1985. Deux grands bivalves tous deux nouveaux pour la science, la modiole *Bathymodiolus thermophilus* et la « palourde géante » *Calyptogena magnifica* sont associés aux buissons de vestimentifères ; les coquilles blanches des *Calyptogena* sont disposées à la limite des buissons vivants, et s'aventurent le long de minces fissures plus éloignées des accumulations principales ; un crabe type d'une famille nouvelle pour la science, *Bythograea thermydron*, exploite activement les grands vers dont il attaque cruellement l'extrémité des panaches tentaculaires pour s'en nourrir ; des crevettes, des annélides polychètes, abondent parmi les buissons de *Riftia* ; de petits gastéropodes en forme de chapeau chinois se fixent sur les surfaces rocheuses et sur les tubes blanc nacré des *Riftia* ; des vers annélides qui construisent des tubes calcaires, les serpulidés, forment à plus grande distance de la source principale une seconde ceinture animale ; ils sont accompagnés d'anémones de mer ou actinies et d'une galathée blanche, *Munidopsis subsquamosa*, fidèle sentinelle des oasis hydrothermales, déjà connue en très faible abondance dans les profondeurs abyssales. Plusieurs espèces de poissons fréquentent les buissons de *Riftia* ; l'un d'eux semble même rechercher les sorties de fluide hydrothermal opalescent au-dessus desquelles il nage lentement.

Comme son nom l'indique, le Banc de Moules, installé sur une pente de laves en coussin, est dominé par une véritable muraille formée de modioles accumulées sur plusieurs épaisseurs ; quelques bouquets épars de *Riftia* et une auréole imparfaite de serpules accompagnent les amoncellements de bivalves. A peu de distance, des amas de coquilles vides en voie de dissolution témoignent de l'existence passée d'une source hydrothermale, tarie au moment de la découverte.

Fascinés par ce spectacle totalement inattendu, les géologues effectuèrent quelques prélèvements biologiques et rapportèrent à la surface les premiers spécimens d'animaux « hydrothermaux », un *Riftia* enfermé dans son tube parcheminé, quelques bivalves géants ; ces spécimens suscitèrent chez les biologistes américains un réel enthousiasme, tant ils surprirent, par leur taille et par leur organisation. Deux ans après ces premières plongées, les biologistes américains, à leur tour, organisèrent une campagne de plongées sur ces mêmes sites, la campagne « Oasis 79 », dont les résultats fournirent la matière de nombreuses publications. Les premières estimations de biomasse des peuplements hydrothermaux furent effectuées au cours de cette campagne : exprimés en kilos par mètre carré de poids frais, les chiffres obtenus variaient de quelques kilos à quelques dizaines de kilos. Les mesures systématiques de température montrèrent que les peuplements animaux, en fait, ne supportent pas plus de 15°C sur les sites les plus peuplés ; sur le site du Menu Fretin, la température ne dépasse guère celle de l'eau ambiante (2°C). Pour autant, les biomasses cent mille fois plus élevées que les biomasses ordinairement constatées à la même profondeur demeuraient inexpliquées.

Deux ans auparavant, le géophysicien Lonsdale avait proposé deux hypothèses pour expliquer les accumulations animales observées sur les photographies de la dorsale du Pacifique oriental. La première faisait intervenir un mécanisme purement physique : l'émission des fluides hydrothermaux, dont on soupçonnait déjà les températures élevées, entraînerait la formation de cellules convectives ; les particules de matière organique provenant de la couche éclairée pourraient ainsi se trouver concentrées à proximité immédiate des sources chaudes sous l'effet des courants horizontaux

engendrés près du fond par la circulation convective. La seconde
hypothèse paraissait à cette époque moins vraisemblable : elle faisait
intervenir des bactéries libres capables de se développer rapidement
à partir de certains composés présents dans les fluides hydrothermaux, ces bactéries étant ensuite collectées par les animaux hydrothermaux. Ni l'une ni l'autre de ces deux hypothèses ne s'est avérée
exacte. En premier lieu, la quantité de chaleur dégagée par les
sources hydrothermales reste localement très réduite. A supposer
qu'elle puisse engendrer des courants horizontaux suffisamment
forts pour remettre en suspension les particules d'origine euphotique
déposées sur le fond et les entraîner vers la source, ces courants
ne pourraient exercer leur action au-delà d'une dizaine de mètres
à peine d'une source hydrothermale de moyenne importance. Sur
une surface aussi réduite, le flux de matière organique reçu est tout
à fait insuffisant pour alimenter l'accumulation de biomasse des
peuplements hydrothermaux.

On a cru un moment pouvoir trouver des arguments en faveur
de la seconde hypothèse à la suite de certaines observations faites
par l'*Alvin* sur les sites les plus actifs des Galapagos : les sources
émettaient un fluide opalescent, laiteux, pouvant indiquer la présence de soufre à l'état particulaire ou colloïdal, qui aurait pu
provenir de l'oxydation des sulfures par voie bactérienne. La mise
en évidence dans les fluides d'une quantité appréciable d'hydrogène
sulfuré et de sulfures de différents métaux suggérait également la
possibilité d'une véritable production primaire très localisée, assurée
par des bactéries chimiosynthétiques autotrophes. En réalité, s'il
existe bien des bactéries chimiosynthétiques dans les fluides hydrothermaux émis sur les sites des Galapagos, atteignant des densités
exceptionnellement élevées (de l'ordre du million de cellules bactériennes par millilitre de fluide dilué), elles n'interviennent pratiquement pas en tant que source de matière organique permettant
le développement de l'écosystème hydrothermal. On a pu en effet
mesurer la production de matière organique de cette biomasse bactérienne après libération du fluide hydrothermal dans l'eau de mer,
à partir du taux d'incorporation de gaz carbonique marqué avec
un isotope radioactif du carbone, le carbone 14 : les chiffres obtenus
ne dépassent pas 5 milligrammes de carbone organique synthétisés
chaque jour dans un mètre cube d'eau, quantité tout à fait insuffisante pour satisfaire aux besoins des peuplements animaux. Par
rapport à la biomasse bactérienne présente dans l'eau de mer, ces
valeurs sont faibles et suggèrent que cette biomasse a été vraisem-

blablement élaborée dans le réseau subsuperficiel de fissures et de crevasses parcouru par le fluide hydrothermal avant sa libération dans l'eau de mer. Les deux hypothèses de Lonsdale ayant été infirmées par ces résultats, il fallait se tourner dans une autre direction pour trouver la clé de l'énigme. C'est l'un des animaux les plus étranges découverts aux Galapagos, puis retrouvé dans plusieurs autres sites de la dorsale du Pacifique oriental, qui allait fournir la réponse recherchée.

De toutes les formes nouvelles découvertes dans les peuplements hydrothermaux, le grand ver tubicole baptisé en 1981 *Riftia pachyptila* est probablement le plus connu. Ce ver est un géant, puisque sa longueur peut dépasser 1,50 mètre pour un diamètre de 4 à 5 centimètres ; les couleurs vivement contrastées du panache tentaculaire terminal rouge vermillon et du tube parcheminé blanc nacré forment un ensemble d'une réelle beauté. L'anatomie du *Riftia* est surprenante : ce ver ne possède ni bouche, ni tube digestif, ni anus ! Et pourtant, il représente l'une des espèces dominantes, en termes de biomasse, des peuplements hydrothermaux. On a cru un moment pouvoir ranger cet animal au sein d'un embranchement d'invertébrés marins peu connus, celui des pogonophores, découverts en 1914 au cours de l'expédition océanographique du navire hollandais *Siboga* dans le Pacifique occidental. Une analyse plus approfondie de certaines particularités anatomiques du *Riftia* et de proches cousins découverts par la suite conduisit le zoologiste américain Meredith Jones à proposer, en 1985, la création d'un embranchement nouveau pour la science, celui des vestimentifères. Les deux embranchements sont néanmoins proches ; en particulier, les pogonophores sont, comme les vestimentifères, dépourvus de tube digestif. On avait bien entendu cherché à comprendre comment se nourrissaient ces pogonophores, dont la taille est largement inférieure au millimètre de diamètre, et diverses hypothèses avaient été proposées. La dernière en date consistait à imaginer une digestion externe par des enzymes émises par le ver des particules collectées sur le panache tentaculaire dont sont pourvus les pogonophores ; les petites molécules organiques produites par l'action des enzymes auraient ensuite été absorbées à travers les membranes cellulaires. La théorie était certes intéressante, mais il avait été impossible de démontrer l'existence de la digestion extra-corporelle ; quant à la pénétration de petites molécules à travers les membranes cellulaires, elle ne se produisait qu'avec des concentrations beaucoup trop élevées des composés organiques testés.

Au moment de la découverte du *Riftia*, la question du mode d'alimentation des pogonophores n'avait toujours pas reçu de réponse satisfaisante. L'étude anatomique des premiers spécimens rapportés des Galapagos montra qu'il existe à l'intérieur du tronc du ver un tissu particulier formé de lobules richement vascularisés ; la plupart des cellules de ce tissu sont bourrées de bactéries arrondies, dont le diamètre varie entre 3 et 5 micromètres. Ce tissu, baptisé le « trophosome », contient également de nombreux cristaux de soufre. Des extraits de trophosome broyé permirent d'y mettre en évidence diverses enzymes : les unes, comme la rhodanese ou thiosulfate sulfure réductase et l'adénosine triphosphate sulfurylase, interviennent dans un cycle d'oxydo-réduction des composés soufrés réduits ; les autres sont des enzymes caractéristiques de la fixation du dioxyde de carbone selon un cycle dit en C3, le cycle de Calvin : c'est le cas de la rubisco, ou ribulose biphosphate carboxylase, qui intervient au cours de la synthèse du premier composé organique à trois atomes de carbone, et de la ribulose 5-phosphate kinase. La mise en évidence d'enzymes spécifiques ne constitue évidemment pas la preuve que ces enzymes interviennent effectivement dans le métabolisme, mais apporte cependant une sérieuse présomption.

Un second résultat concernant les rapports isotopiques des isotopes stables du carbone est venu apporter un argument supplémentaire. On sait que le rapport entre les deux isotopes stables du carbone, le ^{13}C et le ^{12}C, dont la proportion est constante dans l'atmosphère, est modifié selon le mode de fixation du gaz carbonique dans les premières molécules organiques formées par voie biologique. Par la suite, au cours des transferts successifs au sein des chaînes alimentaires, ce rapport ne varie plus guère ; il est donc possible d'utiliser la variation du rapport des isotopes stables comme un marqueur de la chaîne alimentaire. Or, toutes les mesures du rapport isotopique $^{13}C/^{12}C$ ont donné des valeurs identiques, de l'ordre de − 11 pour mille, que les tissus analysés aient été prélevés dans le trophosome bourré de bactéries ou dans les autres parties du corps du ver qui en sont totalement dépourvues. Chez les animaux marins qui se nourrissent exclusivement à partir de phytoplancton, le rapport $^{13}C/^{12}C$ a une valeur comprise entre − 16 et − 19 pour mille. Le seul fait que la même valeur du rapport soit obtenue dans le trophosome et dans les autres parties du corps du *Riftia* démontre l'existence d'une relation trophique directe ; en d'autres termes, les bactéries, ou les produits de leur métabolisme, constituent bien la nourriture du vestimentifère. La valeur relativement élevée du rapport isotopique peut être expliquée de deux manières, soit en faisant appel à la chimiosynthèse bactérienne avec une limitation de la quantité de gaz carbonique disponible, ce qui conduit le cycle de Calvin à être moins sélectif vis-à-vis de l'un des isotopes du carbone, soit en faisant intervenir un sucre en C4, comme le malate, pour assurer le transport du gaz carbonique depuis le milieu extérieur jusqu'au site de fixation.

Ces résultats permirent de proposer, à titre d'hypothèse, un modèle physiologique dont bien des points restaient encore obscurs. D'après ce modèle, la nourriture du *Riftia* proviendrait des métabolites libérés par des bactéries chimiosynthétiques abritées dans les cellules du trophosome, ces bactéries assurant la fixation du gaz carbonique transporté par le sang grâce à l'énergie obtenue par l'oxydation enzymatique ménagée de l'hydrogène sulfuré.

Les premiers observateurs avaient été frappés par la coloration rouge vermillon du sang du *Riftia*. Les biochimistes purent démontrer la présence dans le sang d'une molécule d'hémoglobine à très haut poids moléculaire (environ 2 millions de Daltons). Cette molécule assure simultanément le transport de l'oxygène sur l'hème et de l'hydrogène sulfuré sur la chaîne protéique. Le transport de sulfures dans le sang se heurte en principe à des difficultés insurmontables : les sulfures forment avec l'hémoglobine des composés stables incapables de fixer l'oxygène ; fortement toxiques, les sulfures inhibent les réactions respiratoires intracellulaires ; de plus, ils s'oxydent spontanément au contact de l'air. Grâce à son hémoglobine particulière, le sang du *Riftia* est capable de concentrer de grandes quantités d'hydrogène sulfuré et de les transporter jusqu'au trophosome sans dommage pour l'organisme.

Par bonheur pour les physiologistes, *Riftia* est un organisme relativement résistant : remonté de plus de 2 500 m de profondeur jusqu'à la surface par les submersibles, il peut survivre plusieurs dizaines d'heures. Cette particularité a permis d'apporter la démonstration expérimentale de la capacité du ver à fixer le gaz carbonique de l'eau sous forme de malate ou de succinate présents dans le sang. Pendant plusieurs heures, sous une pression de l'ordre d'une centaine d'atmosphères et à une température de 8 à 10°C, on expose des vers à une eau de mer contenant du gaz carbonique marqué radioactivement : on retrouve dans le sang des molécules de malate et de succinate marquées. Cette propriété permet le transport du gaz carbonique jusqu'au trophosome, où il est ensuite libéré par décarboxylation.

L'étude de l'ultrastructure du trophosome a permis de confirmer la localisation à l'intérieur des cellules de l'hôte des bactéries. Elle a également montré que les cellules aplaties qui bordent les capillaires sanguins sont dépourvues de bactéries. Certaines images de la paroi externe de ces cellules révèlent l'existence de vacuoles à l'intérieur desquelles on distingue un matériel particulaire ; il pourrait s'agir de tout ou partie de l'hémoglobine qui véhicule l'hydrogène sulfuré depuis le panache tentaculaire jusqu'au trophosome. On a également mis en évidence l'existence d'une succession, de la partie axiale des lobules vers la périphérie : les bactéries présentes dans les assises cellulaires les plus internes sont régulièrement sphériques, de petite taille. Elles se divisent activement, puis, dans les assises externes, grossissent considérablement ; elles dégénèrent ensuite, subissant une véritable digestion enzymatique intracellulaire, la lyse bactérienne, en formant des membranes concentriques caractéristiques. Dans la partie la plus externe du lobule, les cellules du ver, chargées des produits de la désintégration des bactéries symbiotes, achèvent ensuite un processus de dégénérescence entamé dès l'apparition de la première bactérie. Les produits de la lyse bactérienne et de la destruction des cellules qui les renferment, mélangés, passent dans la cavité générale du vestimentifère, où ils vont constituer les métabolites qui assureront la nourriture du ver. Ce cycle existe sans doute également dans le temps ; les recherches effectuées dans cette direction n'ont malheureusement apporté jusqu'à présent aucun résultat clair, et on ignore encore les durées de vie respectives des bactéries et de leurs cellules hôtes.

Les physiologistes ont cherché à approfondir les mécanismes de transport par le sang des composés nécessaires à l'activité bactérienne et à la respiration. La démonstration expérimentale de l'existence de la chimiosynthèse bactérienne a été faite de manière globale : un individu vivant de *Riftia* est placé dans une enceinte contenant de l'eau de mer à la pression de 100 atmosphères et à une température de 12°C ; l'oxygène, l'hydrogène sulfuré et le gaz carbonique peuvent être introduits à la demande dans cette enceinte. En l'absence d'hydrogène sulfuré, l'oxygène est consommé et du gaz carbonique est libéré : il s'agit d'un processus respiratoire normal ; en présence d'hydrogène sulfuré, après un délai d'une heure environ, il y a consommation de gaz carbonique et d'hydrogène sulfuré : les bactéries chimiosynthétiques, après un temps de latence, font leur office. Des expériences comparables ont permis de mettre en évidence la source de l'azote indispensable à la synthèse des protéines ; les nitrates échangés avec le milieu extérieur sont transportés jusqu'au trophosome ; là, une enzyme spécifique, la nitrate réductase, libère l'azote moléculaire indispensable aux bactéries chimiosynthétiques.

Cette association étroite entre des bactéries et *Riftia* est-elle une véritable symbiose, comme c'est le cas chez les lichens, qui résultent de l'association permanente et obligatoire, à tous les stades du cycle biologique, d'une espèce de champignon avec une espèce d'algue, incapables de survivre l'une sans l'autre, ou doit-on parler simplement d'association ? Il n'existe pas actuellement de réponse claire à cette question. En effet, contrairement au cas des lichens, l'association bactéries-vestimentifère n'est pas permanente : les œufs et les embryons du *Riftia* sont indemnes de toute bactérie symbiote. L'observation de très jeunes spécimens a montré qu'ils possèdent un tube digestif rudimentaire ; il débute par un orifice cilié situé à l'extrémité d'un processus médio-ventral ; cet orifice s'ouvre dans un fin conduit qui traverse le cerveau et aboutit à une région centrale à paroi mince, qui communique avec l'extérieur par un anus terminal. Chez des animaux un peu plus âgés, la cavité centrale apparaît emplie de bactéries ; la communication avec l'orifice antérieur se ferme et l'anus disparaît ; il en va de même, un peu plus tard, du processus médio-ventral et de son orifice antérieur cilié. Chez l'adulte, on ne trouve plus trace du tube digestif. Ces constatations suggèrent que des bactéries libres pénètrent par l'orifice antérieur dans la cavité intestinale, et, de là, par phagocytose, parviennent à l'intérieur des cellules épithéliales du ver, les futurs bactériocytes ; seules, les bactéries qui parviennent à survivre à l'intérieur des cellules deviennent des endosymbiotes. Ce processus complexe pose, parmi d'autres, la question de savoir si une ou plusieurs souches de bactéries sont capables de s'établir durablement dans les cellules du ver, et de développer avec lui une symbiose fonctionnelle. Du point de vue évolutif, force est d'admettre que l'intrusion des bactéries chimiosynthétiques dans le tube digestif, puis dans les cellules de l'intestin moyen, est à l'origine de la régression et de la disparition du tube digestif : impossible d'imaginer autrement la survie de vestimentifères qui n'auraient, ni tube digestif, ni bactéries symbiotes... D'ailleurs, l'existence de symbioses homologues chez les mollusques, bivalves et gastéropodes, chez les pogonophores, chez certains turbellariés et oligochètes marins, confirme qu'il n'y a pas de « préadaptation » à la symbiose chez ces invertébrés ; ceci ne s'oppose d'ailleurs pas à ce que, en fonction des vitesses d'évolution et du temps passé dans des milieux contenant des bactéries chimiosynthétiques, le degré de réalisation des symbioses diffère d'un groupe à l'autre : ainsi, chez un bivalve *(Solemya)*, les œufs pondus par les femelles sont infestés par des bactéries, qui se développent ensuite sur les enveloppes larvaires et sont ingérées par les larves lorsqu'elles commencent à s'alimenter ; au moment de la métamorphose, quand le tube digestif dégénère, les bactéries sont libérées dans la cavité intérieure, d'où elles gagnent les branchies pour s'y installer. Au contraire, chez d'autres organismes comme les annélides alvinellidés, l'endosymbiose n'est pas réalisée, bien que ces animaux absorbent, fixées sur les particules minérales, de nombreuses bactéries. Mais comment s'opère, si elle existe, la sélection de la ou des souches bactériennes avec lesquelles les vestimentifères établissent une relation durable et obligatoire toute leur vie durant ? L'eau de mer extérieure contient de très nombreuses souches de bactéries, et les résultats très préliminaires dont on dispose permettent tout au plus de signaler qu'une seule souche de bactéries, caractérisée par l'une des séquences de l'acide désoxyribonucléique (ARN) des ribosomes, est présente dans plusieurs individus de *Riftia* prélevés dans un même lieu et au même moment. Jusqu'à présent, il n'a pas été possible de pratiquer des comparaisons systématiques sur des individus prélevés dans des sites hydrothermaux éloignés les uns des autres. En revanche, l'analyse de cette séquence d'ARN a permis de caractériser l'appartenance systématique de ces bactéries : elles appartiennent au groupe des bactéries pourpres, qui comprend par exemple les *Pseudomonas*.

Symbiose parfaite ou quasi-symbiose, ces travaux ont établi que *Riftia* tire sa nourriture de la synthèse organique réalisée au plus profond de ses tissus par des bactéries chimiosynthétiques, auxquelles il apporte les éléments minéraux nécessaires qu'il prélève dans le milieu extérieur grâce à son panache terminal développé. Il est remarquable de constater que ces résultats ont conduit à réévaluer le mode d'alimentation des pogonophores, si proches par ailleurs des vestimentifères. Ces vers minuscules ont eux aussi des bactéries symbiotes à l'intérieur du tronc. Leurs dimensions très réduites ne permettent pas l'expérimentation ; en revanche, grâce aux approches biochimiques on a pu mesurer des rapports isotopiques du carbone remarquablement bas, suggérant que les bactéries symbiotes utilisent comme source énergétique le méthane d'origine biologique, produit par des bactéries qui décomposent la matière organique en milieu anaérobie. Ainsi, la découverte des grands vestimentifères hydrothermaux a permis d'élucider une question pendante depuis une soixantaine d'années...

Du point de vue écologique, une certaine concentration d'hydrogène sulfuré est nécessaire pour que les vestimentifères puissent l'utiliser. Le seuil en dessous duquel les vers ne parviennent plus à extraire l'hydrogène sulfuré de l'eau de mer n'est pas connu ; en revanche, la structure pyramidale de certains groupes de *Riftia* dont les tubes sont étroitement accolés les uns aux autres comme pour former une cage étanche, la position d'individus isolés qui demeurent couchés le long des fissures d'où sort le fluide hydrothermal, prouvent l'importance de ce facteur limitant. Tout se passe comme si les animaux s'efforçaient de prévenir le plus longtemps possible la dilution complète du fluide hydrothermal.

Pendant que se poursuivaient les recherches sur cette étonnante symbiose, les découvertes de nouveaux sites se succédaient rapidement. Au printemps 1978, un programme franco-américain auquel s'associèrent des chercheurs mexicains se consacra à l'exploration d'un segment de la dorsale du Pacifique oriental, par 21° de latitude Nord, limité par deux grandes failles transformantes, les failles de Rivera et de Tamayo (d'où le nom de ce projet, le projet Rita). Les premières plongées du submersible français *Cyana* révélèrent la présence d'étranges édifices en forme de grandes termitières, traversés par un conduit axial ; ces édifices, constitués de sulfures de différents métaux (fer, cuivre, zinc, plomb, argent, etc.), furent immédiatement interprétés comme d'anciennes cheminées inactives, construites par la précipitation des sulfures polymétalliques dissous dans le fluide hydrothermal, au cours de son refroidissement au contact de l'eau de mer. Çà et là, dans les fissures et les dépressions du basalte, des accumulations de valves disjointes des grands bivalves *Calyptogena* formaient une couverture blanche continue, contrastant sur les teintes noires des laves basaltiques. La plupart de ces valves étaient incomplètes, et présentaient des fenêtres irrégulières, altérations résultant de la dissolution des carbonates en milieu acide. Sur le moment, on ne comprit pas la portée de ces cimetières marins. Par la suite, la vitesse de dissolution de ces coquilles put être déterminée expérimentalement. Les cimetières découverts par *Cyana* s'étaient formés entre cinquante et cent ans auparavant, à la suite d'un événement géochimique amenant le tarissement brutal du fluide hydrothermal nourricier. Au cours de cette campagne de plongées, les géologues purent étudier de manière détaillée les structures volcaniques figées de la vallée axiale : de vastes lacs de lave solidifiée, dont il ne reste le plus souvent que la surface supérieure soutenue par de puissants piliers. Le géophysicien français Jean Francheteau explique aisément la création de ces formes volcaniques : après une première coulée, la lave en cours de refroidissement est parvenue à se frayer un chemin vers le bas, entraînant la vidange du lac ; les piliers, qui sont caractérisés par la présence d'un conduit axial creux, correspondent à des zones de refroidissement local de la lave par émission de vapeur d'eau ou de gaz.

Au cours de la seconde phase du programme, au printemps 1979, à quelques kilomètres des zones de cheminées inactives et de cimetières de coquilles, le submersible américain *Alvin* eut la chance de découvrir le premier l'écoulement direct dans l'eau de mer du fluide hydrothermal surchauffé sortant de la bouche d'une cheminée. La température du fluide mesurée immédiatement à l'orifice de la cheminée dépassait 350°C, température que n'avaient pas prévue les ingénieurs qui avaient construit les capteurs de température équipant le sous-marin : lors des premières tentatives, les matières plastiques du capteur fondirent, et il fallut réaliser à bord du navire un nouveau système entièrement métallique pour enregistrer, au cours des plongées suivantes, ces températures exceptionnellement élevées ; elles restent toutefois au-dessous du point critique, ce qui explique l'absence de formation de vapeur. Au niveau de l'orifice de la cheminée, le fluide hydrothermal est translucide ; dès qu'il entre en contact avec l'eau de mer, le sulfure de fer en solution précipite immédiatement sous forme de particules noires, donnant au panache hydrothermal sa coloration caractéristique. Exception faite de la modiole *Bathymodiolus thermophilus*, tous les animaux recueillis sur le site des Galapagos étaient présents à 21°N. Un annélide polychète type d'une famille nouvelle, les alvinellidés, fit une apparition remarquée : ce ver d'une douzaine de centimètres de longueur, baptisé le « ver de Pompéi » par les pilotes de submersible, vit à proximité immédiate des sorties de fluide hydrothermal à très haute température, et, comme les habitants de Pompéi, reçoit en permanence une pluie de cendres d'origine profonde. Il construit des colonies massives autour des diffuseurs à température intermédiaire (200 à 250°C) baptisés « boules de neige » par les observateurs et sur les parois des cheminées d'où s'écoule le fluide à haute température. Les *Riftia* forment des buissons épars situés à bonne distance des évents à haute température. Des poissons anguilliformes, *Thermarces cerberus*, se réfugient volontiers au milieu des buissons de vestimentifères, dont ils broutent sans vergogne l'extrémité des panaches tentaculaires. Les grandes coquilles de *Calyptogena magnifica* s'alignent le long des fissures séparant les coulées de lave figée, d'où elles tirent l'hydrogène sulfuré qui leur est indispensable. Car ces bivalves, comme les vestimentifères, vivent en association avec des bactéries chimiosynthétiques.

Cette espèce appartient à un genre de bivalve relativement récent, puisqu'il est apparu au Miocène ; on connaissait déjà, provenant de diverses expéditions océanographiques, plusieurs espèces de *Calyptogena*, recueillies entre 200 et 2 000 m de profondeur. Les géologues qui, les premiers, avaient eu entre les mains des spécimens des Galapagos, avaient été frappés par la coloration rouge des tissus du mollusque. Le tube digestif est réduit, en particulier les palpes labiaux, qui dirigent vers la bouche les particules alimentaires collectées par les filaments branchiaux. La présence d'un pigment sanguin rouge vif, fait tout à fait exceptionnel chez les bivalves, la répartition des coquilles vivantes le long des fissures et des crevasses, enfin, les vastes cimetières de valves disjointes découverts par *Cyana*, conduisirent les biologistes à suspecter un mode d'alimentation original, directement lié à l'écoulement des fluides hydrothermaux. Les méthodes d'analyse déjà employées dans le cas du *Riftia* furent à nouveau utilisées. Le rapport isotopique du carbone des tissus de *Calyptogena* s'avéra anormalement bas : −32 pour mille. Il était difficile de soutenir que ces bivalves consommaient des particules d'origine phytoplanctonique, dont le rapport isotopique est compris entre −16 et 19 pour mille ! On a donc supposé qu'ils se nourrissaient au moins en partie de bactéries chimiosynthétiques, dont certaines fixent préférentiellement le $^{12}CO_2$, ce qui a pour résultat d'abaisser le rapport isotopique d'une trentaine pour mille par rapport à la valeur initiale dans la source inorganique de carbone. Or, le rapport isotopique du CO_2 contenu dans le fluide hydrothermal est de −34 pour mille. Entre −32 et −34 pour mille, la différence n'est pas grande et on put donc conclure que les bivalves se nourrissaient pour l'essentiel de bactéries chimiosynthétiques. Des résultats allant dans le même sens ont été obtenus à partir du rapport isotopique de l'azote ($^{15}N/^{13}N$). La même enzyme caractéristique du cycle de Calvin, la rubisco, trouvée dans les tissus du *Riftia*, était également présente dans les chairs du bivalve. Restait à identifier la source des bactéries chimiosynthétiques : vivaient-elles, comme chez *Riftia*, dans les tissus du bivalve, en association étroite avec lui, ou bien provenaient-elles de l'eau de mer filtrée par les branchies ? Des études ultrastructurales des branchies apportèrent des réponses concordantes : d'importantes concentrations de bactéries associées sont visibles à l'intérieur de cellules du bord externe des lamelles branchiales. Ces bactéries sont enfermées par petits groupes dans des poches délimitées par une double membrane sans doute sécrétée par la cellule hôte. De plus petite taille que celles du *Riftia*, ces bactéries, sphériques ou en bâtonnet très court, mesurent 0,6 micromètre de diamètre. A la base des poches à bactéries, des granulations denses correspondent peut-être à des concrétions métalliques ; enfin, par endroits, des cristaux de soufre sont déposés dans les espaces intercellulaires. Il s'agit donc bien d'une quasi-symbiose, comparable à celle des vestimentifères. Le sang du bivalve contient une teneur élevée en hydrogène sulfuré, fixé sur une protéine spécifique qui assure sans doute le transport du gaz jusqu'aux cellules de l'épiderme branchial contenant les bactéries.

Malgré la présence d'un tube digestif rudimentaire, l'hypothèse d'une alimentation combinant également bactéries chimiosynthétiques et leurs métabolites et particules organiques d'origine phytoplanctonique ne peut être retenue pour *Calyptogena magnifica*, puisque ces animaux ne peuvent survivre en l'absence d'écoulement de fluide hydrothermal. Ce n'est pas le cas de la grande modiole des Galapagos, qui parvient à survivre pendant plusieurs mois après l'interruption complète des écoulements hydrothermaux. Cette espèce possède également des bactéries chimiosynthétiques associées, groupées dans les cellules épithéliales de la branchie ; mais de plus, elle dispose d'un tube digestif fonctionnel, dans lequel on trouve fréquemment des restes de cellules phytoplancton (en particulier les splendides frustules siliceuses des diatomées planctoniques). Chez *Bathymodiolus*, la mixotrophie est la règle, et la chimiosynthèse apporte un complément significatif à la nutrition microparticulaire. Chez *Calyptogena magnifica*, l'association avec les bactéries chimiosynthétiques fournit l'essentiel des ressources alimentaires.

Un troisième exemple d'association bactéries/invertébrés est fourni par les deux espèces de vers de Pompéi, *Alvinella pompejana* et *A. caudata*. Ces vers sont à l'heure actuelle les formes les plus thermophiles de tous les invertébrés hydrothermaux : ils tolèrent des températures comprises entre 20 et 40°C. Sur les diffuseurs à fluide blanchâtre qu'ils recouvrent de la masse de leurs tubes, les mesures de température révèlent l'existence de gradients thermiques très marqués : pour une température de 30°C à la surface même de la colonie, on trouve plus de 100°C en enfonçant la sonde d'une douzaine de centimètres et plus de 200°C à une vingtaine de centimètres dans la masse des tubes. Les deux espèces d'*Alvinella* portent des bactéries fixées sur leur cuticule. Chez *A. pompejana*, les bactéries, en forme de très longs filaments, sont réunies en faisceau par une matrice organique transparente sécrétée par le ver. Ces faisceaux sont régulièrement insérés de part et d'autre des limites intersegmentaires, sur la partie dorsale de la région moyenne du corps. Chez *A. caudata*, les bactéries filamenteuses sont fixées sur des digitations des pieds postérieurs du ver, ainsi que dans des sillons cuticulaires. Dans les deux cas, les bactéries vivent à l'extérieur des tissus du ver, en épibiose. Le rapport isotopique du carbone des tissus du ver a une valeur de −11 pour mille, ce qui indique une origine chimiosynthétique du carbone organique. Les bactéries épibiotes sont très variées ; certaines sont chimiosynthétiques. Au-dessus des colonies d'*Alvinella*, l'eau de mer est particulièrement riche en matière organique particulaire et dissoute, provenant des colonies. D'autre part, le ver de Pompéi est capable d'absorber des molécules organiques dissoutes à travers la paroi de ses branchies et dans les plis intersegmentaires. Enfin, les tissus des vers de Pompéi présentent une teneur élevée en fer, plomb, arsenic, zinc et soufre, et on a mis en évidence une protéine de type métallothionéine, capable d'assurer la détoxication. Ces résultats suggèrent l'hypothèse que les bactéries chimiosynthétiques épibiotes libèrent à l'intérieur du tube du ver des molécules organiques dissoutes que celui-ci absorbe à travers sa peau. Le tube digestif fonctionnel et les tentacules buccaux permettent à l'animal de compléter sa ration en ingérant notamment des bactéries fixées sur des petites particules.

La découverte des émissions de fluide hydrothermal à haute température donna une nouvelle impulsion aux campagnes océanographiques d'exploration. En particulier, les géochimistes avaient mis en évidence, au-dessus des sites hydrothermaux actifs, des anomalies positives de la teneur en manganèse et en hélium 3 d'origine mantélique, à quelques dizaines à centaines de mètres au-dessus du fond. On disposait ainsi d'un signal permettant de rechercher systématiquement, le long des dorsales océaniques, les zones hydrothermales actives. Une campagne de reconnaissance générale du navire océanographique *Jean Charcot* entre 20°N et 18°S le long de la dorsale du Pacifique oriental mit en évidence la continuité du phénomène hydrothermal. Au cours de l'année 1982, deux nouveaux sites hydrothermaux sont découverts par des submersibles :

les équipes françaises explorent avec *Cyana* une série de sites localisée entre 11 et 13°N sur la dorsale du Pacifique oriental, et les Américains découvrent le premier site hydrothermal en milieu sédimentaire, le bassin de Guaymas dans le golfe de Californie. A 11-13°N, les cheminées actives à haute température ne sont pas rares, et de nombreux diffuseurs à température intermédiaire permettent le développement de peuplements particulièrement riches. Contrairement au site de 21°N, la modiole des Galapagos est présente ; les deux espèces de vers de Pompéi construisent des colonies massives sur les diffuseurs à fluide blanchâtre ; ces colonies sont activement exploitées par un grand crabe d'une quinzaine de centimètres de largeur de carapace, *Cyanagraea praedator* ; les *Calyptogena* font défaut, ou plus précisément ont disparu il y a peu de temps de cette région, ce que prouvent les quelques fragments de coquilles retrouvés parmi les débris de valves de modioles. Le site de 11-13°N a été régulièrement exploré par des équipes françaises et américaines, depuis sa découverte par le submersible *Cyana* en 1982. Ces expéditions répétées à quelques années d'intervalle ont permis de mettre en évidence l'importance des variations temporelles des peuplements hydrothermaux ; ainsi, la comparaison des mêmes sites à 13°N, à deux ans d'intervalle entre mars 1982 et mars 1984, a révélé de nombreuses modifications dans les peuplements, pouvant aller jusqu'à des changements très importants. On a pu mettre en évidence la croissance significative des cheminées noires à haute température (plus de deux mètres en deux ans) et leur colonisation rapide par les deux espèces d'*Alvinella* ; dans d'autres zones, on a observé la régression des populations de vestimentifères et de vers serpulidés. Ces changements sont directement contrôlés par les variations de débit et peut-être du taux de dilution du fluide hydrothermal. Trois ans et demi plus tard, en novembre 1987, on a constaté une évolution beaucoup plus importante : les populations de *Riftia pachyptila* ont totalement disparu sur des surfaces de plusieurs centaines de mètres carrés ; des fragments de tubes en voie de décomposition, accompagnés de modioles encore fixées sur les laves, qui étaient auparavant cachées dans les touffes de vestimentifères, témoignent de l'existence, quelques années auparavant, d'un riche peuplement hydrothermal. A une faible distance de ce site moribond, des populations denses d'un autre vestimentifère de plus petite taille, *Tevnia jerichonana*, se sont développées ; parmi les buissons de *Tevnia*, les crabes bythograeidés sont anormalement abondants. Il s'agit d'un peuplement dont les deux éléments principaux, les *Tevnia* respon sables de la production de matière organique, et les *bythograeidés* qui la consomment, sont en déséquilibre. Ce déséquilibre implique une variation rapide et de grande amplitude des écoulements hydrothermaux. Ces phénomènes de succession de peuplements sont encore incomplètement élucidés ; ils évoquent irrésistiblement les successions de peuplements bien connues des écologistes terrestres, successions qui aboutissent à un peuplement stable dans des conditions climatiques déterminées, le climax. Mais le milieu hydrothermal est, contrairement aux climats terrestres, soumis à une grande instabilité.

Dans le bassin de Guaymas, dans le golfe de Californie, la croûte océanique basaltique est recouverte d'une épaisseur de cinq à six cents mètres de sédiments hémipélagiques riches en matière organique biogène et les laves qui envahissent la base des dépôts sédimentaires déterminent à leur surface des reliefs bien visibles, pouvant atteindre quelques dizaines de mètres. Le fluide hydrothermal à haute température traverse toute l'épaisseur des sédiments et forme en surface de hautes constructions peuplées par divers animaux. L'élévation de température provoquée par le passage du fluide dans les sédiments entraîne une diagenèse accélérée de la matière organique qu'ils contiennent : des hydrocarbures de composition variée se forment et les produits les plus lourds (goudrons, asphaltes) se déposent à la surface même du sédiment. Dans certaines sorties de fluides, on trouve de l'ammoniac en quantité appréciable (10 à 15 μ mol.kg^{-1}). Les *Riftia pachyptila* abondent ; une espèce déjà connue de *Calyptogena*, *C. pacifica*, peuple les zones situées à proximité des sorties de fluide ; deux cousins du ver de Pompéi appartenant au genre *Paralvinella* installent leurs tubes dans les constructions hydrothermales et les sédiments percolés par le fluide hydrothermal ; l'un d'eux, *Paralvinella bactericola*, est pourvu d'adaptations morpho-anatomiques lui permettant de collecter les couches de bactéries et de mucus déposées sur le fond dont il se nourrit.

A l'exception des Galapagos, où les températures des fluides ne dépassent pas 20°C, ce qui explique par exemple l'absence des vers de Pompéi, la composition générale de la faune des trois autres sites, 21°N, 11-13°N et bassin de Gaymas, est comparable. Il est vrai que les distances à franchir ne sont pas grandes, et que l'activité hydrothermale est ininterrompue (tout au moins à l'échelle de quelques dizaines de kilomètres).

Dans le Pacifique Nord, il n'en est pas de même. En 1983, les chercheurs canadiens à bord du submersible *Pisces IV*, explorent la dorsale de Juan de Fuca située au large des côtes de la Colombie britannique, par 46°N, à 1 580 m. Dans une large fissure située au sommet d'un mont volcanique axial, à proximité immédiate de sorties de fluide dont la température est comprise entre 25 et 310°C, ils découvrent des communautés biologiques de composition zoologique sensiblement différente de celles des peuplements déjà connus. A l'heure actuelle, sur un total d'une cinquantaine d'espèces identifiées sur le système de dorsales de Juan de Fuca et de l'Explorer (50°N, sites découverts deux ans plus tard par l'*Alvin*), sept espèces seulement sont communes avec les sites des Galapagos et de 21°N. Les *Riftia*, les modioles, les *Calyptogena*, les vers de Pompéi, les crabes bythograeidés, font défaut ; un genre nouveau de vestimentifère, le genre *Ridgeia*, associé à des bactéries chimiosynthétiques, est à la base de la chaîne alimentaire ; plusieurs espèces nouvelles d'alvinellidés forment des colonies massives. Ces modifications faunistiques importantes s'expliquent par la séparation en deux aires géographiques de la dorsale du Pacifique oriental, séparation qui s'est produite il y a 25 à 30 millions d'années lorsque la plaque Amérique est venue recouvrir la dorsale océanique continue qui s'étendait alors du sud au nord, au niveau de l'Orégon. En 25 millions d'années, les deux contingents faunistiques isolés au nord et au sud de l'Orégon ont évolué de manière indépendante, pour former des peuplements endémiques dont la diversité paraît un peu plus faible au nord de la zone de subduction de l'Orégon que sur les sites du système de dorsales et de rides du sud. Dans certains cas, par exemple chez les vers appartenant au genre *Paralvinella*, il y a eu formation d'espèces jumelles, c'est-à-dire apparition de deux espèces proches, provenant d'un ancêtre commun, dont l'aire de répartition s'est trouvée coupée en deux ensembles indépendants. Dans d'autres cas, les différences sont beaucoup plus profondes : ainsi, les vestimentifères du Pacifique Nord appartiennent à une famille différente de *Riftia* de la partie Sud ; les crabes bythograeidés, les grands bivalves, n'ont pas d'équivalents au Nord.

Fondamentalement, tous ces peuplements hydrothermaux des dorsales du Pacifique oriental dépendent directement de la chimiosynthèse bactérienne, réalisée par des bactéries vivant en symbiose plus ou moins étroite avec différents invertébrés ; l'énergie est fournie par l'oxydation enzymatique ménagée de l'hydrogène sulfuré qu'apporte le fluide hydrothermal. En 1984, de nouvelles campagnes de plongées révèlent l'existence de communautés analogues vivant dans des contextes géologiques et géochimiques complètement différents.

Le premier exemple de ces oasis d'un nouveau type est découvert par hasard par l'*Alvin*, au cours d'une exploration du bas de l'escarpement calcaire de Floride, par 3 260 m de profondeur. Là, au contact entre l'escarpement calcaire subvertical et la plaine abyssale couverte de sédiments fins, au fond de cavités créées par la dissolution des carbonates, s'écoule un fluide froid, véritable saumure chargée de différents sels minéraux. Vraisemblablement, ce fluide provient de la circulation karstique des eaux infiltrées depuis la surface dans le massif calcaire, c'est-à-dire d'un mélange d'eau douce et d'eau de mer. Les cavités creusées à la base de la falaise calcaire sont entourées de buissons de vestimentifères (il s'agit d'un genre nouveau, baptisé *Escarpia*, type d'une famille proche de celle à laquelle appartient le genre *Ridgeia*) et de colonies de grands bivalves semblables à la faune hydrothermale du site des Galapagos. La biomasse est localement plusieurs dizaines de milliers de fois plus élevée que sur la plaine abyssale toute proche. On a supposé l'existence d'un réseau énergétique complexe pour rendre compte des valeurs extrêmement basses du rapport isotopique du carbone mesurées chez les bivalves ; en effet, il ne semble pas y avoir d'apport direct d'hydrogène sulfuré dans les écoulements de fluide sursalé. L'hydrogène sulfuré utilisé par les bactéries chimiosynthétiques vivant dans les tissus du vestimentifère et d'un grand bivalve serait produit par des bactéries sulfato-réductrices opérant la réduction des sulfates de l'eau de mer dans la couche superficielle anoxique du sédiment. Jusqu'à présent, ce type de peuplement chimiosynthétique, encore mal connu, n'a pas d'équivalent dans d'autres régions de l'océan mondial.

Un second exemple d'oasis de vie en l'absence de fluide hydrothermal a été découvert quelques mois plus tard, au cours d'une étude tectonique et géochimique de la zone de subduction qui s'étend au large de l'Orégon, sur la côte Pacifique de l'Amérique du Nord, par deux mille et quelques mètres de profondeur. Dans cette région tectoniquement active, où la plaque océanique Pacifique plonge sous la plaque continentale Amérique, des rides sédimentaires se sont formées contre la marge continentale. Des sédiments marins comprimés suinte un fluide formé par l'eau interstitielle contenue dans les sédiments anciens, rejetée à l'extérieur du prisme d'accrétion sédimentaire par la compression que créent les mouvements de subduction ; l'eau interstitielle sourd du sédiment, à la température de l'eau ambiante. Cette eau n'est pas enrichie en sulfures ; en particulier, elle ne contient pas d'hydrogène sulfuré. En revanche, elle contient du méthane, du radon, de l'ammoniac, du fer et du manganèse. Autour des zones de percolation de ce fluide, l'*Alvin* découvrit des communautés animales composées d'un vestimentifère déjà connu (*Lamellibrachia barhami*, classé jusque-là parmi les pogonophores vrais) ainsi que de plusieurs espèces de grands bivalves appartenant aux genres *Calyptogena* et *Solemya*. Les analyses pratiquées dans la couche d'eau au contact du fond révélèrent la présence de méthane, composé organique réduit. En l'absence d'hydrogène sulfuré, dans un premier temps, on a émis l'hypothèse que le méthane pouvait remplacer l'hydrogène sulfuré et fournir, par oxydation ménagée, de l'énergie à des bactéries chimiosynthétiques.

A priori, cette hypothèse n'avait pas de quoi surprendre. D'ailleurs, un an plus tard, en 1985, des communautés dominées par des grands bivalves appartenant à des genres différents ont été découvertes dans des chalutages effectués sur la marge continentale de la Louisiane, par 600 à 700 m de profondeur seulement, à proximité de sorties d'hydrocarbures légers (méthane CH_4, éthane C_2H_6). Les suintements naturels d'hydrocarbures sont chose fréquente dans le golfe du Mexique : on se souvient que les flibustiers calfataient les coques de leurs navires de course en récupérant les goudrons naturels déposés sur certaines côtes de la région. Parmi les bivalves rencontrés sur ces sites, une grande moule a fait l'objet de recherches approfondies ; en effet, des études ultrastructurales avaient révélé la présence, dans certaines cellules de l'épiderme branchial, de bactéries sphériques avec des structures très caractéristiques, formées par un empilement de membranes « en pile d'assiette ». Le rapport isotopique des tissus de cette moule est anormalement bas, puisqu'il est compris entre −51 et −57 pour mille. On a pu démontrer expérimentalement que l'association constituée par la moule et les bactéries intracellulaires est capable de consommer le méthane. Cette consommation, localisée dans les tissus branchiaux, résulte de l'activité des bactéries, et dépend de manière directe de la disponibilité de l'oxygène ; elle est inhibée par la présence d'acétylène. Ce métabolisme méthanotrophe est accompagné d'une forte augmentation de la consommation d'oxygène et de la production de dioxyde de carbone. La consommation de méthane excède de beaucoup la production de dioxyde de carbone : cela suggère que les bactéries chimiosynthétiques méthanotrophes sont en mesure de satisfaire à la totalité des besoins nutritionnels de la moule grâce au méthane présent dans le milieu environnant. Ces résultats physiologiques expliquent la valeur très basse du rapport isotopique : le méthane d'origine biogène utilisé par les bactéries a naturellement un rapport isotopique de −70 pour mille, et les valeurs observées dans les tissus de la moule n'ont rien d'anormal.

Il n'était donc pas surprenant d'attribuer à la présence de méthane le développement des colonies animales de la côte de l'Oregon. Une série d'exemples nouveaux sont venus renforcer cette hypothèse. Au cours de l'été 1985, le submersible français *Nautile*, effectuant ses premières plongées scientifiques au cours de la campagne franco-japonaise Kaiko dirigée du côté français par Xavier Le Pichon, dans les fosses de subduction qui s'étendent au sud-est de l'archipel du Japon, découvre dans plusieurs stations, entre 3 000 et 6 000 m de profondeur, des peuplements denses et très localisés (ils occupent des surfaces unitaires de quelques mètres carrés) de plusieurs espèces de bivalves du genre *Calyptogena* accompagnées de divers invertébrés. Ces communautés de suintements froids sont installées sur les points de percolation du fluide interstitiel ; le sédiment, rendu anoxique par ces montées de fluide dépourvu d'oxygène, est noirâtre, coloration témoignant de la présence de fer réduit.

Dans un premier temps, les géochimistes, suivant en cela les premières conclusions émises à propos des oasis animales de la zone de subduction de l'Oregon, conclurent au rôle exclusif du méthane pour expliquer la présence de ces oasis, que l'on supposait, à juste titre, fondées sur l'activité de bactéries chimiosynthétiques associées ; en effet, il n'y avait pas d'hydrogène sulfuré dans l'eau prélevée à quelques dizaines de centimètres au-dessus des colonies, alors qu'elle contenait des concentrations élevées de méthane. Pourtant, les biologistes n'étaient pas d'accord avec cette conclusion, pour plusieurs raisons : tout d'abord, les diverses espèces nouvelles de *Calyptogena* découvertes dans les fosses japonaises contenaient, dans les cellules de l'épiderme branchial, des bactéries enfermées dans des poches, rappelant, par leur dimension et par leur forme générale, les bactéries de *Calyptogena magnifica* ; en second lieu, ces bactéries ne présentaient pas les membranes en pile d'assiette caractéristiques des bactéries méthanotrophes de Louisiane ; enfin, des cristaux de soufre natif étaient fréquents dans les tissus branchiaux des bivalves. Il fallut plusieurs années pour parvenir à une conclusion définitive, qui s'applique également aux bivalves des côtes de l'Oregon : les bactéries chimiosynthétiques qui vivent dans les cellules de l'épiderme branchial utilisent comme substrat énergétique l'hydrogène sulfuré. Cet hydrogène sulfuré est le produit de l'activité de bactéries libres sulfato-réductrices qui, à la faveur de l'état d'anoxie créé par les suintements froids, sont actives à quelques centimètres de profondeur seulement dans le sédiment. Grâce à leur pied volumineux, qui s'enfonce jusqu'à une quinzaine de centimètres dans le sédiment, les bivalves parviennent à capter l'hydrogène sulfuré avant toute dilution dans l'eau de mer. La production d'hydrogène sulfuré est donc un phénomène secondaire, résultat de la circulation des fluides froids dépourvus d'oxygène dans les sédiments superficiels.

Les communautés à base chimiosynthétique caractérisées par l'espèce *Calyptogena phaseoliformis* à la coquille très allongée, trouvées à 5 950 m environ, constituent les peuplements chimiosynthétiques les plus profonds connus actuellement. Fondamentalement, ces peuplements reposent sur l'exploitation de l'hydrogène sulfuré par les bactéries chimiosynthétiques associées aux bivalves, exactement comme dans les oasis hydrothermales. Mais dans le premier cas, l'hydrogène sulfuré est le produit de l'action des fluides chargés de méthane expulsés par les forces de subduction ; sa formation dépend donc directement des phénomènes biologiques qui ont accumulé dans les sédiments la matière organique à l'origine du méthane. Dans le second cas, au contraire, l'hydrogène sulfuré provient des échanges géochimiques entre l'eau de mer et le magma surchauffé. Le même mécanisme biologique, très complexe, permet à l'association bactéries/bivalves d'exploiter des milieux complètement différents. Cette constatation est importante en ce sens qu'elle souligne la généralité du phénomène chimiosynthétique ; il ne s'agit pas seulement d'un processus biologique singulier limité au milieu hydrothermal, lui-même très original, mais bien d'un mécanisme généralisable à tous les milieux dépourvus d'oxygène où l'hydrogène sulfuré se forme par voie biologique. Ces conclusions ont de fait conduit à réévaluer l'importance de la chimiosynthèse dans certains écosystèmes de fonds vaseux littoraux.

Jusqu'alors, toutes les découvertes de peuplements hydrothermaux avaient été faites dans le Pacifique. Dans l'océan Atlantique, on considérait que le taux d'expansion très faible (1 à 2 centimètres/an) qui caractérise la dorsale médio-atlantique reflétait l'existence d'une chambre magmatique très profonde, ce qui pouvait s'opposer à l'apparition d'une circulation hydrothermale. Pourtant, des dépôts ferromanganeux avaient été observés près des Açôres lors de l'expédition FAMOUS dès 1974. Un géophysicien américain, Peter Rona, ne partageait pas ce postulat et poursuivait l'étude d'une région de l'Atlantique baptisée zone TAG (Trans Atlantic Geotraverse). Sa patience fut récompensée au cours d'une campagne faite en été 1985 ; Rona put démontrer l'existence de cheminées noires actives par 26°N et un peu plus au sud, dans la région de la zone de fracture Kane, par 23°N. Sur certaines des photographies obtenues par Rona, des valves de mollusques sont visibles. Quelques années plus tard, des campagnes de plongées en submersible permirent de décrire, au niveau de cette zone, par plus de 4 500 m de profondeur, un type de peuplement très original. A proximité de diffuseurs en forme de ruches de paille comme il en existait encore il y a quelques dizaines d'années, d'où sort un fluide hydrothermal noirâtre à haute température, des peuplements très denses de plusieurs espèces de crevettes des genres *Rimicaris*, *Chorocaris* et *Alvinocaris* forment de véritables essaims, dans lesquels les animaux sont disposés les uns sur les autres ; un crabe appartenant à la famille des bythograeidés représente un genre nouveau, baptisé *Segonzacia*, en hommage à son pêcheur ; plus loin, des poissons anguilliformes semblables à ceux du Pacifique oriental nagent avec indolence. Pour autant qu'on puisse l'affirmer à partir de quelques plongées localisées, il n'existerait dans cette région ni vestimentifères, ni bivalves. La question demeure ouverte, car certaines photographies semblent bien montrer l'existence d'accumulations de valves de grandes coquilles et des tubes d'où sortent deux longs tentacules ont été également observés en plongée. En l'absence d'association bactéries/invertébrés, l'organisation de l'écosystème est sensiblement différente : on suppose que les crevettes se nourrissent directement à partir des mattes bactériennes développées à la base des diffuseurs. Ces crevettes présentent d'ailleurs d'autres particularités biologiques : notamment, elles seraient pourvues d'organes ventraux sensibles à de très faibles intensités lumineuses. On sait que certaines espèces de bactéries des genres *Pseudomonas* et *Vibrio* notamment, ont la propriété d'émettre de la lumière grâce à une catégorie particulière d'enzymes, les luciférases ; or la seule souche connue de bactérie chimiosynthétique associée à *Riftia* fait partie du même groupe. D'où l'hypothèse que les crevettes peuvent reconnaître la présence des mattes de bactéries chimiosynthétiques grâce à leurs organes ventraux photosensibles.

En 1986, une activité hydrothermale importante est découverte dans le bassin arrière-arc insulaire de Manus, à proximité de la Nouvelle-Bretagne (Nouvelle-Guinée-Papouasie). C'est la première fois que des phénomènes hydrothermaux sont mis en évidence dans le contexte géologique des bassins en extension ; toutefois, les géologues avaient avancé depuis plusieurs années l'hypothèse de leur existence. Sur certaines des photographies rapportées, des colonies de vers paraissent identifiables. Au cours de cette même année, les océanographes soviétiques effectuent leur première campagne de plongée sur les sites déjà étudiés de la dorsale de Juan de Fuca, au large de la Colombie britannique, grâce à un submersible de type *Pisces* ; dans cette région pourtant bien explorée, les Soviétiques recueillent et décrivent des animaux déjà connus des chercheurs occidentaux, mais non encore nommés. Dans le domaine de la zoologie marine aussi, la compétition internationale n'est pas un vain mot...

Un an plus tard, en 1987, sur le flanc oriental de la fosse des Mariannes dans le Pacifique occidental, dans une zone où l'activité volcanique est intense, l'*Alvin* découvre une communauté hydrothermale d'un type nouveau. Un gros gastéropode à la coquille recouverte de fines pilosités (que les observateurs américains baptisent immédiatement gastéropode chevelu), *Alviniconcha hessleri*, remplace du point de vue fonctionnel les grands vestimentifères et les bivalves du Pacifique oriental. *Alviniconcha* possède en effet dans l'épiderme du manteau des cellules contenant des bactéries chimiosynthétiques. Des anémones de mer abondent autour des amas en plusieurs couches de gastéropodes ; comme dans l'Atlantique, les crabes bythograeidés sont représentés par un genre nouveau, *Austinigraea*.

Dans l'Atlantique tropical, à proximité des Barbades, X. Le Pichon, poursuivant ses recherches sur la circulation des fluides dans les prismes sédimentaires d'accrétion, explore à bord du *Nautile*, en septembre de la même année, le prisme d'accrétion sédimentaire du fossé de subduction des Antilles : de véritables volcans de boue liquide forment des reliefs peu prononcés. Il n'y a pas de faune dans la vase extrêmement fluide du centre du cratère de ces volcans de boues ; en revanche, sur la crête et les flancs en pente douce des volcans de boue, s'installent diverses espèces d'invertébrés, des éponges, des hydraires, des mollusques, etc. L'existence de symbioses entre bactéries chimiosynthétiques et invertébrés marins n'a pas encore été établie de manière définitive dans ces sites originaux ;

d'après la structure et la densité des peuplements, elle est plus que vraisemblable.

Dans le Pacifique central, au sommet d'un mont volcanique sous-marin, le mont Loihi, deux sites hydrothermaux ont été découverts en 1988 aux profondeurs relativement faibles de 1 000 et 1 200 m. Là, les sources hydrothermales émettent un fluide tiède (30°C), exceptionnellement riche en dioxyde de carbone (la concentration en CO_2 dans le fluide hydrothermal est 150 fois plus élevée que la concentration normale en gaz carbonique de l'eau de mer à cette profondeur). Autour des sources, il n'y a pas de macrofaune visible ; en revanche, une épaisse couche de bactéries (matte bactérienne) se développe sur les laves et les amas de sulfures à proximité des sources. L'absence totale de macrofaune peut s'expliquer de deux manières : soit par l'âge relativement jeune de ce mont sous-marin et son isolement géographique extrême, que des espèces adaptées à la vie dans le milieu hydrothermal n'ont pu encore coloniser, soit parce que les teneurs très élevées en CO_2 et en métaux dissous sont fortement toxiques. Ces observations sont à rapprocher de résultats plus récents obtenus dans le lac Baïkal : là aussi, seules des mattes bactériennes semblent s'être adaptées aux sorties hydrothermales.

Au cours de l'été 1989, deux campagnes de plongée du *Nautile* dans le Pacifique Sud-Occidental ont été consacrées à l'exploration du bassin de Lau, au sud de l'archipel des Tonga, et du bassin d'extension Nord-fidjien, au nord-ouest des îles Fidji. Comme dans la fosse des Mariannes, *Alviniconcha hessleri*, l'escargot chevelu des Américains, remplace fonctionnellement les vestimentifères. Un autre gastéropode à la coquille noire, disposé autour des amas d'*Alviniconcha*, forme une auréole sous influence hydrothermale : la température atteint 8 à 12°C, valeur voisine de celle que recherchent par exemple les *Riftia*. Plusieurs arguments anatomiques et écologiques suggèrent que ce gastéropode noir, récemment baptisé *Ifremeria nautilei*, possède lui aussi des bactéries chimiosynthétiques dans les tissus de son manteau. Un peu plus loin, des amas de modioles sont fréquentés par des crevettes, des vers annelés et des crabes. Dans le bassin Nord-fidjien, l'auréole de peuplement la plus externe, qui correspond aux vers serpulidés de la dorsale du Pacifique oriental, est représentée par un curieux crustacé cirripède sessile d'un genre nouveau, *Eochionelasma ohtai*, qui constitue actuellement le dernier exemple décrit de fossile vivant trouvé dans les communautés hydrothermales. Il existe également d'importantes moulières formées d'une espèce voisine de la modiole du Pacifique oriental ; de rares vestimentifères s'installent à proximité de sorties de fluide dilué à température peu élevée (10 à 15°C).

Dans le bassin de Lau, les individus d'une espèce de cirripède pédonculé appartenant à un genre découvert par 21°N sur la dorsale du Pacifique oriental, le genre *Neolepas*, forment d'élégants bouquets vivants terminés par les panaches de cirres tentaculaires épanouis. Dans cette région, les températures à l'émission des fluides hydrothermaux dépassent 400°C, et le pH des fluides est beaucoup plus élevé que dans le Pacifique oriental, alors que la température maximale obtenue dans le bassin Nord-fidjien est de 270°C sur le site de la Dame Blanche ; le fluide correspondant, translucide, est chargé en anhydrite, et dépourvu de sulfures polymétalliques.

En 1990, deux découvertes nouvelles ont encore enrichi la panoplie des peuplements à base chimiosynthétique. En premier lieu, une expédition soviéto-américaine a découvert dans le lac Baïkal, à 440 m de profondeur, un champ d'évents hydrothermaux sur fond de sédiment. La température dans le sédiment dépasse 16°C, contre 3,5°C autour du site. D'épaisses couches bactériennes sont installées sur le fond. Des éponges encroûtantes blanchâtres sont fixées sur des galets ; parmi elles, abondent des crevettes à la chair translucide et des gastéropodes. Les relations de cette faune avec les peuplements hydrothermaux océaniques restent à préciser : le lac Baïkal, formé il y a 25 millions d'années environ, a sans doute été en communication avec la mer, comme en témoignent certaines affinités de la faune locale avec la faune marine.

La seconde découverte de l'année a été faite dans le golfe du Mexique, à 200 milles environ à l'est de Galveston. Là, entre 2 500 et 3 000 m de profondeur, des écoulements salés d'eau plus dense que l'eau de mer se déversent dans une vaste dépression de la marge de Louisiane. Des édifices de carbonate de calcium et de magnésium résultent de l'activité des bactéries des sédiments qui utilisent les suintements d'hydrocarbures légers comme substrat énergétique. De grands vestimentifères de 1,50 m de long et des moules géantes d'une trentaine de centimètres de longueur forment des oasis explorées par l'*Alvin*. Les premiers résultats indiquent que les filaments branchiaux des moules contiennent des bactéries chimiosynthétiques capables d'oxyder l'hydrogène sulfuré, comme dans les sites hydrothermaux. Ainsi, dans le golfe du Mexique, coexisteraient dans les tissus branchiaux des moules des bactéries chimiosynthétiques méthanotrophes à faible profondeur et sulfo-oxydantes à plus grande profondeur. En réalité, on ne sait pas encore s'il s'agit de la même espèce de bivalve.

Cette énumération nécessairement schématique des principaux sites hydrothermaux et de suintements froids découverts depuis une douzaine d'années et explorés par des biologistes permet de dégager quelques conclusions générales. Des communautés animales exubérantes, constituées d'espèces de grande taille, souvent inconnues, s'installent à proximité immédiate des sources hydrothermales à moyenne et haute températures qui existent dans des environnements géologiques différents : rides océaniques à taux d'expansion lent, moyen ou élevé, dans le Pacifique comme dans l'Atlantique, et bassins d'extension situés derrière des arcs insulaires, dans des zones où la croûte océanique est amincie par les contraintes tectoniques. Des communautés animales comparables, dont la survie repose également sur l'activité de bactéries chimiosynthétiques vivant en symbiose à l'intérieur des tissus de divers invertébrés, se développent dans des contextes géologiques très variés, sur des marges actives ou passives, à proximité de sorties d'eau interstitielle enrichie en composés réduits, méthane, ammoniac et hydrogène sulfuré. Dans les deux cas, la faune comprend un grand nombre d'espèces nouvelles pour la science, appartenant à des taxons nouveaux, depuis le genre jusqu'à l'embranchement. Par rapport à l'océan profond ordinaire, les biomasses des peuplements hydrothermaux et de suintements froids minéraux ou chargés d'hydrocarbures sont dix mille à cent mille fois plus élevées ; en revanche, elles occupent des surperficies très réduites. Enfin, les communautés animales sont distribuées en auréoles plus ou moins régulières autour des points de sortie des fluides. Cette disposition en auréoles et l'existence de véritables cimetières de coquilles vides de bivalves à proximité d'évents taris témoignent de la force du lien qui unit ces communautés animales aux écoulements de fluides.

Depuis les premières récoltes faites aux Galapagos, les connaissances sur la faune des peuplements de ces sites ont beaucoup progressé. En 1985, une première estimation des animaux vivant près des sources hydrothermales et des zones de suintements froids du Pacifique oriental aboutissait à une soixantaine d'espèces. En 1988, le même inventaire fournissait un total de plus de 160 espèces nouvelles pour la science, sans compter les bactéries. A l'heure actuelle, plus de 250 espèces nouvelles ont été découvertes et décrites dans ces peuplements à base chimiosynthétique. La disproportion entre les peuplements hydrothermaux et ceux de suintements froids est grande : ces derniers ne comptent guère plus d'une trentaine d'espèces nouvelles. Mais il faut rappeler qu'ils ont été seulement découverts en 1984 et, de plus, étudiés principalement par des géologues et des géochimistes dont le premier souci n'est pas d'inventorier la faune associée aux écoulements de fluides. Néanmoins, les indications actuellement disponibles semblent montrer que les peuplements hydrothermaux sont plus variés que les peuplements de suintements froids.

Les principaux groupes de métazoaires représentés dans les peuplements hydrothermaux (en termes de richesse spécifique) appartiennent aux embranchements des mollusques (bivalves, gastéropodes et aplacophores), des annélides (polychètes, hirudinées) et des arthropodes (crustacés copépodes, cirripèdes et malacostracés, acariens, pycnogonides) ; à eux seuls, ces trois embranchements totalisent près des quatre cinquièmes des espèces connues. Par rapport à la faune benthique habituelle de l'océan profond, les bivalves sont peu nombreux ; les crustacés péracarides (isopodes et amphipodes) ainsi que les échinodermes semblent totalement absents (cependant, des ophiures ont été observées mais non récoltées à 12°N sur la dorsale du Pacifique oriental, et des amphipodes de la famille des caprellidés ont été photographiés autour des accumulations de *Calyptogena phaseoliformis* des fosses de subduction du Japon). L'embranchement nouveau des vestimentifères comprend déjà cinq familles et neuf espèces différentes décrites. Les familles des lamellibrachiidés et des escarpiidés vivent dans des zones de suintements froids à température ordinaire, alors que tous les autres vestimentifères sont plus ou moins adaptés à des températures plus élevées (entre 2 et 20°C, d'après l'ensemble des données disponibles pour quatre ou cinq espèces distinctes).

A l'heure actuelle, la grande majorité des espèces découvertes dans les sites hydrothermaux sont endémiques de ces milieux. Ce degré élevé d'endémisme peut s'expliquer, soit par une longue histoire évolutive dans ces milieux, soit par une vitesse d'évolution élevée. L'âge moyen d'un certain nombre de genres d'invertébrés hydrothermaux a été estimé par comparaison avec des formes fossiles auxquelles il est possible d'attribuer un âge absolu ; ainsi, les vestimentifères considérés en tant qu'embranchement ont été comparés aux lophophoriens et les entéropneustes aux graptolithes. Quelques-unes des espèces endémiques appartiennent à des genres à vaste répartition dans l'océan profond, et doivent probablement être considérées comme des immigrations récentes dans le milieu hydrothermal, datant du Cénozoïque. En revanche, un grand nombre de formes hydrothermales appartiennent à des genres ou à des taxons de rang plus élevé (famille, superfamille, ordre) qui ne se rapprochent d'aucune forme connue dans la nature actuelle. Les critères biogéographiques et évolutifs (rang d'endémisme au-dessus du niveau de l'espèce, distribution actuelle, existence de fossiles) conduisent à considérer qu'il s'agit d'espèces relictes d'âge paléozoïque et mésozoïque. L'hypothèse généralement admise est que les ancêtres de ces formes hydrothermales profondes actuelles vivaient dans des eaux littorales chaudes et ont trouvé refuge dans les milieux hydrothermaux littoraux (il en existe encore dans la nature actuelle) lorsque la pression de prédation et la compétition se sont brusquement accrues au cours du Mésozoïque, avec la diversification des faunes et l'apparition de nouvelles familles. Ces organismes ont pu alors migrer vers les grandes profondeurs en suivant les zones géologiquement actives pour, finalement, s'installer autour des sources hydrothermales profondes où la pression de prédation est infiniment moins forte qu'en zone littorale. Le développement progressif d'adaptations leur permettant de s'installer dans des zones soumises aux agressions du fluide hydrothermal a accru leur protection. Des espèces telles que le pectinidé *Bathypecten vulcani* trouvé à 13°N et aux Galapagos, la modiole *Bathymodiolus thermophilus* et les nombreux représentants des diverses radiations évolutives d'archaeogastéropodes sont de véritables fossiles vivants (espèces panchroniques) remontant au Paléozoïque terminal et au début du Mésozoïque. D'autres genres, comme *Calyptogena*, le crustacé copépode *Isaacsicalanus*, le crustacé décapode *Munidopsis*, sont des immigrants d'âge tertiaire.

Les questions de propagation et de dispersion des espèces hydrothermales présentent un intérêt accru du fait de la vie très brève d'une cheminée ou d'un site hydrothermal déterminé et du lien très strict existant entre la plupart de ces espèces et le milieu hydrothermal. Des datations faites avec les horloges isotopiques naturelles (isotopes naturels à vie courte du thorium, radium, radon, plomb, etc.) ont montré que la durée de vie d'une cheminée est comprise entre vingt et cent ans. Claude Lalou, qui analyse avec enthousiasme les échantillons de parois de cheminées, a même pu établir que la croissance de ces édifices devait être très rapide : impossible d'établir de différence d'âge significative entre le haut et le bas d'une même cheminée de quelques mètres de hauteur. Une durée moyenne d'un demi-siècle, pour les systèmes hydrothermaux de 13 et 21°N, semble probable. Progressivement, les conduits de fluide sont obstrués par des dépôts de sulfures polymétalliques et d'anhydrite, et l'écoulement s'interrompt ; parallèlement, une autre source hydrothermale prend naissance à quelques centaines de mètres. Par ailleurs, la plupart des espèces hydrothermales sont incapables de survivre dans l'océan profond ordinaire. Curieusement, l'étude des bivalves, des polychètes, des crustacés, des vestimentifères et des gastéropodes montre qu'une majorité d'espèces hydrothermales possède des larves lécithotrophes, à fortes réserves vitellines, dépourvues de stade pélagique. Il est vrai que c'est également le cas pour de nombreuses espèces de l'océan profond ordinaire ; pour ces dernières, le problème de la discontinuité spatiale de l'aire de répartition en taches de quelques centaines de mètres carrés séparées par des distances variant de quelques kilomètres à quelques dizaines de kilomètres ne se pose évidemment pas et le fait de ne pas disposer de larves capables d'assurer la dissémination de l'espèce par voie planctonique ne constitue pas une difficulté ; il peut au contraire être interprété en termes d'efficacité énergétique, les larves lécithotrophiques ayant une survie plus élevée que les larves planctotrophiques à vie pélagique longue. On peut se demander dans quelle mesure, dans un milieu où les ressources nutritives sont rares et clairsemées, les larves lécithotrophiques n'ont pas, au moins pour quelques heures ou quelques jours, une certaine capacité de dispersion par voie pélagique. Pour les espèces hydrothermales, l'absence de stades pélagiques capables de parcourir sans trop de difficultés une distance de quelques kilomètres constitue certainement un handicap. En réalité, il est à peu près certain que les larves lécithotrophiques des animaux hydrothermaux peuvent être entraînées à quelques dizaines ou centaines de mètres dans la circulation convective locale engendrée par les écoulements de fluides hydrothermaux à haute température ; le panache hydrothermal peut s'élever à quelques centaines de mètres au-dessus du fond avant d'être entraîné latéralement et dispersé sur des dizaines de kilomètres par la circulation générale. Un tel mode de dispersion convient parfaitement aux quelques espèces hydrothermales possédant des larves à vie pélagique (*Bathymodiolus, Bythograea*), mais peut aussi convenir aux larves lécithotrophiques à vie pélagique très brève ou normalement absente. Aux Galapagos, on a montré que les populations de modioles de petite et de grande taille de deux sites distants de 7,8 km (le Jardin de Roses et le Banc de Moules) sont génétiquement différentes : ces différences génétiques s'expliquent vraisemblablement par l'existence de deux populations parentales distinctes. D'un site hydrothermal à un autre, on conçoit que ces mécanismes, s'exerçant sur plusieurs générations, permettent aux espèces de coloniser les différents sites disponibles au sein de ce que l'on pourrait appeler par analogie avec les peuplements insulaires l'« archipel hydrothermal » ; le processus prend certainement plusieurs années, voire plusieurs décennies, comme en témoigne la présence de nombreux sites hydrothermaux actifs encore dépourvus de macrofaune. La notion d'archipel hydrothermal, du point de vue spatio-temporel, demeure encore imprécise : on peut néanmoins estimer qu'un archipel hydrothermal s'étend sur 50 à 150 kilomètres de longueur le long d'un même segment de dorsale océanique, et que son existence est de plusieurs milliers à quelques dizaines de milliers d'années. Alors que la propagation à courte distance au sein d'un même archipel hydrothermal peut être expliquée sans trop de difficultés, le problème se pose de manière très différente dès lors qu'il s'agit de dispersion à longue distance. Par exemple, le ver de Pompéi, *Alvinella pompejana*, a été trouvé sur la dorsale du Pacifique oriental, depuis 21°N jusqu'à 17°S, soit sur une distance de 2 280 milles nautiques (plus de 4 200 km !). Morphologiquement, il s'agit de la même espèce ; mais il est vrai que la similitude entre ces formes éloignées n'a pas fait l'objet, faute de matériel biologique suffisant, d'une analyse génétique. Le fait que les peuplements hydrothermaux du Pacifique occidental soient très différents de ceux du Pacifique oriental montre l'importance des conséquences de l'isolement géographique total pendant des périodes d'au moins 100 millions d'années.

Comme d'autres animaux benthiques vivant dans l'océan profond, la majorité des espèces hydrothermales manifeste une tendance très nette au développement par larves lécithotrophiques, voire au développement direct. La propagation de ces formes strictement dépendantes des écoulements de fluides hydrothermaux d'un archipel hydrothermal à un autre sur des distances de plusieurs centaines de kilomètres, reste incomprise, alors que la dispersion à courte distance, de l'ordre de la dizaine de kilomètres, peut être expliquée par la présence d'un panache hydrothermal créé par la circulation convective.

Il est admis que les taux de croissance des invertébrés benthiques profonds sont faibles. Par conséquent, les taux de croissance des invertébrés hydrothermaux ont été, dès les premières découvertes, un sujet d'intérêt. Les premiers résultats obtenus avec des méthodes radiométriques chez *Calyptogena magnifica* indiquent des taux de croissance de 4 cm/an et de 6,5 cm/an pour des individus mesurant respectivement 19 et 22 cm de longueur, sur le site des Galapagos. A 21°N, un autre individu, étudié avec les mêmes méthodes, présente un taux d'accroissement de 0,58 cm/an. Ces résultats excessivement divergents ont été confrontés avec des mesures directes de la vitesse de croissance calculées sur des *Bathymodiolus thermophilus* marquées sur le site des Galapagos et reprises neuf mois après ; les courbes de croissance obtenues indiquent que les animaux les plus âgés ont 19 ± 7 ans. Une autre méthode, fondée sur la comparaison de la microstructure externe des coquilles avec les fluctuations des isotopes stables du carbone et de l'oxygène, utilisée chez *Calyptogena magnifica*, conduit à un taux de croissance moyen de 1,2 cm/an à 21°N ; dans cette méthode, les événements géochimiques qui font varier les rapports isotopiques au cours de la formation de la coquille constituent des marques que l'on peut retrouver ensuite, à tout moment, chez les individus exposés au même milieu. En pratique, dans le cas d'organismes de mer profonde, inaccessibles sans l'emploi des moyens extrêmement coûteux que représentent les submersibles, les méthodes radiométriques et de marquage-recapture ne peuvent être utilisées que pour de très petits échantillons : en 1983, Richard Lutz a pu ainsi noter que les résultats disponibles à cette époque reposaient sur l'analyse de trois individus seulement de *Calyptogena magnifica* et dix de la modiole *Bathymodiolus thermophilus*. Ce constat a conduit le même auteur à proposer une méthode plus élégante et en tout cas plus rapide, fondée sur l'hypothèse de la constance de la vitesse de dissolution de la couche externe de la coquille dans le milieu hydrothermal (ce taux de dissolution, de 218 mm/an, est indépendant de l'âge et de la taille de la coquille, en supposant que les conditions physico-chimiques de l'eau environnant l'animal soient restées les mêmes durant toute sa vie). La courbe de croissance obtenue dans le cas de *C. magnifica* indique qu'un animal de 20 cm de long doit avoir 20 ans environ ; le taux d'accroissement annuel diminue au cours de la croissance, de 55 à 5 mm/an.

Ainsi, les bivalves des sources hydrothermales profondes ont des taux de croissance tout à fait comparables à ceux de nombreuses espèces de zone littorale, et de plusieurs ordres de grandeur supérieurs aux données obtenues pour des bivalves de l'océan profond ordinaire. Dans la mesure où les taux de croissance des animaux reflètent les taux des processus biologiques qui se déroulent près des sources, ces résultats apportent des arguments importants prouvant que ces phénomènes se déroulent à des vitesses très supérieures à ce qui se passe habituellement dans l'océan profond. On ne dispose malheureusement pas d'autres mesures de croissance, en particulier chez les bivalves des zones de suintements froids qui représentent un modèle intéressant puisqu'ils utilisent également la chimiosynthèse, mais vivent à des températures très basses.

Des modèles conceptuels de ces écosystèmes hydrothermaux ont été élaborés. Le premier modèle a été proposé dès 1983 dans le cas des Galapagos. Il postule que 75 % environ de la biomasse du peuplement sont constitués par des espèces qui possèdent des bactéries symbiotes. La grande inconnue réside dans l'importance qu'il convient d'accorder au plancton, et à ses relations avec la production chimio-autotrophe. Sur le site des Galapagos, les prédateurs sont constitués par les crabes *Bythograea* qui sont attirés par des appâts et ont été observés en train de mordre l'extrémité des panaches des vestimentifères. Des gastéropodes turridés, un céphalopode blanc inconnu et des poissons macrouridés existent autour des sites et sont également considérés comme des carnivores. Il n'a pas été possible jusqu'à présent d'attribuer des valeurs aux échanges d'énergie entre les différents compartiments trophiques identifiés.

Un modèle synthétique du réseau trophique hydrothermal combinant les sites des Galapagos de 13°N et de 21°N doit comprendre en outre le « pôle chaud » constitué par les colonies massives de polychètes alvinellidés et leur prédateur spécifique *Cyanagraea*, qui n'existe pas aux Galapagos. A 13°N, on a comparé les biomasses des trois principaux groupes trophiques (consommateurs primaires, carnivores et détritivores) dans deux sites à basse (Pogosud) et haute (Actinoir) températures. Sur une surface de 100 m², le rapport des biomasses entre ces trois groupes trophiques est le suivant : 100 pour les consommateurs primaires, 5 pour les carnivores et 1 pour les détritivores. D'après ces données, les organismes contenant des bactéries chimiosynthétiques représentent près de 90 % de la biomasse totale. Les grandes moules, généralement dissimulées à l'intérieur des buissons de *Riftia pachyptila*, n'ont pas été prises en compte dans ces résultats, qui sont par conséquent sous-estimés par rapport à la réalité. Les organismes déposivores dépendent en grande partie des bactéries libres vivant à la surface des substrats, alors que les suspensivores comme les polychètes serpulidés, les actinies, les moules, le pectinidé *Bathypecten vulcani*, qui sont plus importants en terme de biomasse que les déposivores, s'alimentent grâce à la matière organique particulaire libérée par l'activité des principaux consommateurs primaires vivant en symbiose avec les bactéries chimioautotrophes, véritables producteurs, et de manière très partielle à partir de la production phytoplanctonique de surface.

Le rôle possible de la matière organique dissoute dans l'alimentation de ces organismes demeure encore peu connu. L'étude des particules organiques a été faite à 21°N : la proportion de lipides extractibles décroît linéairement avec la température et la proportion d'azote organique particulaire baisse brusquement lorsque la température tombe au-dessous de 15°C. Les quantités de carbone organique particulaire et d'azote organique particulaire varient entre 91 mgC/l et 4,4 mg/l au-dessus des laves en coussin, jusqu'à 139 mgC/l et 9,2 mgN/l au-dessus d'un banc de *Calyptogena magnifica*, et de 210 mgC/l et 22 mgN/l à la base d'un buisson de *R. pachyptila*. L'efficacité des différentes symbioses entre les invertébrés et les bactéries chimiosynthétiques a des conséquences directes sur la production de matière organique particulaire : la teneur en matière organique est maximale au-dessus des colonies d'alvinellidés, et minimale au-dessus des buissons de vestimentifères à 13°N. Plusieurs carnivores exploitent les principales espèces de consommateurs primaires, alvinellidés et vestimentifères : les décapodes *Bythograea* et *Cyanagraea*, le poisson zoarcidé *Thermarces*. Les particules de matière organique d'origine hydrothermale n'ont guère d'influence sur les peuplements profonds ordinaires : l'utilisation de pièges à particules, sortes de pluviomètres sous-marins, a permis de montrer que la matière organique d'origine hydrothermale, à une centaine de mètres seulement des sources, représente quelques pour cent seulement des apports organiques totaux.

Le réseau trophique des colonies de grands bivalves du genre *Calyptogena* des fosses de subduction du Japon est infiniment plus simple. Les fortes biomasses occupant quelques mètres carrés de surface constituées par les grands bivalves *Calyptogena nautilei* et *C. laubieri* de la fosse de Nankai à 3 800 m produisent de la matière organique particulaire utilisée par une série d'animaux suspensivores installés autour de la colonie de bivalves. Les plus grosses particules tombent sur le sol, dans une zone où les sédiments sont encore enrichis par l'activité de bactéries sulfo-oxydantes et méthanotrophes : les organismes limivores (déposivores) ne sont pas rares dans cette zone (holothuries, polychètes tubicoles). Dans la fosse des Kouriles, à des profondeurs supérieures (5 900 m), le réseau trophique est encore plus simple : les petites colonies de *Calyptogena phaseoliformis* sont presque totalement dépourvues de faune accompagnatrice, ce qui suggère que la circulation d'eau interstitielle est beaucoup plus réduite et ne dépasse pas la zone occupée par les bivalves. Sur les pentes du mont Kashima, à des profondeurs équivalentes (5 600 m), les colonies de *Calyptogena phaseoliformis* sont entourées par des holothuries nageuses (*Peniagone elongata*), des polychètes tubicoles et de grands amphipodes caprellidés. Dans tous les cas, la question de l'exportation de la matière organique hors des zones de production reste à préciser. La présence de grands gastéropodes à coquille spiralée auprès des taches de *Calyptogena* montre du moins que les colonies de bivalves sont exploitées par ces gastéropodes.

L'une des principales questions que se pose l'écologiste devant cette énorme concentration ponctuelle de biomasse et de production est celle de l'existence d'un mécanisme permettant l'exportation d'une partie de cette production vers les zones moins favorisées de l'océan profond ordinaire. Les grands poissons démersaux charognards, comme il en existe dans les grandes profondeurs, jouent-ils un rôle, ou bien la barrière physico-chimique constituée par la zone d'influence du fluide hydrothermal dilué constitue-t-elle une frontière infranchissable pour ces organismes ? Jusqu'à présent, aucune observation factuelle ne permet de répondre positivement. En revanche, aucune barrière physico-chimique ne s'oppose à la consommation des grandes colonies de bivalves des zones de suintement froid par des prédateurs venus de plus loin ; les traces et les pistes qui marquent le sédiment en témoignent.

Il suffit de mesurer le chemin parcouru depuis les premières descriptions des peuplements découverts à proximité des Galapagos pour comprendre à quel point nos connaissances sont encore rudimentaires sur ces étranges écosystèmes ; seuls sur notre planète, ils vivent de manière totalement autonome par rapport à l'énergie solaire dont on pensait, il y a encore peu de temps, qu'elle gouvernait la totalité des phénomènes biologiques. Certes, des coups de sonde ont été donnés dans plusieurs régions du monde, mais des océans entiers comme l'océan Indien n'ont pas encore été explorés. Avec le développement international des recherches dans l'océan profond, et l'existence de plus d'une demi-douzaine de submersibles capables d'intervenir de 3 à 6 000 m, on peut s'attendre à bien des découvertes. Sans remettre en cause les fondements mêmes du mécanisme de la chimiosynthèse, sa généralisation peut conduire à de nouveaux modèles d'organisation fonctionnelle de l'écosystème profond. L'inventaire des espèces animales et bactériennes associées à cette production chimiosynthétique est à peine entamé. En une quinzaine d'années, plusieurs centaines d'espèces ont été décrites, et de nombreux travaux sont encore inédits ; il n'y a aucune raison de penser que le rythme actuel de progression des connaissances va se ralentir. Enfin, la découverte des systèmes hydrothermaux a contribué à enrichir le débat sur l'origine de la vie sur notre planète, en apportant un modèle concret tout à fait original de laboratoire naturel. A elle seule, cette question, d'ailleurs très controversée, mérite un développement particulier.

Chapitre 8

Aux sources
de la vie

Une des principales questions concernant la faune associée aux phénomènes hydrothermaux est celle de son origine : en effet, l'environnement hydrothermal remonte certainement aux premiers âges de la terre, à l'époque de la formation de l'océan primitif, il y a environ quatre milliards d'années ; de plus, l'activité hydrothermale, directement liée au flux de chaleur provenant du centre de la terre, était alors beaucoup plus importante qu'aujourd'hui, cinq fois plus importante, affirment certains géophysiciens. Les animaux qui vivent aujourd'hui à proximité des sources chaudes sont-ils donc les descendants directs de formes très anciennes, ou bien ont-ils colonisé récemment ces milieux singuliers ? Cette interrogation, à laquelle il était impossible de répondre autrement qu'à partir de quelques cas particuliers il y a une dizaine d'années, peut aujourd'hui être abordée de manière plus significative.

Première constatation, la majorité des centaines d'espèces nouvelles découvertes dans les sites hydrothermaux sont des formes endémiques strictes de cet environnement singulier, c'est-à-dire qu'on ne les rencontre pas dans d'autres milieux. Comment expliquer ce degré élevé d'endémisme ? En théorie, deux explications sont possibles : ou ces animaux ont une longue histoire évolutive dans ces milieux, ou leur vitesse d'évolution est particulièrement rapide. Pour choisir entre ces deux hypothèses, il faut pouvoir établir l'histoire paléontologique de chacune des formes actuelles, ce qui n'est évidemment pas toujours possible, faute de fossiles d'âge connu.

L'âge moyen d'un certain nombre de genres d'invertébrés hydrothermaux a néanmoins été estimé, par comparaison avec des formes fossiles auxquelles il est possible d'attribuer un âge géologique absolu. Les vestimentifères considérés en tant qu'embranchement ont été comparés aux lophophoriens (et plus précisément aux graptolithes) : le groupe pourrait par conséquent avoir un âge de 300 à 600 millions d'années. Le petit archéogastéropode patelliforme *Neomphalus* et ses nombreux cousins découverts depuis une dizaine d'années auraient entre 135 et 250 millions d'années, de même que les modioles *Bathymodiolus*. Les crustacés cirripèdes *Neolepas* et *Eochionelasma* auraient un âge compris entre 135 et 160 millions d'années, les crabes bythograeidés entre 45 et 85 millions d'années. Le grand bivalve *Calyptogena*, représenté par de nombreuses espèces, appartient à un genre très récent, qui n'aurait pas plus de 15 à 25 millions d'années d'existence. Les écarts entre ces quelques chiffres suggèrent immédiatement que la colonisation des sources hydrothermales ne s'est pas faite en une seule fois, mais s'est poursuivie au cours des temps géologiques. Quelques-unes des espèces hydrothermales endémiques appartiennent à des genres largement répandus dans l'océan profond, et doivent probablement être considérées comme des immigrations récentes dans le milieu hydrothermal, datant du Cénozoïque. Le grand bivalve *Calyptogena* fournit un excellent exemple de ces immigrés récents : à côté de certaines espèces strictement liées aux sources hydrothermales ou aux suintements froids, d'autres formes très proches ont une répartition beaucoup plus large. En revanche, un grand nombre de formes hydrothermales appartiennent à des genres ou à des taxons de rang plus élevé (famille, superfamille, ordre) qui ne se rapprochent d'aucune forme connue dans la nature actuelle. Les critères biogéographiques et évolutifs (degré d'endémisme au-dessus du niveau de l'espèce, distribution actuelle, existence de fossiles) conduisent à considérer qu'il s'agit d'espèces relictes dont l'origine remonte au Paléozoïque et au Mésozoïque.

Qu'est-ce qui a conduit ces animaux d'origine différente à coloniser le milieu hydrothermal ? L'hypothèse généralement admise est que les ancêtres des formes hydrothermales profondes actuelles, qui vivaient dans des eaux littorales chaudes, ont trouvé refuge dans les milieux hydrothermaux littoraux (il en existe encore aujourd'hui) lorsque la pression de prédation et la compétition se sont brusquement accrues au cours du Mésozoïque, avec la grande période de diversification des faunes et l'apparition de nouvelles familles. Une fois adaptés aux conditions particulières du milieu hydrothermal, ces organismes ont pu migrer vers les grandes profondeurs en suivant les dorsales géologiquement actives pour, finalement, s'installer autour des sources hydrothermales profondes, où la pression de prédation devait être infiniment moins forte qu'en zone littorale. Le développement d'adaptations leur permettant de s'installer au cœur des zones soumises aux agressions du fluide hydrothermal a accru leur protection vis-à-vis des prédateurs. Des espèces telles que le pectinidé *Bathypecten vulcani* trouvé à 13°N et aux Galapagos, la modiole *Bathymodiolus thermophilus* et les nombreux représentants des diverses radiations évolutives d'archaeogastéropodes sont de véritables fossiles vivants remontant au Paléozoïque terminal et au début du Mésozoïque.

Une autre manière d'aborder la question de l'antiquité des faunes hydrothermales est de s'adresser aux paléontologistes et de rechercher s'il existe des systèmes hydrothermaux fossiles. La première identification incontestable de restes fossiles d'origine hydrothermale a été faite dès 1985 dans des dépôts massifs de sulfures polymétalliques de Bayda, trouvés dans les ophiolites de Samail, sultanat d'Oman : il s'agit de tubes fossilisés d'âge Crétacé. Le contexte géologique des dépôts de Bayda et leurs caractéristiques minéralogiques et texturales distinctives suggèrent qu'il s'agit de restes d'un ancien système hydrothermal océanique d'âge Crétacé tout à fait semblable aux sites du Pacifique oriental. Les tubes fossilisés de Bayda ont 1 à 5 mm de diamètre et sont disposés de manière aléatoire dans une matrice composée de sulfures de zinc et de fer. Plusieurs types de tubes ont été décrits : tubes à ornementations longitudinales, tubes à nombreuses annélations rapprochées et tubes distinctement segmentés par deux annélations proéminentes. Par leurs dimensions, leur forme variable et leur disposition générale non orientée, ces tubes rappellent les colonies d'*Alvinella* existant sur les cheminées noires et les diffuseurs blancs de 21°N et 13°N. Ils sont à la fois trop petits et trop irréguliers pour correspondre aux tubes de *Riftia*. D'autres vestimentifères de plus petite taille, par exemple *Tevnia*, présentent certains points communs avec eux. Des structures semblables, elles aussi interprétées comme des tubes de vers hydrothermaux, ont également été décrites dans les minerais de sulfures polymétalliques massifs d'âge Crétacé des ophiolites de Troodos, à Chypre. Dans les deux cas, ces restes remontent à 90 à 95 millions d'années seulement.

Des petits tubes de vers fossiles d'âge Carbonifère (approximativement 350 millions d'années) ont été découverts dans les dépôts de Tynagh, en Irlande. Ces dépôts de sulfures de zinc et de plomb, localisés dans des sédiments, proviennent des produits de précipitation de fluides hydrothermaux déversés dans une couche épaisse de vase riche en carbonates. Les vers fossiles de Tynagh ont été remplacés par de la baryte ; ils sont logés à l'intérieur de tubes de pyrite mélangée à des sédiments et mesurent moins d'un centimètre de longueur pour un diamètre de l'ordre du millimètre. Les fossiles de Tynagh diffèrent profondément de ceux des dépôts de Bayda ou de Troodos, du double point de vue morphologique et minéralogique. Ils se sont formés dans un environnement lui aussi différent : les sources hydrothermales de Tynagh étaient actives dans un bassin de profondeur relativement faible et alimenté en sédiments terrigènes, situation comparable au site hydrothermal actuel du bassin de Guaymas, dans le golfe de Californie.

On connaît également des restes fossiles de suintements froids dans différentes régions. Ainsi, dans la série jurassique des Terres noires des Alpes occidentales (région du Diois et des Baronnies), il existe des édifices carbonatés accompagnés de nodules pouvant renfermer des hydrocarbures et diverses minéralisations. De nombreuses coquilles de bivalves atteignant une quinzaine de centimètres de longueur, mêlées à une faune benthique plus discrète, mais assez diversifiée, accompagnent ces édifices. L'absence de sulfures polymétalliques dans ces formations suggère qu'elles résultent de phénomènes de percolation de fluides à basse température à travers les sédiments, comparables aux oasis animales découvertes dans les fosses de subduction circumpacifiques. Jusqu'à présent, il n'a pas été possible d'établir de relations phylogénétiques précises entre les faunes modernes et ces faunes fossiles de bivalves.

En 1988, les Soviétiques ont annoncé la découverte de fossiles hydrothermaux dans des dépôts de sulfures d'âge dévonien trouvés dans des ophiolites de l'Oural. En fait, l'existence de ces fossiles était connue depuis longtemps, mais il a fallu la découverte des faunes hydrothermales modernes pour permettre l'identification et surtout l'interprétation écologique de ces faunes fossiles. Trois groupes d'organismes auraient été reconnus parmi ces fossiles : des vestimentifères rappelant les genres actuels *Tevnia*, *Oasisia* et *Ridgeia*, des bivalves morphologiquement proches des diverses espèces de *Calyptogena*, enfin des vers alvinellidés. Ces organismes auraient vécu associés à des bactéries chimiosynthétiques, comme les communautés hydrothermales actuelles. Les ophiolites contenant ces sulfures datent du Dévonien moyen, soit 380 millions d'années, âge obtenu à partir des faunes de brachiopodes. A cette époque, l'Oural était recouvert par les eaux d'un océan dévonien, et les phénomènes hydrothermaux apparurent dans un bassin arrière-arc situé entre deux longues chaînes de volcans sous-marins distantes d'un millier de kilomètres. Le taux moyen d'écartement aurait été de l'ordre de 6 centimètres par an, et la température des fluides, d'après les chercheurs soviétiques, devait être comprise entre 220 et 300°C.

Malheureusement, l'identification des fossiles des ophiolites de l'Oural, plus encore que celle des vers des ophiolites d'Oman, demeure sujette à caution. Les conditions de fossilisation dans les dépôts de sulfures hydrothermaux en activité, l'absence de pièces squelettiques facilement fossilisables, expliquent qu'il soit pour l'instant impossible de déduire de ces observations des conclusions acceptables sur l'antiquité des faunes hydrothermales. Il n'en reste pas moins que les peuplements hydrothermaux actuels contiennent une proportion exceptionnellement élevée d'espèces panchroniques (les « fossiles vivants ») par rapport à la situation rencontrée à profondeur équivalente dans l'océan profond ordinaire. Ces espèces ont réussi à s'installer dans ces milieux au cours de plusieurs vagues de colonisation, qui se sont succédé au cours des épisodes géologiques. De mieux en mieux adaptées aux conditions physico-chimiques agressives des fluides hydrothermaux en cours de dilution, elles ont trouvé là un refuge contre les prédateurs et de nombreux compétiteurs. La symbiose avec les bactéries chimiosynthétiques s'est-elle développée très tôt chez ces nouveaux venus, comme le suggèrent les chercheurs soviétiques, ou bien est-elle le résultat d'une évolution plus tardive ? Encore une question à laquelle il est actuellement impossible de répondre ; une seule certitude, plus intuitive qu'objective, l'association bactéries chimiosynthétiques/invertébrés doit être postérieure à l'adaptation des espèces immigrées au milieu hydrothermal. On imagine mal que les bactéries chimiosynthétiques aient pu apparaître ailleurs que dans les zones hydrothermales, où elles trouvaient en abondance le substrat énergétique constitué par l'hydrogène sulfuré. En ce qui concerne les symbioses actuelles, on s'est aperçu que la ou les souches bactériennes qui vivent à l'intérieur des tissus du grand vestimentifère *Riftia pachyptila* appartiennent au groupe des bactéries pourpres, c'est-à-dire des bactéries relativement évoluées et en tout cas sans rapport avec les curieuses archaebactéries thermophiles qui vivent à l'état libre dans les milieux hydrothermaux. Peut-être les premières symbioses faisaient-elles intervenir des archaebactéries ?

Pour surprenants qu'ils soient par rapport à l'ancienneté des animaux abyssaux connus auparavant, les âges plus élevés de ces fossiles représentent à peine le douzième de l'âge de notre planète Terre, sur laquelle les premières traces de vie remontent à près de quatre milliards d'années. Dès le printemps 1979, bien avant que ne fût établie l'ancienneté des espèces animales associées au milieu hydrothermal, la découverte des sorties de fluide à très haute température entourées de peuplements animaux abondants avait suscité de nombreuses interrogations. Les conditions physico-chimiques exceptionnelles qui règnent à proximité des sources hydrothermales, conditions dont on a toutes les raisons de penser qu'elles ont peu ou pas varié depuis l'époque de la formation de l'océan par condensation de la vapeur d'eau atmosphérique, ont conduit à s'interroger sur le rôle qu'ont pu jouer ces milieux singuliers vis-à-vis de l'apparition de la vie sur notre planète. Une première hypothèse en ce sens a été formulée par un géochimiste américain, Corliss, en collaboration avec un microbiologiste, Baross et une paléontologiste, Hoffman. Corliss faisait partie de l'équipe qui découvrit en 1979 les premiers fumeurs noirs actifs de la dorsale du Pacifique oriental. Pour lui, ces sources chaudes auraient pu fournir l'énergie et les gradients physiques et chimiques indispensables à l'apparition des premières formes de vie à partir de molécules inorganiques ; en outre, elles auraient été protégées des impacts destructeurs des météorites par l'épaisseur de l'océan primitif formant une couche protectrice de l'ordre de 2 000 m. Corliss avait été particulièrement frappé par l'importance du gradient thermique et les teneurs élevées du fluide hydrothermal en gaz dissous : les sources hydrothermales offrent une source de carbone, sous de fortes pressions à des températures élevées, en présence des principaux éléments considérés comme indispensables à la vie : H_2, N_2, H_2S, CO, CO_2 et peut-être CH_4. Géochimiste, Corliss a voulu essentiellement mettre l'accent sur la découverte d'un modèle de laboratoire naturel offrant des conditions physico-chimiques proches de celles qu'utilisent les expérimentateurs pour créer des molécules organiques. Cette hypothèse originale fut présentée dans un bref article à caractère spéculatif, au cours d'un colloque mondial de géologie tenu à Paris au début de l'été 1980. Pour qu'on puisse discuter sa validité, elle doit être replacée dans le contexte général des théories actuelles sur l'origine de la vie sur notre planète.

La plupart des scientifiques intéressés par cette question considèrent que les premiers systèmes vivants ont pris naissance sur la terre, il y a un peu moins de quatre milliards d'années, en utilisant l'eau à l'état liquide et des molécules organiques renfermant du carbone, de l'hydrogène, de l'oxygène et de l'azote. La nécessité de la présence d'eau liquide, qui ne peut subsister dans cet état qu'à l'intérieur d'une fourchette très réduite de valeurs de la température et de la pression, doit être soulignée. Depuis la célèbre controverse entre Pasteur et Pouchet, la théorie de la génération spontanée continue a été complètement abandonnée. De la même manière, la théorie de la panspermie, exprimée pour la première fois par le Grec Anaxagore (500-428 avant J.-C.), selon laquelle la vie déjà organisée serait venue de l'espace sous forme de germes, est généralement écartée ; l'objection principale qui s'oppose à cette théorie réside dans l'obstacle infranchissable que constituent les conditions extrêmement sévères de l'espace : sécheresse absolue, froid intense, puissant rayonnement ultraviolet. Certes, on sait que des spores, voire certaines graines, peuvent résister à l'état latent à une température proche du zéro absolu, en l'absence presque complète d'eau. En revanche, l'action des rayons ultraviolets est mortelle en quelques heures. Récemment, Francis H. Crick, plus connu pour avoir établi avec J.D. Watson le schéma général de la conformation spatiale de l'acide désoxyribonucléique en 1952-1953, a suscité une vive émotion dans l'opinion scientifique en proposant une variante moderne à cette théorie. Puisque les rayons ultraviolets exercent une action mortelle sur les germes non protégés, il suffit d'admettre que ces germes ont pu bénéficier d'une protection suffisante contre ce rayonnement. Crick n'hésita pas à suggérer que les premiers germes de vie sur terre ont été apportés par des êtres intelligents venus d'une autre planète, enfermés dans l'inévitable « soucoupe volante ». Une simple couche de glace pourrait d'ailleurs suffire, d'après certaines expériences, pour protéger une cellule vivante des agressions de l'espace. Cette hypothèse provocante, plus connue sous le nom de « panspermie dirigée », était en réalité destinée à mettre en évidence, dans l'esprit de son auteur, l'insuffisance de toutes les théories sur l'origine terrestre de la vie ; d'après Crick, la probabilité pour que la vie apparaisse est extrêmement faible, compte tenu des nombreuses conditions indispensables. Pourtant, il existe dans l'atmosphère de certaines planètes de nombreuses molécules organiques, et on a même découvert divers acides aminés dans des météorites particulières – les météorites carbonées, qui peuvent contenir jusqu'à 5 % de matière organique – tombées sur la terre. Ces météorites ont également livré des hydrocarbures, des alcools et des graisses qui auraient pu fournir les membranes des cellules primordiales. La célèbre météorite d'Orgueil, tombée le 14 mai 1864 à une trentaine de kilomètres au nord de Toulouse, renferme même des microstructures sphériques à paroi épaisse et granuleuse, accompagnées de plusieurs acides aminés non protéiniques. Dans une autre météorite carbonée, on a montré l'existence, en quantités égales, de molécules organiques dextrogyres et lévogyres : une telle symétrie dans la répartition des deux isomères optiques caractérise un état antérieur à l'apparition de la vie. D'autres preuves de cette véritable fertilisation organique de la terre à partir de l'espace ont été mises en évidence dans des acides aminés trouvés de part et d'autre d'une couche d'argile datant de la fin du Crétacé : ces acides aminés n'existent pas dans les organismes vivants actuels. Certains astrophysiciens ont suggéré qu'ils pourraient provenir de comètes qui se sont approchées de la terre à cette époque, laissant derrière elles une traînée de poussières organiques qui seraient ensuite retombées sur le sol ; rien n'interdit, en théorie, d'imaginer que de tels événements ont pu, il y a près de quatre milliards d'années, apporter à la terre primitive les matériaux organiques indispensables à l'apparition de la vie ; on ne dispose cependant à l'heure actuelle d'aucune donnée factuelle. En revanche, on sait depuis peu que la comète de Halley, explorée par les sondes Vega et Giotto, est riche en constituants organiques. Très récemment, un chercheur français, Michel Maurette, a eu l'idée de fondre la glace bleue de la calotte antarctique pour récupérer des micrométéorites en bon état de conservation. Ces micrométéorites, dont le diamètre est compris entre quelques micromètres et un millimètre, sont formées de minuscules grains d'argile et de sels métalliques agglomérés par de la matière organique. Peut-être l'argile de ces minuscules particules a-t-elle joué un rôle dans l'apparition de molécules organiques nouvelles ?

Quelle que soit leur origine, l'existence de molécules organiques constitue un préalable indispensable, mais n'explique pas pour autant l'apparition des premières formes vivantes, que l'on peut tenter de définir très schématiquement comme des assemblages de molécules organiques capables de conserver leur organisation, de croître aux dépens de molécules puisées dans le milieu environnant, enfin de se reproduire avec une variabilité aussi faible que possible. Selon la nature chimique des molécules utilisées, minérales ou organiques, les premiers organismes pouvaient donc être autotrophes ou hétérotrophes, c'est-à-dire capables ou non d'effectuer la synthèse de tous leurs constituants, les organismes hétérotrophes se nourrissant en quelque sorte de molécules organiques préexistantes.

Les premières hypothèses scientifiques sur l'origine terrestre de la vie remontent au début du XXᵉ siècle ; dès les années vingt, le biochimiste soviétique Oparine proposa le concept d'une « soupe primitive » élaborée dans l'océan à partir de molécules organiques formées dans l'atmosphère terrestre, théorie soutenue quelques années plus tard par le biologiste anglais Haldane. La théorie d'Oparine/Haldane est fondée sur l'idée essentielle selon laquelle l'atmosphère primitive différait sensiblement de l'atmosphère actuelle dans sa composition chimique : fortement réductrice, elle devait contenir du méthane, de l'ammoniac, de l'hydrogène, de la vapeur d'eau, du monoxyde de carbone, des oxydes de soufre et d'azote, de l'hélium, de la phosphine, etc. Sous l'action du rayonnement solaire, des molécules organiques se seraient formées en quantité dans cette atmosphère ; au cours du refroidissement de la planète, une fois l'océan primitif précipité, ces molécules auraient été à l'origine de la fameuse « soupe organique » fournissant à la fois les constituants de base des premiers systèmes vivants et leurs aliments. Dans cette théorie, des molécules organiques variées préexistent à l'apparition des premiers systèmes vivants, comme autant de « briques » élémentaires disponibles ; les premières formes de vie auraient donc été hétérotrophes.

Une trentaine d'années plus tard, la théorie d'Oparine/Haldane trouva, avec l'étude des atmosphères fortement réductrices de certaines planètes, des arguments factuels importants. Il lui restait à recevoir le support d'une preuve expérimentale ; cette preuve, un jeune étudiant américain de vingt-trois ans, S. Miller, travaillant dans le laboratoire de H. Urey, chimiste qui s'intéressait alors à la composition chimique de l'atmosphère de Jupiter, allait l'apporter au début des années cinquante. Urey avait notamment avancé l'hypothèse de l'origine chlorophyllienne de l'oxygène atmosphérique ; ce changement capital aurait débuté il y a deux milliards et demi d'années, et ce n'est que depuis cinq cents millions d'années que la teneur de l'atmosphère en oxygène aurait atteint une concentration suffisante pour permettre le développement de la vie aérobie telle que nous la connaissons. L'expérience historique de Miller, dont les résultats ont été publiés en 1953, est désormais bien connue : elle consiste à emplir un ballon d'un mélange gazeux de méthane, d'ammoniac, d'eau et d'hydrogène, puis à soumettre ce mélange pendant un temps suffisant à l'action d'un arc électrique simulant les orages de l'atmosphère terrestre primitive ; détail important, de la vapeur d'eau est produite en permanence dans une enceinte secondaire contenant de l'eau chauffée par une résistance électrique, simulant l'océan primitif à haute température ; le mélange gazeux est en contact permanent avec la surface de l'eau ; la vapeur d'eau est refroidie dans une partie du circuit et se condense en permanence. Au bout d'une semaine, Miller s'aperçut que les parois du ballon se couvraient d'une couche visqueuse et rougeâtre et que l'eau prenait progressivement une teinte de plus en plus foncée. Les analyses chimiques révélèrent la présence de différents composés organiques, en particulier de l'acide cyanhydrique (de formule HCN), du formaldéhyde ou formol (de formule HCHO), et plusieurs acides aminés. On en conclut, hâtivement, que la vie résultait de réactions chimiques simples dans la « soupe primitive » d'Oparine. Dans l'expérience de Miller, la composition du mélange gazeux joue un rôle essentiel ; malheureusement, il n'existe aucun « fossile » de l'atmosphère primitive et on se demande actuellement si le manteau terrestre, d'où proviennent nécessairement les gaz de l'atmosphère primitive, était suffisamment réducteur pour valider les conditions expérimentales choisies par Miller. Une seconde objection vient de ce que le soleil, il y a quatre milliards d'années, rayonnait seulement les trois quarts de l'énergie produite de nos jours, ce qui aurait dû entraîner la formation de cristaux de glace ; mais la présence dans l'atmosphère d'une grande quantité de gaz carbonique aurait pu, grâce à l'effet de serre ainsi produit, maintenir l'eau à l'état liquide. A l'heure actuelle, beaucoup de planétologues pensent que l'atmosphère terrestre contenait une grande quantité de gaz carbonique ; la pression devait être d'un ordre de grandeur supérieur à la pression atmosphérique actuelle, ce qui, entre autres conséquences, devait permettre à l'eau sous forme liquide d'exister à une température supérieure à 100°C ; l'océan primordial avait peut-être une température de 110 à 120°C. Par ailleurs, des expériences récemment réalisées par une équipe française ont montré qu'en l'absence d'hydrogène dans le mélange gazeux, aucune molécule d'intérêt biologique n'est formée dans des expériences du type de celle de Miller, lorsque le gaz carbonique remplace le méthane et l'ammoniac. Par conséquent, si l'atmosphère primitive de la planète contenait essentiellement du dioxyde de carbone, de l'azote et de la vapeur d'eau, l'expérience de Miller perd toute signification. Or certaines expériences indiquent qu'en l'absence de la couche d'ozone protectrice, les rayons ultraviolets du soleil suffisent pour dissocier les gaz hydrogénés de l'atmosphère, en libérant l'hydrogène dans l'espace. Par ailleurs, la distance est grande entre la synthèse de quelques molécules organiques simples et l'apparition de la vie : la vie apparaît lorsqu'un groupe de molécules organisées, capable d'assimiler des composés présents dans le milieu extérieur, acquiert la capacité de se reproduire. Dans l'hypothèse d'Oparine, les premières formes de vie auraient été hétérotrophes, ne pouvant donc effectuer la synthèse de tous leurs constituants, et se nourrissant en quelque sorte de molécules organiques préexistantes. Cette hypothèse implique que les molécules organiques en question aient une durée de vie suffisante pour s'accumuler en quantité assez grande dans le milieu extérieur ; or, la période des nucléosides isolés, à la température et la pression ordinaires, est d'une dizaine de siècles, ce qui paraît court et conduit à envisager que les molécules organiques ont été stabilisées par fixation sur un support minéral. Deux chercheurs américains, Bard et Reiche, en 1979, ont eu l'idée de faire barboter du méthane dans une solution d'ammoniaque contenant de petits grains de dioxyde de titane, devant une lampe au xénon : au bout de quelques dizaines d'heures, des acides aminés apparaissent dans la solution (glycine, alanine, sérine, acides aspartique et glutamique). Les particules d'oxydes jouent certainement un rôle important dans ces synthèses. Mais toutes ces molécules produites par synthèse prébiotique comprennent en quantités égales les deux isomères optiques, alors que toutes les molécules biologiques connues sont caractérisées par une dissymétrie remarquable : les acides aminés des protéines naturelles sont toujours lévogyres, les polysaccharides toujours dextrogyres. Le vivant est capable de sélectionner l'un ou l'autre des isomères optiques, comme l'avait magistralement établi Pasteur à propos de l'acide tartrique dont les cristaux « gauches » sont consommés par *Aspergillus niger*, et les cristaux « droits » par *Penicillium glaucum*, ce qui permet à ces deux moisissures de coexister de manière harmonieuse. Mais la dissymétrie s'efface avec la vie, comme l'écrivait Edouard Boureau...

Au moment même où S. Miller réalisait son expérience historique, en 1953, Watson et Crick établissaient la structure spatiale de l'acide désoxyribonucléique (ADN), dont la double hélice contient les informations permettant aux cellules de synthétiser les protéines. Par la suite, les biologistes complétèrent la théorie, en montrant que l'acide ribonucléique (ARN), une molécule copiée sur l'un des brins de l'hélice d'ADN qui sert d'intermédiaire dans la synthèse des protéines, pouvait se dupliquer sans l'intervention d'enzymes. Certains biologistes n'hésitèrent pas à en conclure que les premiers organismes vivants étaient constitués d'ARN, et que ce monde sans ADN, apparu dès la formation de la terre, aurait seul existé pendant un milliard d'années. Les molécules d'ARN, formées à partir de ribose et d'autres molécules organiques simples, auraient constitué les premiers « organismes » vivants ; elles auraient progressivement appris à se répliquer, puis à synthétiser des protéines facilitant leur réplication, et se seraient entourées de lipides formant une membrane de protection vis-à-vis du milieu extérieur. L'ADN, molécule beaucoup plus stable que l'ARN, porteuse de l'information génétique, serait apparu ultérieurement à partir de réplications en double brin de l'ARN. Cette hypothèse soulève de nombreuses objections : les molécules d'ARN sont difficiles à produire en laboratoire, et la probabilité de leur formation spontanée est très faible ; d'autre part, les molécules d'ARN que nous connaissons ne réalisent pas, seules, des copies d'elles-mêmes. Enfin, ces molécules sont instables à haute température : la demi-vie des liaisons ne dépasse pas deux minutes à 250°C et quelques secondes à 350°C. Néanmoins, l'idée même d'une molécule d'intérêt biologique capable de se répliquer de manière autonome reste un modèle intéressant ; tout récemment, un groupe de chimistes américains a annoncé la synthèse d'une molécule organique possédant cette propriété : l'ester de triacide d'aminoadénosine (ETAA), constitué de deux éléments qui ressemblent à la fois aux protéines et aux acides nucléiques. Placées dans une solution de chloroforme, les molécules d'ETAA servent de moules dans lesquels viennent s'assembler spontanément les deux éléments qui les composent. Mais ces conditions expérimentales sont beaucoup trop artificielles par rapport à ce que l'on sait de l'environnement de la terre primitive pour prétendre apporter un élément explicatif nouveau.

En 1983, la célèbre revue *Nature* publia, sous la signature de John Baross et Jody Deming, un article de quelques pages intitulé : « Croissance de bactéries de fumeurs noirs à des températures d'au moins 250°C ». Dans son éditorial, le directeur de la publication expliquait toutes les précautions prises avant de publier un article qui remettait en question un certain nombre d'acquis de la microbiologie et de la biochimie. La note de Baross et Deming rapportait les résultats d'expériences faites à partir d'un prélèvement de fluide hydrothermal porté à 306°C, effectué à l'automne 1979, sur la dorsale du Pacifique oriental, par 21°N. Des cultures bactériennes avaient été réalisées dans une enceinte permettant de simuler la température et la pression locales (soit 250°C et 265 atmosphères), en proposant aux bactéries un milieu de culture constitué exclusivement de sels minéraux. Les cultures avaient été suivies par comptage des bactéries en épifluorescence : des temps de doublement de 8 heures à 150°C, 1,5 heure à 200°C et 40 minutes seulement à 250°C, avaient été mesurés par les deux auteurs, mettant en évidence un optimum thermique au moins égal à cette dernière valeur ; à 300°C, après une légère augmentation du nombre de cellules, on observait une chute assez rapide du nombre de bactéries, qui pouvait être interprétée comme la destruction des cellules durant la phase de décompression indispensable à la collecte d'échantillons de culture pour examen. Quelques figures de microscopie électronique à transmission montraient les organismes présents dans les cultures à 250°C et 265 atmosphères.

La publication de ce résultat stupéfiant fut immédiatement à l'origine d'une controverse scientifique très vive de la part des biochimistes et des microbiologistes, qui n'atteignit cependant pas celle qui, quelques années plus tard, s'éleva à propos de la découverte d'une soi-disant mémoire des molécules d'eau... Plusieurs travaux mirent en doute la réalité des résultats annoncés. Dès 1984, un élève de Miller, Yayanos, refit des expériences comparables, sans inoculat bactérien, et montra qu'il était possible, dans de telles conditions, d'obtenir des résultats biochimiques comparables à ceux de Baross et Deming ; il conclut à la présence, dans les expériences rapportées par ces auteurs, d'artefacts introduits au cours du traitement de l'échantillon, niant que des bactéries puissent survivre dans de telles conditions physico-chimiques. Les biochimistes apportèrent d'autres arguments, fondés notamment sur la température maximale que peut tolérer un être vivant, qui est celle à laquelle ses constituants biochimiques s'hydrolysent naturellement en présence d'eau à l'état liquide ; cette température d'hydrolyse est bien inférieure à 250°C, dans les conditions expérimentales retenues (pression d'une quarantaine d'atmosphères, correspondant à la pression de la vapeur d'eau à 250°C). Par conséquent, si de telles bactéries existent bien, elles ne pourraient supporter longtemps de telles conditions physico-chimiques. Baross et Deming tentèrent de répondre à certaines critiques, mais, malgré de nombreuses tentatives et l'obtention de nouveaux prélèvements de fluides hydrothermaux à haute température, ne purent jamais reproduire le résultat publié en 1983.

De plus, des expériences entreprises en laboratoire sur la stabilité des composés organiques ont montré que les molécules biologiques essentielles (protéines, glucides) sont bien décomposées rapidement à haute température par hydrolyse. Toutes les données disponibles indiquent qu'à 180°C, les molécules essentielles ont une très courte durée de vie. L'exposition à de fortes pressions retarde peu la vitesse de décomposition : à 400 atmosphères, la vitesse de décomposition des protéines par hydrolyse n'est réduite que de 2,5 fois. En se fondant sur ces résultats obtenus in vitro, Miller et Bada ont souligné en 1988, dans la même revue *Nature* qui avait publié les résultats controversés de Baross et Deming, que les températures supérieures à 350°C qui règnent dans les cheminées hydrothermales interdisent la synthèse des composés organiques, et au contraire les décomposent, à moins que le temps d'exposition ne soit très court. Miller et Bada s'opposent également à une hypothèse de Corliss, Baross et Hoffman, qui avaient envisagé la formation de « protocells » dans les conduits hydrothermaux, comparant ces « protocellules » aux microsphères de Fox. En effet, dès 1972, deux Américains, Fox et Dose, avaient abordé de manière originale le problème de la formation des premières structures macromoléculaires ; ils avaient disposé dans un milieu gazeux inerte un mélange sec de dix-huit acides aminés sur un bloc de lave basaltique porté pendant plusieurs heures à 170°C ; dans ces conditions, il apparaît sur le substrat des chaînes formées de centaines d'acides aminés élémentaires, constituant des protéines non biologiques, les protéinoïdes. Dissous dans de l'eau chaude et légèrement salée, ces protéinoïdes forment après refroidissement des microsphères stables, pourvues d'une double paroi, dont le diamètre est compris entre 0,5 et 2 micromètres. Ces microsphères sont donc capables de s'auto-organiser rapidement lorsque la température baisse. Pour autant, il s'agit de formations non biologiques, incapables de croître à partir d'autres molécules que les protéinoïdes obtenus expérimentalement ; mais le rapprochement des conditions expérimentales de Fox et Dose avec les forts gradients thermiques existant à proximité des sources hydrothermales s'impose. Dans le même article, Miller et Bada remarquent enfin que, même si des molécules organiques se trouvaient disponibles dans le fluide hydrothermal, les étapes ultérieures de polymérisation et de conversion des polymères en agrégats prébiotiques ne pourraient se produire dans l'eau trop froide de l'océan primitif.

Toute hypothèse sur l'origine de la vie doit en effet répondre à une condition essentielle : la stabilité dans le temps des composés organiques formés doit être suffisante dans les conditions de température et de pression envisagées. Paradoxalement, Miller et Bada admettent que les systèmes hydrothermaux ont pu jouer un rôle régulateur vis-à-vis de la concentration des composés organiques dans l'océan, en assurant la destruction d'une certaine quantité de molécules au cours du passage de l'eau de mer dans le système hydrothermal.

En réalité, la question apparaît beaucoup plus complexe lorsque l'on prend en compte la variabilité spatio-temporelle élevée des conditions physiques et chimiques qui règnent dans les systèmes hydrothermaux profonds. Dans un même champ de sources hydro-thermales, tel que ceux de 21°N et de 13°N, il existe une gamme complète de températures de fluides, depuis les sorties à basse température, ne dépassant guère quelques dizaines de degrés, jusqu'aux fumeurs noirs à haute température (350 à 400°C) : entre ces deux extrêmes, les diffuseurs à eau moirée et les fumeurs blancs chargés d'anhydrite fournissent des situations intermédiaires (températures comprises entre 150 et 250°C). Cette variabilité s'explique par les circulations secondaires et les mélanges de fluides qui s'opèrent à l'intérieur même des conduits hydrothermaux ; dans le réseau de fractures et de fissures créé lors du refroidissement des laves basal-tiques s'établissent des gradients physico-chimiques intenses. Miller et Bada, dans leur critique, n'ont pas tenu compte de ces faits, pourtant connus de tous les océanographes et les géochimistes dès le début des années 1980. En second lieu, l'existence de cellules convectives locales établies dans le réseau hydrothermal rend pos-sible le passage à plusieurs reprises d'une même molécule dans le système de circulation superficielle, avec exposition aux divers gra-dients physico-chimiques. Les conditions offertes par les systèmes hydrothermaux sont très variées et ne sont pas simples à reproduire expérimentalement au laboratoire. Enfin, l'objection concernant la poursuite de la polymérisation des premiers acides aminés formés en polypeptides a été levée expérimentalement par des chercheurs japonais, qui ont obtenu la synthèse de polymères contenant des liaisons peptidiques à partir d'eau de mer enrichie en acides aminés et exposée pendant quelques semaines à des conditions de tempé-rature et de pression semblables à celles qu'on rencontre dans les systèmes hydrothermaux. Il faut en effet se souvenir à ce sujet que les hypothèses actuelles les plus vraisemblables attribuent à l'océan primitif une température comprise entre 70 et 120°C : on est donc fort éloigné des 2 à 4°C des eaux de l'océan profond moderne. Ces différents arguments ont été développés dans un article de *Nature* par Corliss en 1990, en réponse aux critiques de Miller et Bada. En l'absence de faits nouveaux, ces débats d'idées prennent un tour de plus en plus spéculatif.

Si les conditions régnant aujourd'hui dans les conduits hydrothermaux sont bien identiques à celles qui existaient il y a près de quatre milliards d'années, doit-on pour autant s'attendre à trouver dans les fluides hydrothermaux modernes des molécules organiques d'origine non biologique qui continueraient de se former de nos jours ? Corliss ne le pense pas, compte tenu de la présence dans les fluides dilués à une température de l'ordre de 100°C de très nombreuses bactéries. D'après lui, les métabolites libérés dans le fluide par ces bactéries masqueraient complètement les quelques molécules organiques d'origine non biologique. L'existence de conditions convenables ne serait donc pas suffisante ; il faudrait également qu'il n'y ait pas compétition entre ces molécules d'origine non biologique, et les bactéries et leurs métabolites présents dans ces fluides.

L'étude approfondie des bactéries libres prélevées dans les fluides hydrothermaux et sur les supports minéraux et organiques a réservé des surprises aux chercheurs. En effet, certaines de ces bactéries sont bel et bien capables de se développer à des températures comprises entre 85 et 115°C, et deviennent inactives à des températures inférieures à 70°C. Elles appartiennent au groupe des archaebactéries, dont l'originalité a été établie par Woese et Fox à la fin des années soixante-dix. Jusqu'à cette date, les biologistes répartissaient l'ensemble des êtres vivants connus en deux grands groupes selon la structure de leurs cellules. Le premier groupe comprenait les bactéries, dont les cellules sont dépourvues de noyau délimité par une membrane, et le second les animaux et les végétaux uni- ou pluricellulaires dont les cellules possèdent un noyau isolé par une membrane nucléaire. Chez les procaryotes dépourvus de noyau, l'ADN porteur de l'information génétique est directement en contact avec les autres composants de la cellule, en particulier avec les ribosomes qui traduisent le message génétique en protéines ; chez les eucaryotes, au contraire, l'ADN est séparé des ribosomes par la membrane nucléaire. Woese et Fox avaient montré que la structure de l'ARN des ribosomes diffère fondamentalement entre ces deux groupes. En étudiant la structure de l'ARN ribosomal d'une bactérie méthanogène (c'est-à-dire capable d'obtenir son énergie vitale à partir de la production de méthane par réaction entre l'hydrogène et le dioxyde de carbone, en l'absence d'oxygène), Woese et Fox s'aperçurent que la structure de l'ARN des ribosomes de cette bactérie n'avait rien à voir avec l'ARN ribosomal des bactéries qu'ils avaient étudiées jusqu'alors. Les différences de structure étaient suffisamment importantes pour justifier la création d'un groupe nouveau de bactéries, que Woese baptisa les archaebactéries : en effet, le métabolisme anaérobie strict de ces bactéries évoquait irrésistiblement les conditions offertes par l'atmosphère primitive dépourvue d'oxygène, et ces bactéries paraissaient très anciennes. De nouvelles découvertes vinrent confirmer ces vues. Tout d'abord, l'étude biochimique des archaebactéries montra qu'elles possédaient dans leur membrane cellulaire des lipides d'un type tout à fait original : il s'agit en effet de glycérides dans lesquels le glycérol est associé par une liaison éther à deux alcools gras, contrairement aux glycérides des membranes de tous les autres organismes vivants, chez lesquels une liaison chimique de type ester unit le glycérol à deux acides gras. Ces lipides singuliers étaient déjà connus des biochimistes, qui les avaient découverts chez d'autres bactéries, des bactéries halophiles d'une part, des bactéries thermo-acidophiles d'autre part, vivant dans des sources sulfureuses chaudes et acides (geysers, solfatares, etc.). Woese put s'assurer que ces bactéries halophiles et thermo-acidophiles présentaient également la structure particulière de l'ARN ribosomal qui avait conduit à la création du groupe des archaebactéries, et conclut donc que ces trois groupes de bactéries font partie d'un seul et même ensemble, dont l'une des originalités réside dans l'aptitude à survivre dans des milieux extrêmes que les autres formes vivantes ne parviennent pas à coloniser. Certaines archaebactéries halophiles, par exemple, vivent parfaitement dans des saumures contenant au moins 200 grammes par litre de chlorure de sodium ; d'autres archaebactéries thermo-acidophiles supportent des pH de 1 et produisent de l'acide sulfurique : on a appris à les utiliser industriellement dans certaines mines de cuivre pour valoriser des minerais à très faible teneur.

Les archaebactéries ultrathermophiles sont encore très mal connues. Quelques unes d'entre elles ont un optimum thermique compris entre 90 et 115°C ; cette dernière température constitue à l'heure actuelle une limite supérieure compatible avec la vie. Ces organismes possèdent de nombreuses adaptations à ces températures, qu'il s'agisse de la structure de la membrane cellulaire, dans laquelle les deux couches lipidiques sont soudées par des liaisons fortes qui se substituent aux interactions hydrophobes des membranes des procaryotes, ou de la macro-structure de l'ADN, dont la superhélice tourne dans un sens opposé à celui des autres organismes, ce qui pourrait contribuer à accroître la résistance de la molécule d'ADN aux fortes températures. Pour de nombreux biologistes, les archaebactéries sont de véritables fossiles vivants, dont les adaptations héritées de lointains ancêtres témoignent des conditions physico-chimiques hostiles qui régnaient sur terre il y a quelques milliards d'années. Toutes les archaebactéries, qu'elles soient ou non capables de supporter des températures élevées, dérivent à coup sûr d'un ancêtre thermophile, comme en témoigne la substitution de la liaison ester par une liaison éther. On connaît également des bactéries procaryotes, les thermotogales, capables de survivre à des températures de l'ordre de 95°C : ce fait suggère que toutes les bactéries, procaryotes et archaebactéries, dérivent d'un ancêtre thermophile. En admettant que les cellules sans noyau isolé de type procaryote ont précédé au cours de l'évolution les cellules à noyau isolé des eucaryotes, les archaebactéries apparaissent bien comme le modèle le plus proche des premières formes de vie de la nature actuelle. En réalité, cette hypothèse soulève plusieurs difficultés et certains biologistes, comme le Français Patrick Forterre, n'hésitent pas à considérer que l'adaptation à la vie à très haute température est à l'origine du type cellulaire sans noyau et non l'inverse ; l'un des arguments en faveur de cette thèse est le fait que, dans les cellules sans noyau, l'ARN messager qui transporte l'information génétique lue sur l'ADN aux ribosomes qui l'utilisent pour la synthèse des protéines est immédiatement mobilisé, sans courir le risque d'être détruit auparavant par une température trop élevée ; ce qui pourrait être le cas dans une cellule à noyau où l'ARN messager doit sortir du noyau pour atteindre les ribosomes contenus dans le cytoplasme, et par conséquent demeurer intact pendant une durée beaucoup plus longue. En revanche, le fait que les conditions de température régnant sur la planète au moment de l'apparition de la vie sont nettement thermophiles s'oppose à une telle interprétation : où qu'ils aient vécu, les premiers organismes devaient être capables de supporter sans dommage des températures de 70 à 110°C.

Quoi qu'il en soit, la découverte des originalités des archaebactéries a provoqué une véritable révolution en biologie, et remet en cause l'unité biochimique fondamentale du vivant, que traduit la boutade célèbre selon laquelle, au niveau moléculaire, il n'existe pas de différences profondes entre la bactérie et l'éléphant ! Il faut d'ailleurs s'attendre à de nouvelles découvertes, en particulier dans les milieux hydrothermaux dont nous ne connaissons encore que l'interface avec l'océan profond. Au cœur même du système hydrothermal, à quelques centaines de mètres sous la surface du plancher basaltique, dans les fluides anaérobies dont la température reste encore compatible avec la vie, il existe peut-être de nombreux micro-organismes encore inconnus, totalement protégés du véritable poison que représente pour eux l'oxygène dissous dans l'eau de mer. Comme certaines archaebactéries halophiles qui éclatent et se volatilisent littéralement lorsqu'elles sont exposées à de l'eau pure, ces micro-organismes ne résistent peut-être pas longtemps lorsqu'ils sont détachés des parois des conduits hydrothermaux et approchent du plancher océanique.

Cette question de l'origine de la vie demeurera encore longtemps un sujet de controverses et de débats scientifiques d'un très grand intérêt ; il n'en reste pas moins que les sources hydrothermales fournissent un modèle de site naturel réunissant certaines conditions importantes : la présence de forts gradients physiques et chimiques, la protection contre les rayonnements assurée par l'épaisseur de l'eau sus-jacente, le confinement, la probabilité élevée de rencontre entre les premières molécules synthétisées, autant de conditions considérées comme indispensables pour l'apparition de la vie ou tout au moins la possibilité pour les premiers assemblages moléculaires de parcourir certaines étapes décisives.

Ce concept de laboratoire naturel a d'autant plus d'importance qu'il constitue actuellement le seul modèle que nous puissions imaginer avec quelque certitude sur la terre primitive. Plusieurs théories sur l'origine de la vie se fondent sur des milieux semblables au modèle des sources hydrothermales : la plus récente, due à l'Allemand Wächtershäuser, fait intervenir la pyrite, un sulfure de fer particulièrement abondant dans les dépôts de sulfures polymétalliques qui se forment autour des cheminées hydrothermales. Pour Wächtershäuser, les premières formes de vie correspondraient à un processus métabolique, c'est-à-dire à une réaction chimique cyclique, entretenue par une source d'énergie et se déroulant à la surface d'un solide favorisant les réactions entre les composés organiques. La présence de charges positives à la surface des grains de pyrite aurait facilité la fixation de composés organiques simples. La première « cellule » vivante aurait été un minuscule grain de pyrite entouré d'une membrane organique ; en croissant, le grain aurait formé un bourgeon qui se serait à son tour entouré de sa propre membrane et se serait détaché du grain d'origine, ce processus donnant naissance à deux « cellules » filles. Ce modèle de métabolisme primitif à la surface d'un solide qui en assure la catalyse diffère fondamentalement du concept de la « soupe primitive » de molécules organiques d'Oparine/Haldane : dans le premier cas, les molécules organiques survivent grâce à la présence de la pyrite, dans le second cas, les molécules organiques synthétisées dans l'atmosphère passent en solution dans l'océan primitif où elles s'accumulent. Dans la théorie de Wächtershäuser, l'énergie indispensable aux réactions entre les composés organiques proviendrait de l'énergie libérée sous forme d'électrons lors de la formation de la pyrite à partir du soufre et du fer. Une autre théorie sur l'origine de la vie, tout aussi spéculative il est vrai, fait intervenir l'énergie de composés soufrés, les thioesthers, qui jouent un rôle important dans le métabolisme cellulaire. L'idée selon laquelle la vie est apparue sur un solide abondant dans l'océan primitif a conduit un chimiste anglais, Cairns-Smith, à proposer une hypothèse dans laquelle le support solide serait un grain d'argile. Comme tous les cristaux, les cristaux d'argile peuvent s'autorépliquer en suivant un mode de croissance défini. Par rapport aux cristaux de pyrite, les cristaux d'argile présentent un avantage particulier : leur arrangement atomique est suffisamment complexe pour que les erreurs de réplication soient fréquentes, et qu'une véritable évolution puisse avoir lieu naturellement. Certaines catégories d'argile auraient ainsi joué un rôle particulier, en fixant les molécules organiques et en synthétisant des molécules plus complexes comme les acides nucléiques ou même des protéines. Ces composés organiques seraient peu à peu devenus suffisamment élaborés pour se développer et évoluer indépendamment de l'argile. Une découverte surprenante a semblé un moment confirmer cette hypothèse : il s'agit de l'annonce faite en 1988 selon laquelle des molécules d'un acide aminé très commun, la glycine, se formeraient en conditions prébiotiques dans les saumures d'origine hydrothermale que l'on rencontre dans différentes fosses de la mer Rouge. Malheureusement, il semble bien aujourd'hui qu'il s'agisse d'un artefact expérimental produit par la contamination des solutions analysées à partir des résines chélatrices utilisées au cours de l'analyse des saumures. D'ailleurs, s'il s'agissait réellement d'une synthèse prébiotique, pourquoi apparaîtrait-il seulement de la glycine ?

L'accroissement rapide des connaissances sur les peuplements à base chimiosynthétique, depuis l'époque des premières découvertes il y a une quinzaine d'années, suggère qu'il faut s'attendre à de nouvelles découvertes, dans le cas aussi bien des communautés hydrothermales que des peuplements de suintements froids. Peut-être parviendra-t-on à établir les relations qui existent et ont existé entre l'évolution de la surface de la terre et le développement de ces associations intimes entre des bactéries et des animaux. On doit aussi s'attendre à rencontrer de nouveaux groupements faunistiques, de nouvelles organisations fonctionnelles : les découvertes récentes faites dans le Pacifique Sud-occidental, qui démontrent que les vestimentifères peuvent être remplacés, du point de vue du fonctionnement du système biologique, par des gastéropodes, ou sur la dorsale médio-atlantique, où des crevettes utilisent directement la couche de bactéries chimiosynthétiques qui se développe à proximité immédiate des diffuseurs à haute température, sont particulièrement éloquentes à cet égard.

Du point de vue de l'écologie abyssale, la question de savoir si ces communautés exubérantes, à la production très élevée, exportent une partie de la matière organique vers d'autres zones de l'océan profond, n'a pas reçu de réponse satisfaisante. Des évaluations très sommaires, fondées sur les anomalies thermiques et de teneur en hélium-3, montrent que la production biologique d'origine hydrothermale pourrait représenter la millième partie de la production photosynthétique de surface. Or, cette production est concentrée sur une surface de moins d'un millionième de la surface totale des fonds abyssaux. On ignore actuellement le ou les mécanismes qui pourraient assurer le transport et la dissémination de la matière organique.

L'origine et l'évolution de la symbiose sont également intrigantes. Comment les bactéries contaminent-elles leur hôte (chez *Riftia*, on a montré que les embryons sont toujours indemnes de toute infestation bactérienne) ? Comment les animaux sélectionnent-ils les souches bactériennes qui leur conviennent, en fonction par exemple des substrats énergétiques disponibles localement (hydrogène sulfuré, méthane, etc.) ? L'association entre les bactéries et leurs hôtes est-elle une véritable symbiose, c'est-à-dire que la même espèce de bactérie vit toujours avec le même hôte, sans possibilité de vie séparée pour l'une ou pour l'autre ? Enfin, la découverte de ces associations symbiotiques entre bactéries chimio-synthétiques et invertébrés a permis d'élucider le mécanisme encore incompris de la nutrition d'un groupe entier d'Invertébrés, celui des pogonophores, démontrant que la chimiosynthèse est un phé-nomène beaucoup plus répandu dans l'océan qu'on ne l'imaginait jusqu'alors. Pour les biologistes, les peuplements à base chimiosyn-thétique reposent sur un seul et même phénomène, l'utilisation de l'hydrogène sulfuré comme source énergétique, qu'il soit le produit des réactions chimiques qui ont lieu en profondeur entre l'eau de mer et les laves basaltiques ou qu'il résulte, à la faveur de conditions anoxiques créées par les suintements d'eau interstitielle riche en méthane, de la réduction par des bactéries sulfato-réductrices des sulfates contenus dans l'eau de mer.

D'un point de vue géologique, en revanche, les choses sont profondément différentes : les systèmes hydrothermaux doivent être considérés comme l'un des plus anciens systèmes apparus sur la planète, très tôt accompagné des premières formes de vie, alors que les zones de suintements froids et les sorties d'hydrocarbures, au contraire, sont des systèmes relativement récents qui impliquent l'existence d'une vie marine antérieure susceptible de déposer dans les sédiments la matrice organique qui donnera naissance, après une longue maturation ou diagenèse, au méthane expulsé avec l'eau interstitielle sur les flancs des fosses de subduction. Pour le biolo-giste, les deux systèmes sont caractérisés par des biomasses extra-ordinairement élevées, concentrées sur de très petites surfaces, qui contrastent singulièrement avec les écosystèmes habituels de l'océan profond, fortement contraints par la pauvreté de la nourriture disponible sous forme de particules organiques provenant des couches éclairées. La plupart des océanographes biologistes considèrent qu'il s'agit là de la plus importante découverte de la fin du XXe siècle.

Au cours de mes premières plongées dans un sous-marin pro-fond (il s'agissait de la « soucoupe plongeante » de l'équipe du commandant Cousteau), lorsque j'ai découvert la beauté des grands buissons de coraux blancs qui s'installent sur les falaises sous-marines de Méditerranée par 250 à 300 m de fond au début des années soixante, j'avais la naïveté de croire que les hommes connais-saient relativement bien les profondeurs marines, suffisamment en tout cas pour qu'aucune découverte d'importance ne vienne remettre en cause les certitudes établies. A la fin de cette même décennie, j'ai assisté au développement rapide de l'hypothèse du renouvellement continu des fonds océaniques, puis de la théorie généralisée de la tectonique des plaques, qui a représenté pour les géologues et les géophysiciens une révolution scientifique majeure. Pour autant, nos connaissances sur la biologie et l'écologie abyssale n'en parurent pas autrement affectées. Pendant encore quelques années, le concept d'un écosystème abyssal, soumis à la disponibilité d'une nourriture parcimonieusement distribuée à partir de la surface marine, constituait la seule théorie reconnue. Certes, il fallait parvenir à mieux quantifier les relations existantes entre la production planctonique de surface à l'origine de cette manne et les communautés profondes qui en bénéficient ; il fallait également connaître de manière plus précise les milliers d'espèces d'invertébrés et de poissons qui peuplent les abysses, établir leurs relations évolutives, caractériser les principaux types de peuplements profonds, préciser leurs limites spatiales et bathymétriques d'extension, etc. Mais rien, dans toutes ces orientations, ne remettait fondamentalement en cause les connaissances établies.

L'annonce des découvertes faites par l'*Alvin* en 1977 marque le début d'une longue histoire qui a représenté et représente encore aujourd'hui pour les océanographes un bouleversement majeur des connaissances : à la faveur des écoulements de fluides hydrothermaux chargés de sulfures, un écosystème original, fondé sur la symbiose entre des invertébrés et des bactéries capables de chimiosynthèse, existe depuis des centaines de milliers d'années, et cet écosystème ne dépend en rien de la production planctonique sous-jacente ! Mieux encore, dans ce monde sans soleil, derrière la splendeur des lames rouges des *Riftia* érigées sur les colonnes blanc nacré de leurs tubes parcheminés, se dissimule peut-être le secret de l'origine même de la vie sur notre planète ! J'ai eu l'occasion, à plusieurs reprises, d'admirer au cours de trop brèves incursions dans ce monde sans soleil ces extraordinaires grouillements de formes et de couleurs et je conserve de ces quelques heures des souvenirs intenses. L'océan profond réserve-t-il encore des découvertes d'une telle qualité et d'une telle portée scientifique ? Nous l'ignorons, mais j'ai appris désormais que les certitudes apparemment les mieux établies, les connaissances les mieux démontrées, peuvent être contredites par des découvertes aussi spectaculaires qu'inattendues.

Conclusion

L'histoire de l'exploration des grandes profondeurs océaniques a ceci de remarquable qu'elle a véritablement débuté il y a un siècle et demi sous l'impulsion du marché naissant des télécommunications. La communauté scientifique des grands pays industrialisés a immédiatement saisi le relais, soutenue par les marines militaires. Cela confirme, s'il en était besoin, l'importance des considérations géopolitiques et des visées expansionnistes de ces nations à la fin du XIXe siècle. Par la suite, avec l'accroissement des connaissances scientifiques, l'océanographie civile s'est dotée de moyens navals propres, en même temps que l'on construisait à terre les premières infrastructures. Les principaux progrès technologiques récents trouvent néanmoins leur origine dans les recherches entreprises par ou pour les marines militaires, qu'il s'agisse de navigation précise, d'acoustique sous-marine, de matériaux résistants à la pression, etc.

La grande aventure des bathyscaphes illustre particulièrement bien l'importance de cette relation : sans la volonté de la Marine Nationale en France et de l'US Navy aux Etats-Unis, les bathyscaphes n'auraient vraisemblablement pas dépassé le stade du rendez-vous manqué du *FNRS II* avec les profondeurs abyssales, au large de Dakar, en 1948. Le lien entre océanographie civile et océanographie militaire est encore suffisamment fort pour justifier la boutade d'un géochimiste marin, Roger Chesselet : il n'existe pas d'océanographie innocente... Cette relation peut se traduire de diverses manières :

intervention de moyens militaires, financiers et humains dans les centres de recherche océanographique civils, protection de certaines technologies sous-marines sensibles développées à des fins scientifiques vis-à-vis de pays tiers, réalisation de centres communs de recherche, etc.

L'exploration de l'espace océanique, malgré les efforts déployés, est encore à ses débuts : quatre pays seulement, Etats-Unis, France, Japon et Russie disposent de submersibles habités opérationnels jusqu'à 6 000 ou 6 500 m de profondeur. A cette profondeur, le nombre de plongées réalisées chaque année ne dépasse guère un millier ; depuis le début des années soixante, le nombre total de plongées à plus de 5 000 m de profondeur n'atteint pas dix mille ; or chaque plongée permet l'observation d'une surface de l'ordre de deux à trois hectares de fond sous-marin, soit, dans les meilleures conditions, vingt à trente kilomètres carrés par an, deux cents à trois cents kilomètres carrés au total ! De plus, les plongées sont le plus souvent concentrées autour d'une cible géographique précise. On conçoit facilement l'importance des équipements photographiques et vidéo remorqués par les navires à proximité du fond et des systèmes acoustiques (sondeurs multifaisceaux en particulier) dont les informations, moins coûteuses à obtenir, complètent les données recueillies au cours des plongées habitées.

Depuis le début des années quatre-vingt et le désarmement du bathyscaphe *Archimède*, les hommes n'ont plus la possibilité de plonger au-delà de six mille mètres de profondeur : l'accès des fosses ultra-abyssales des océans nous est donc interdit. Certes, elles représentent à peine un pour cent de la surface totale de l'océan mondial. Mais certaines découvertes récentes faites dans ces zones à des profondeurs moindres ont révélé en particulier l'importance de la circulation de fluides dans les sédiments et ses conséquences sur les organismes chimiosynthétiques : on peut ainsi supposer que l'étude de ces très grandes profondeurs réserve encore bien des surprises. Pour les biologistes, la faune qui se hasarde aussi profondément est extrêmement intéressante : tout d'abord parce qu'il s'agit de formes relativement jeunes, qui se sont adaptées à chaque système de fosses et se caractérisent par un taux d'endémisme particulièrement élevé, en second lieu parce que les processus biochimiques vitaux, au voisinage de 800 à 1 000 atmosphères, font vraisemblablement appel à des réactions d'un type inconnu. Les grandes fosses circum-pacifiques, les fosses isolées de l'océan Atlantique, constituent par conséquent des objectifs scientifiques dont on ne pourra longtemps différer l'étude.

Pour ce qui est de la technologie utilisée, la véritable question qui se pose aujourd'hui porte sur le choix de l'engin d'exploration. Deux conceptions extrêmes s'opposent : pour les uns, rien ne pourra remplacer, au moins au stade des premières explorations, l'œil et le cerveau humains ; pour d'autres, habitués aux spectaculaires développements des technologies d'intervention sous-marine profonde, des robots pourront réaliser à moindre frais et dans des conditions de sécurité bien supérieures, l'exploration systématique des très grandes profondeurs. A l'heure actuelle, des engins inhabités capables de travailler à dix mille mètres de profondeur, à partir d'une plate-forme sous-marine soutenue par le navire porteur, sont à l'étude dans certains pays, en particulier au Japon.

Du reste, le développement de la robotique sous-marine, en particulier de la télé-opération assistée par ordinateur, a déjà profondément modifié les performances des engins sous-marins modernes. Parallèlement, les progrès réalisés en matière de matériaux composites de flottabilité permettent de concevoir des submersibles habités capables de dépasser sensiblement la limite de six mille mètres assignée aux différents engins actuellement en service, sans dépasser un poids d'une trentaine à une quarantaine de tonnes autorisant la mise à l'eau et la récupération en pleine mer à partir d'un navire porteur. On peut d'ailleurs souhaiter qu'à l'exemple de l'exploration de l'espace, les quelques pays disposant des technologies et de l'expérience nécessaires unissent leurs efforts dans la construction d'un sous-marin international très grande profondeur accessible à la communauté scientifique concernée.

Ainsi, trois types d'engins paraissent indispensables pour poursuivre l'étude des grandes profondeurs océaniques : des engins libres habités, totalement contrôlés par leur pilote, des engins inhabités, reliés à une plate-forme immergée, source d'énergie et liaison avec le navire en surface, ou libres et auto-propulsés, enfin des observatoires permanents capables de stocker des données pendant de longues durées et de les transmettre par voie acoustique ou par câble vers la surface.

Enjeu pour la science, l'océan profond reste plus que jamais un enjeu de pouvoir et sans doute continuera-t-il de jouer, pendant encore bien des années, un rôle majeur pour le déploiement des forces stratégiques sous-marines des grandes nations. A cet égard, il est remarquable de constater que les récents bouleversements qui ont secoué le système communiste de l'Europe orientale, puis fait éclater la structure même de l'Union soviétique, ont laissé jusqu'à présent intacte sa puissante flotte de sous-marins nucléaires lanceurs d'engins et d'attaque. Du côté des Etats-Unis, les initiatives de désarmement ne se sont pas encore portées sur ce secteur qui constitue un enjeu essentiel. Or, autour de ces flottes sous-marines, se greffe une intense activité : surveillance systématique des grands détroits, recherche permanente de nouveaux procédés de détection, amélioration des caractéristiques acoustiques des sous-marins, prévision des caractéristiques hydrologiques locales, etc.

L'inconscient collectif de la société moderne a conservé la mémoire de certaines grandes catastrophes maritimes qui se sont produites en pleine mer. Les épaves de ces navires reposent à plusieurs milliers de mètres de la surface. Nous disposons aujourd'hui des outils permettant l'observation directe des restes des navires perdus, dès lors que leur épave a été localisée avec une précision suffisante. La recherche de l'épave du *Titanic*, qui a sombré au cours de la nuit du 14 au 15 avril 1912 après avoir heurté à grande vitesse un iceberg, a défrayé les chroniques maritimes pendant de nombreuses années. La photographie d'une des énormes chaudières du navire, au cours de la nuit du 1er au 2 septembre 1985, par une équipe franco-américaine, a permis d'entreprendre deux campagnes de plongées avec l'*Alvin* américain et le *Nautile* français en 1986 et 1987. L'opinion publique s'est passionnée pour cette opération, dont le caractère médiatique évident ne doit pas occulter les remarquables performances techniques. Quelques années plus tard, l'Américain Robert Ballard, après de patientes recherches, est parvenu à photographier l'épave du célèbre cuirassé allemand *Bismarck*, coulé au cours de la dernière guerre mondiale par la flotte et l'aviation anglaises. De telles interventions sous-marines peuvent être décidées pour d'autres raisons, enquête judiciaire à la suite d'accidents aériens, récupération de substances dangereuses ou de cargaisons précieuses, etc. Le renouveau des câbles sous-marins de télécommunications à fibres optiques offre également des possibilités d'activités nouvelles, par exemple l'amélioration de la protection des câbles en les enfouissant dans des tranchées creusées par des engins robots, technique largement pratiquée sur le plateau continental ou, plus simplement, pour vérifier l'état d'un câble.

Si des perspectives économiques nouvelles viennent conforter les ambitions des océanographes, il faut s'attendre à de nouveaux progrès dans la découverte et l'exploration des profondeurs marines.

Pour l'essentiel, il s'agit aujourd'hui de l'exploitation des nodules polymétalliques, qui ne paraît cependant pas devoir intervenir à un terme proche. Le temps est loin où Henry Kissinger pouvait déclarer : « Aucune négociation internationale (il s'agit de la troisième Conférence des Nations Unies sur le droit de la mer) actuellement en cours ne revêt une importance plus vitale pour la stabilité et la prospérité à long terme du globe [...] L'intérêt économique des ressources marines atteint des dimensions gigantesques [...] Quant à nous, nous ne pouvons tarder beaucoup plus longtemps à entreprendre notre propre exploitation des ressources minières des grands fonds marins. Dans cet esprit, il convient que nous envisagions l'adoption de mesures appropriées visant à protéger les investissements actuels et à garantir qu'ils seront également protégés aux termes du traité [1]. »

Après la signature de la Convention, en décembre 1982, la pression économique semble être progressivement retombée. A l'heure actuelle, seuls le Japon et la Russie envisagent officiellement des opérations pilotes d'exploitation et de traitement des nodules polymétalliques ; l'Allemagne poursuit un programme technologique en amont ; les Etats-Unis paraissent aujourd'hui beaucoup moins pressés qu'ils ne l'étaient en 1975 ; la Chine, nouvelle venue dans la course aux nodules, cherche à établir des coopérations internationales. Les ressources des grands fonds océaniques, ce patrimoine commun de l'humanité, demeurent encore inaccessibles, pour des raisons principalement économiques. La question qui se pose désormais n'est pas de savoir si l'on exploitera un jour les champs de nodules polymétalliques, mais de prévoir quand seront ouvertes les premières mines sous-marines. L'échéance de l'an 2000 est sans doute dépassée. Faudra-t-il attendre 2010, 2020, 2050, pour voir le démarrage de ces exploitations ? La réponse est d'autant plus difficile à donner qu'elle dépend moins des aspects technologiques que des facteurs politiques et économiques mondiaux.

En dehors de l'étude pluridisciplinaire des fosses ultra-abyssales, les perspectives scientifiques ne manquent pas dans l'océan profond. La découverte récente des peuplements à base chimiosynthétique localisés autour des sorties de fluides hydrothermaux, indépendamment de la véritable révolution de nos conceptions sur les écosystèmes profonds et des retombées biotechnologiques potentielles, a ouvert de nouvelles perspectives. L'enjeu scientifique est

---

1. Extrait d'un discours prononcé le 11 août 1975.

majeur, puisqu'il porte sur les conditions d'apparition et d'évolution précoce de la vie sur notre planète. Les grandes profondeurs marines détiennent encore les clés d'un certain nombre d'énigmes biologiques ; seules des prospections intensives faisant appel à de nouvelles techniques d'observation permettront de les élucider.

Ainsi, nous ne savons rien, ou presque, du frai des anguilles, qui se déroule, vraisemblablement, par quatre ou cinq kilomètres de profondeur, en mer des Sargasses. Que deviennent-elles ensuite ? Meurent-elles quelques jours après, comme les saumons du Pacifique, ou poursuivent-elles, en grande profondeur, une vie nouvelle ? Nous ne savons pas davantage comment vivent et se nourrissent les calmars géants qui hantent les marges océaniques à plus de mille mètres de profondeur : les restes rejetés par les cachalots à l'agonie, les très rares animaux venus mourir en surface, sans doute après un rude combat sous-marin, ne fournissent aucun élément de réponse.

Délibérément, seules les recherches d'océanographie biologique ont été traitées dans les pages qui précèdent. Mais l'océan et son contenant offrent bien d'autres sujets d'exploration. Ses profondeurs recèlent par exemple la clé de notre compréhension de l'évolution du climat et des conséquences possibles de l'augmentation dans l'atmosphère des gaz à effet de serre. L'océan joue un rôle majeur, équivalent à celui de l'atmosphère, dans l'accumulation de chaleur solaire dans les zones équatoriales et son transport jusqu'aux plus hautes latitudes. De manière schématique, plus l'échelle de temps considérée est grande, plus importante est l'épaisseur de la tranche d'eau dont il faut suivre les variations. Ainsi, il est indispensable de suivre l'évolution du contenu thermique et énergétique de l'océan jusqu'à plusieurs milliers de mètres de profondeur pour comprendre la variabilité pluriannuelle du climat. Les observations qu'autorisent les navires océanographiques sont trop coûteuses pour permettre une couverture spatio-temporelle à des échelles satisfaisantes. On envisage dès maintenant la construction d'engins libres auto-propulsés et inhabités, capables de traverser un bassin océanique tel que l'Atlantique Nord, en décrivant une sinusoïde entre la surface et deux à trois mille mètres de profondeur. A la fin de chaque traversée, les données enregistrées seraient récupérées et assimilées dans les modèles.

La connaissance de la circulation générale profonde des océans est également indispensable pour prévoir, d'ici à quelques centaines d'années, le sort du dioxyde de carbone atmosphérique en excès ;

une partie de ce gaz, évaluée à la moitié de la production totale annuelle, est absorbée par l'océan et s'enfonce en profondeur dans certaines zones (mer de Norvège dans l'hémisphère Nord, mer de Weddell dans l'hémisphère Sud) à la faveur du refroidissement hivernal ; ces quelques trois milliards et demi de tonnes de carbone disparaissent-ils à jamais au fond des océans, transformés en carbonates, ou risquent-ils de retourner dans l'atmosphère dans les régions de remontée d'eau profonde, après un long trajet sous-marin ? En d'autres termes, l'océan profond joue-t-il un rôle de puits pour le dioxyde de carbone produit par les activités humaines ou bien la constante de temps est-elle trop grande pour que nous puissions déjà constater le retour vers l'atmosphère ? Pour le savoir, de véritables stations permanentes d'observation et de mesure des teneurs en dioxyde de carbone et en carbonates de l'eau de mer devront être mouillées par plusieurs milliers de mètres de profondeur.

Les spécialistes des géosciences nous ont appris, depuis une vingtaine d'années, l'importance majeure des grands fonds dans l'élaboration de l'hypothèse du renouvellement continu des fonds océaniques et le développement de la théorie puissamment unificatrice de la tectonique des plaques. Au plan mondial, les géosciences sont vraisemblablement les principales utilisatrices des technologies océaniques lourdes : sous-marins profonds, navires de surface, navires de forage.

Ainsi, objectifs de connaissance, forces économiques et enjeux militaires déterminent l'attitude des états vis-à-vis de l'océan du large et des grands fonds océaniques. Saurons-nous mettre un jour en pratique le principe généreux du patrimoine commun de l'humanité, ou assisterons-nous à une nouvelle tentative d'appropriation de l'espace océanique au profit des plus forts ? Au-delà de ces considérations, l'océan profond et les étranges mondes sans soleil qui le hantent nous aideront-ils à mieux comprendre les circonstances dans lesquelles est apparue la vie sur notre planète ?

Bibliographie choisie

Le lecteur intéressé pourra utilement se reporter aux ouvrages suivants. Ils ont été choisis en fonction de leur intérêt propre et, pour les plus anciens, du rôle qu'ils ont joué dans l'éveil et l'épanouissement d'une vocation.

Albert Ier, Prince de Monaco, *La Carrière d'un navigateur*, Librairie Hachette et Cie, Paris, 1913.

Martin V. Angel and Myriam Sibuet édit., « Deep Sea Biology », *in Progress in Oceanography*, vol. 24 (n° 1-4), Pergamon Press, Oxford, 1990.

William Beebe, *En plongée par 900 mètres de fond*, Editions Bernard Grasset, Paris, 1936.

G. M. Belyaev, *Hadal Bottom Fauna of The World Ocean* (traduit du russe), Israel Program for Scientific Translations, Jerusalem, 1972. Une version enrichie et actualisée de cet ouvrage, en langue russe, a été publiée par les éditions Nauka, Moscou, en 1989.

Edouard Boureau, *La Terre mère de la vie*, Librairie Larousse, Paris, 1986.

Anton F. Bruun, Sv. Greve, Hakon Mielche & Ragnar Spärck edit., *The Galathea Deep Sea Expedition 1950-1952, described by members of the expedition*, George Allen and Unwin Ltd, Londres, 1956.

Gilles Chouraqui, *La Mer confisquée : un nouvel ordre océanique favorable aux riches ?*, Editions du Seuil, Paris, 1979.

David S. Cronan, *Underwater minerals*, Academic Press Inc., Londres, 1980.

Dr Gilbert Doukan, *Les Découvertes sous-marines modernes*, Payot, Paris, 1954.

Sven Ekman, *Zoogeography of the Sea*, Sidgwick and Jackson Ltd, Londres, 1953.

Equipe scientifique KAIKO, *A moins 6 000 m : l'exploration des fosses japonaises*, Ifremer/CNRS/University of Tokyo Press, 1988.

Louis Figuier, *Les Merveilles de la science ou description populaire des inventions modernes :*

Tome 2, *La Télégraphie sous-marine et le câble transatlantique*, Furne, Jouvet et Cie édit., Paris, 1868.

Tome 4, *La Cloche à plongeur et le scaphandre*, Furne, Jouvet et Cie édit., Paris, 1870.

Marquis de Folin, *Sous les mers. Campagnes d'explorations du « Travailleur » et du « Talisman »*, Librairie J.-B. Baillière et Fils, Paris, 1887.

Edward Forbes, *Natural history of the european seas*, in R. G. Austen éd., Van Voorst, Londres, 1859.

Grand Atlas de la mer, Encyclopaedia Universalis et Albin Michel, Paris, 1989, 1-320.

Bruce C. Heezen and Charles D. Hollister, *The Face of the Deep*, Oxford University Press, New York, 1971.

Capitaine de vaisseau Georges Houot, *Vingt ans de bathyscaphe*, Editions B. Arthaud, Paris, 1971.

Georges Houot et Pierre Willm, *Le Bathyscaphe à 4 050 m au fond de l'océan*, Editions de Paris, 1954.

Elie Jarmache, « La Résolution II de l'Acte final », *Espaces et Ressources marines*, 1988, n° 3.

C. P. Idyll, *Abyss : The Deep Sea and the Creatures that live in it*, Constable and Company, Londres.

Victoria A. Kaharl, *Water Baby : The Story of Alvin*, Oxford University Press, New York, 1990.

La Mer, sous la direction de Philippe Masson, Librairie Larousse, Paris, 1982.

Armand Landrin, *Les Monstres marins*, Librairie de L. Hachette et Cie, Paris, 1867.

Pierre de Latil, *Du Nautilus au bathyscaphe*, Arthaud, Paris, 1956.

Pierre de Latil et Jean Rivoire, *A la recherche du monde marin*, Librairie Plon, Paris, 1954.

Lucien Laubier, *Des Oasis au fond des mers*, Sciences et Découvertes, Le Rocher, Monaco, 1986.

Edouard Le Danois, *Les Profondeurs de la mer. Trente ans de recherches sur la faune sous-marine au large des côtes de France*, Payot, Paris, 1948.

Xavier Le Pichon, *Kaiko, voyage aux extrémités de la mer*, Editions Odile Jacob, Paris, 1986.

Laurent Lucchini et Michel Voelckel, *Droit de la mer, tome 1, La mer et son droit, Les espaces maritimes*, Editions A. Pedone, Paris, 1990.

Elisabeth Mann Borgèse, *La Planète mer*, Editions du Seuil, Paris, 1977.

Norman B. Marshall, *Aspects of Deep Sea Biology*, Hutchinson's, Londres, 1954.

Robert J. Menzies, Robert Y. George and Gilbert T. Rowe, *Abyssal Environment and Ecology of the World Oceans*, John Wiley & Sons, New York, 1973.

John L. Mero, *Mineral Resources of the Sea*, Elsevier, Amsterdam, 1965.

Théodore Monod, *Bathyfolages*, Editions Julliard, Paris, 1954.

John Murray and Johan Hjort, *The Depths of the Ocean*, MacMillan, Londres, 1912.

Nations Unies, *Le droit de la mer, Convention des Nations Unies sur le droit de la mer, Texte suivi de l'Acte final de la troisième Conférence des Nations Unies sur le droit de la mer et accompagné d'un index*, Nations Unies, New York, 1983.

Edmond Perrier, *Les Explorations sous-marines*, Librairie Hachette et Cie, Paris, 1899.

Rapport de l'Académie des Sciences, *Les Nodules polymétalliques. Faut-il exploiter les mines océaniques ?*, Académie des Sciences, Paris, 1984.

Claude Riffaud, *La Grande aventure des hommes sous la mer*, Editions Albin Michel, Paris, 1988.

Peter A. Rona, Kurt Boström, Lucien Laubier and Kenneth L. Smith, Jr. edit., « Hydrothermal processes at seafloor spreading centers », *Nato Conference Series*, series IV : *Marine Sciences*, Plenum Press, New York and London, 1983.

Louis Sonrel, *Le Fond de la mer*, Librairie Hachette et Cie, Paris, 1880, 4ᵉ édition revue par Gaston Tissandier.

Charles Wyville Thompson, *The Depths of the Sea*, MacMillan, Londres, 1874.

Lev A. Zenkevitch, *The Biology of the Seas of the* USSR, George Allen & Unwin, Londres, 1963.

Helmut Zibrowius, *Les Scléractiniaires de la Méditerranée et de l'Atlantique nord-oriental*, Mémoires de l'Institut océanographique, Monaco, 1980, n° 11.

Index

Table des matières

Imprimé par Lightning Source France
1 avenue Gutenberg
78310 Maurepas

N° d'édition : 7381-0164-Y